W0254031

Experimentelle Medizin, Pathologie und Klinik

Band 17

Herausgegeben von

R. Hegglin · F. Leuthardt · R. Schoen · H. Schwiegk

A. Studer · H. U. Zollinger

Granulocytopoese unter physiologischen und pathologischen Bedingungen

Irene Boll

Mit 54 Abbildungen

Springer-Verlag Berlin Heidelberg New York 1966

Privatdozentin Dr. IRENE BOLL, Städt. Krankenhaus Berlin-Neukölln
Aus der I. Inneren Abteilung des Städt. Krankenhauses Berlin-Neukölln
(Ärztlicher Direktor: Prof. Dr. K. HOLLDACK)

ISBN-13: 978-3-540-03501-5 e-ISBN-13: 978-3-642-94944-9
DOI: 10.1007/978-3-642-94944-9

Titel-Nr. 6540

Inhaltsverzeichnis

Die Arbeit wurde mit dem FRERICHS-Preis 1963 ausgezeichnet.

Die Arbeit wurde durch die Deutsche Forschungsgemeinschaft und das Bundesministerium für wissenschaftliche Forschung unterstützt.

Herrn Priv.-Doz. Dr. med. Dr. rer. nat. G. FUCHS danke ich für seine Hilfe und Beratung bei den Berechnungen.

Granulocytopoese unter physiologischen und pathologischen Bedingungen

A. Historisches und heutige Erkenntnismöglichkeiten

Vor noch nicht ganz 100 Jahren wurde von NEUMANN (1868) und BIZZOZERO (1869) das Knochenmark als Ort der Genesis der cellulären Blutelemente erkannt. Erst kurz vor der Jahrhundertwende stellte EHRLICH mit Hilfe seiner Triazidfärbung (Methylgrün, Orange G und Säurefuchsin) die neutrophilen Granulocyten und Myelocyten als zusammengehörende Zellgruppe heraus und trennte sie von den lymphatischen Elementen (Dualismus). 1900 beschrieb NAEGELI die Myeloblasten als Vorläufer der Myelocyten. PAPPENHEIM, MAXIMOW, HIRSCHFELD (zit. n. MORAWITZ) und FERRATA führten den Stammbaum der Myelopoese bis auf die große lymphoide Reticulumzelle zurück (Unitarier). Seinerzeit wurden auch die ersten Knochenmarkuntersuchungen beim Menschen durchgeführt (PIANESE 1903, GHEDINI 1908), obwohl sie in der Diagnostik erst durch die technische Entwicklung der Sternalpunktion 1926 von SEYFARTH, ARINKIN, ZADEK, GHEDINI u. a. eine Rolle spielten. Ebenfalls um die Jahrhundertwende beschrieben METSCHNIKOFF, WOLFF u. a. die für den Menschen einmaligen Zellfunktionen der freien Fortbewegungsfähigkeit und Phagocytose bei den granulierten Leukocyten. Zur gleichen Zeit entwickelten ARNETH, SCHILLING, HOFF u. a. durch sorgfältige Registrierung der Zellveränderungen im Blut und durch parallele Knochenmarkuntersuchungen die heute geltenden Theorien über die Entstehung der neutrophilen Granulocyten. Bei entzündlichen Reizen kommt es nicht nur zur Leukocytenvermehrung im peripheren Blut, sondern auch zur Qualitätsänderung der Granulocyten: nacheinander treten im Blut Stabkernige, Jugendliche und Myelocyten auf. Die obigen Autoren bezeichneten deswegen in dieser Reihenfolge die Vorstufen der segmentkernigen Granulocyten im Knochenmark.

Obgleich die experimentellen Bemühungen im letzten Jahrzehnt intensiviert wurden, konnten die Einzelheiten und Dauer der Zellmultiplikation und -differenzierung nicht endgültig geklärt werden. Insbesondere ist nicht genau bekannt, wieviele Zellgenerationen der granulopoetischen Vorstufen durchlaufen werden müssen, ehe der segmentkernige, neutrophile Granulocyt entsteht. So blieb die Frage offen, wodurch der Organismus in der Lage ist, bei Entzündungen plötzlich ein Vielfaches der Granulocyten zu produzieren, die er normalerweise ins Blut ausschüttet.

Die eigenen Beiträge zur Granulocyten-Genese beschränken sich auf Untersuchungen an menschlichem Knochenmark in vitro. Die Änderung der

Zellzusammensetzung und die Mitosehäufigkeit in der Gewebekultur — auch nach Colchicin-Zusätzen zur Mitosehemmung oder nach Isotopen-Zusätzen zur Kernstoffwechselmarkierung — erbrachten zwar nützliche Hinweise, jedoch keine Sicherheit über die Entstehung der Granulocyten. Erst mit Hilfe der Lebendbeobachtung von Granuloblasten gelang es, die Granulocyten-Entwicklung in der Kultur zu verfolgen. Frühere Untersuchungen im Tierexperiment und am Kranken erlaubten den Analogieschluß von der Kultur auf die Verhältnisse in vivo. Die Beobachtung von Lebensvorgängen der Zellen wurde durch die Herstellung von festen oder halbfesten Nährböden (Deckglaskulturen nach CARREL u. EBELING, 1922), durch die Phasenkontrastoptik (ZERNIKE, 1933/41) und durch die Mikrokinematographie (FISCHER führte 1928 vor der Berliner Medizinischen Gesellschaft den ersten Zellfilm vor) ermöglicht.

Durch Zusammenschau der oben genannten in vitro-Methoden lassen sich verschiedene Mechanismen der normalen Granulocytopoese klären und Beiträge zur Pathogenese der akuten und chronischen myeloischen Leukämie liefern. Die normale Granulopoese ist seit Einführung der cytostatischen Therapie von Malignomen auch wieder in den Blickpunkt des Interesses gerückt; handelt es sich bei ihr doch — neben dem beim Menschen kaum zugänglichen Darmepithel — um das am schnellsten wachsende und deswegen durch Proliferationsgifte am stärksten zu beeinflussende Zellsystem des erwachsenen Organismus.

B. Die normale Granulocytopoese

1. Morphologie der granulopoetischen Zellen im panoptisch gefärbten Ausstrich- und Phasenkontrastpräparat

Um den nachfolgenden Ausführungen durch „eine exakte Definition" der Zellen eine systematische Grundlage zu geben, sollen — da noch keine allgemein anerkannte Nomenklatur in der Hämatologie eingeführt ist — vorerst die verschiedenen granulopoetischen Vorstufen im einzelnen morphologisch charakterisiert und beschrieben werden.

Im *histologischen Schnitt* des roten Knochenmarkes lassen sich die einzelnen myelopoetischen Vorstufen wegen der Zellpyknose bei der Fixierung und Einbettung schlecht differenzieren. Der Pathologe kann deswegen vorwiegend Megakaryocyten und Plasmazellen sowie reifere Erythroblasten abgrenzen. Der Fett-, Faser- und Zellanteil läßt sich dagegen gut beurteilen, ist jedoch für die Granulopoese von geringerem Interesse.

Bei der Differenzierung der granulopoetischen Vorstufen sind wir daher auf das *panoptisch gefärbte Ausstrichpräparat* angewiesen. Es ist — von

EHRLICH, JENNER und MAY u. GRÜNWALD eingeführt, später von GIEMSA und PAPPENHEIM in der heutigen Form angewandt — besonders farbenprächtig.

Neuerdings lassen sich die Zellen auch ungefärbt im flüssigen oder halbfesten Präparat unterscheiden, weil sich mit der *Phasenkontrastoptik* des Mikroskopes mehr Strukturen darstellen als mit der üblichen Lichtoptik. RIND hat die Knochenmarkzellen im Phasenkontrastpräparat ausführlich beschrieben und ist auf ihre charakteristischen Unterschiede eingegangen. Die Methode bekam allerdings für die Routinediagnostik keine Bedeutung, da die Präparate nur bis zum Zelltod haltbar sind, der im luftdicht abgeschlossenen Quetschpräparat schon nach 30 min eintritt. Unter Zusatz von Nährlösungen bleiben die Zellen bei 37° zwar mehrere Tage lang vital, ändern aber durch Reifen und Vermehren ihre prozentuale Verteilung, so daß sie nach dieser Zeit für die Diagnostik nur noch bedingt in Frage kommen. — Um so besser lassen sich mittels der Phasenkontrastbeobachtung die Theorien über die Knochenmarks-Physiologie bestätigen, insbesondere die Entwicklung des granulierten Leukocyten, denn die granulopoetischen Vorstufen machen im normalen Knochenmark drei Viertel aller Zellen aus. Die Entkernung der Erythroblasten und die Entstehung von Thrombocyten wurden so bereits von ALBRECHT, BESSIS, HIRAKI, RIND u. a. in vitro beobachtet.

Im folgenden werden die Morphologie im gefärbten Ausstrich und Phasenkontrastpräparat und die Lebensäußerungen der zur *Granulopoese* gerechneten Zellen geschildert:

Im gefärbten Ausstrich stellt sich der *Myeloblast* als verhältnismäßig große Zelle von 12 bis 20 μm Durchmesser dar (Abb. 48 a). Er kommt im normalen Knochenmark nur bis zu 2% vor und zeichnet sich besonders durch die zugunsten des Kernes verschobene Kernplasma-Relation aus. Das Cytoplasma ist deutlich basophil, aber schwächer als das des ähnlichen Proerythroblasten. Neben dem Kern findet sich häufig eine leichte Aufhellung der Basophilie: das Cytozentrum. Insgesamt läßt das Cytoplasma, oft nicht ganz einheitlich gefärbt, eine Mikrosomenstruktur ahnen. Dem Myeloblast fehlt jede azurophile Granulation, er ist peroxydasenegativ. — Der Kern hat normalerweise keine Einbuchtungen, ist rund oder wenig oval. Seine Struktur ist fein, netzförmig und so wenig unterschiedlich in der Dichte, daß wir ihn wie durch Milchglas sehen (SIEBERT). Häufig, aber nicht immer, finden wir im Farbton nur wenig abgesetzte Nucleolen.

In Deutschland ist es wie in Amerika üblich, nur die oben beschriebene, ungranulierte Zelle als Myeloblasten zu bezeichnen (HEILMEYER, SCHULTEN, STOBBE, SIEBERT, WINTROBE). Im englischen Schrifttum gibt es unter normalen Bedingungen den „myeloblast“ gar nicht (WINTROBE u. a.), in Frankreich wird mit „myéloblaste“ auch noch die Zelle bezeichnet, die schon eine leichte azurophile Granulation (BESSIS u. a.) aufweist, in Italien sogar einwandfreie Promyelocyten (NAEGELI u. a.).

Im Phasenkontrastpräparat (Abb. 48 b, c), in dem sich alle Zellen um etwa ein Drittel verkleinert darstellen, da sie nicht, wie auf dem Ausstrich, flach angetrocknet liegen, ist der Myeloblast auch wieder an dem zugunsten des

Kernes verschobenen Kern-Plasma-Verhältnis zu erkennen. Die Myeloblasten sind im Lebendpräparat rund, ihre Oberfläche nur wenig uneben. Das Cytoplasma ist homogen, grau getönt und enthält regelmäßig wenige phasenpositive kugelige oder stäbchenförmige zarte Gebilde, die von RIND und STOBBE als Mitochondrien angesehen werden, weil sie sich bei der Supravitalfärbung mit Janusgrün B darstellen. Sie liegen meist einseitig konzentriert, oft an der Stelle, an der der Kern eine gewisse Abflachung zeigt. Dort befindet sich auch das besonders helle Cytozentrum, das sich bei der Pappenheim-Färbung am wenigsten basophil färbt. Der Kern zeigt außer einer deutlichen Kernmembran und den multiplen, häufig extrem großen Nucleolen nur wenig Strukturen. Bei der Bewegung der Zelle werden die Nucleolen oft randständig, wir konnten aber niemals eine Exkretion in das Cytoplasma beobachten. Durch die Bewegung erscheint der Kern weniger rund als im gefärbten Ausstrich (RIND). Eine Fortbewegung wurde nur bei einer besonderen Art Parablasten in leukämischem Knochenmark beobachtet. Normalerweise bewegen sich die Myeloblasten mit unkoordinierten und trägen Cytoplasmavorwölbungen auf der Stelle.

Der *Promyelocyt* (Abb. 1 und 2) mit seiner markanten azurophilen Granulation ist die größte Zelle der Granulopoese. SCHULTEN gibt ihn mit einem Zell-

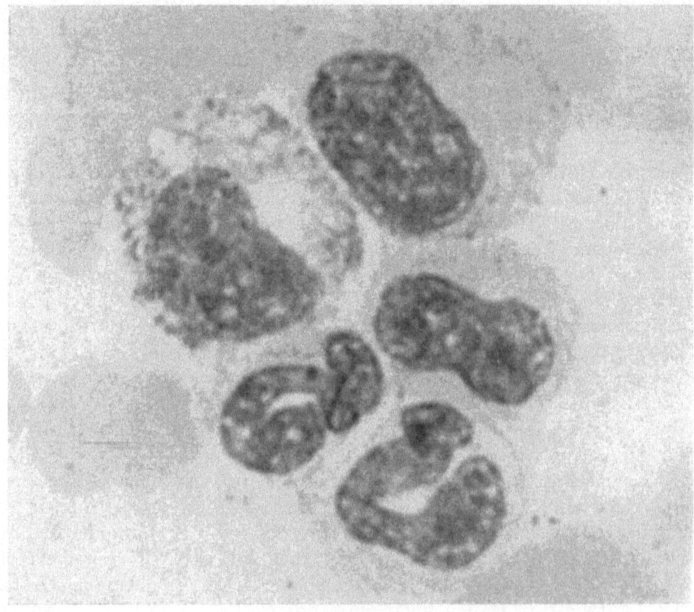

Abb. 1. Die 5 letzten Reifungsstufen der Granulopoese im gefärbten Präparat

durchmesser von 16—27 μm an. Nur ein Teil der Promyelocyten hat die Größe von Myeloblasten, meist sind sie erheblich größer. Der Größenzuwachs liegt vorwiegend beim Cytoplasma, allerdings findet WEICKER die Kerne größer als die der Myeloblasten und stellt sie mit K_2 als die größten in der Granulopoese heraus. Er kennt aber auch die Promyelocyten K_1 mit der halbierten Kernmasse nach der ersten Mitose. FIESCHI spricht von jüngeren und älteren Promyelocyten. Der Kern ist oval, bohnenförmig oder rundlich, dichter und dunkler in der Struktur als bei den Myeloblasten; Nucleolen sind im panoptisch gefärbten Präparat kaum noch zu erkennen. Das Cytoplasma der Promyelocyten ist nicht mehr so stark basophil wie das der Myeloblasten und zeigt eine erheblich größere perinucleäre Aufhellung im Cytoplasma: das Cytozentrum. Die azurophile Granulation ist dunkelviolett, sie spart das neben dem Kern gelegene Cytozentrum aus. Bei der Peroxydasefärbung sind die Promyelocyten stark positiv.

Im Phasenkontrastpräparat ist der Promyelocyt durch seine grobe, phasenpositive, lebhafte Granulation des Cytoplasmas und seine Größe zu erkennen. Das Cytozentrum tritt durch die Aussparung der Granulation gut hervor. Im Kern sind, im Gegensatz zum gefärbten Ausstrich, die Nucleolen als phasenpositive Substanz noch deutlich vorhanden. Der meist schon nierenförmige Kern ist stärker strukturiert als der des Myeloblasten. Die Zelle zeigt keine Fortbewegung, aber Cytoplasmafortsätze nach allen Seiten und Kernverformung (Motilität).

Nach unseren Messungen an lebenden Zellen, die zur Volumenberechnung nur im abgekugelten Zustand, d. h. während einiger Mitosephasen, ver-

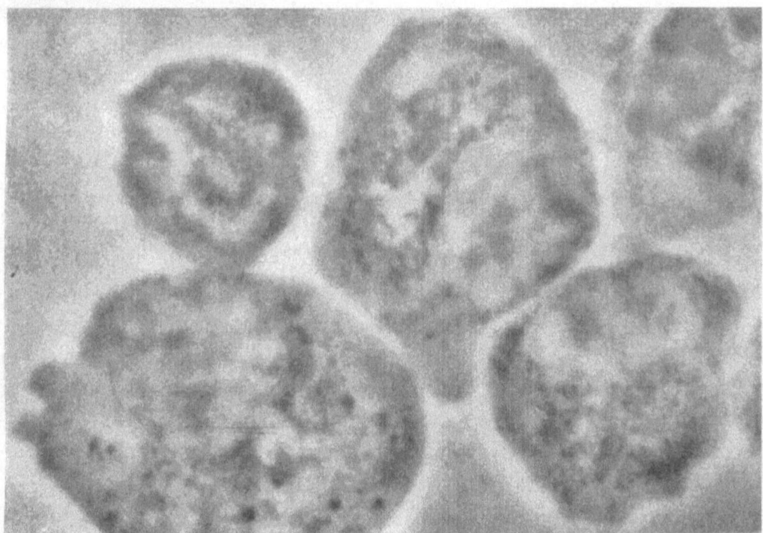

Abb. 2. Die 4 granulopoetischen Vorstufen: Promyelocyt, Myelocyt, Metamyelocyt und Stabkerniger (aus einem circa normalen Knochenmark. Phasenkontrast-Objektiv 70fach)

wendet wurden, sind Promyelocyten Granuloblasten mit einem Volumen über 2300 μm^3 und einem Durchmesser über 16,4 μm. Am Ende der Mitose, in der Rekonstruktionsphase, haben die Tochterzellen ein Volumen von

1150 μm^3 und einen Durchmesser von 14 μm. Der Durchmesser ist weder auf die im Phasenkontrastpräparat ausgebreiteten Ruhezellen noch auf die fixierten und geschrumpften Zellen im Ausstrichpräparat übertragbar.

Der *neutrophile Myelocyt* (Abb. 1 und 2) ist eine Zelle, die nach HEILMEYER und SCHULTEN u. a. schon deutlich neutrophile Granula, nach STOBBE keine Basophilie im Cytoplasma mehr aufweist. Eine gewisse Diskrepanz entsteht, da einige Autoren als Myelocyten Zellen bezeichnen, die im gefärbten Ausstrich noch — wenn auch besonders feine — azurophile Granulation erkennen lassen. Aus praktischen Erwägungen bezeichnen wir als Myelocyten nur die Zellen, die keine azurophile Granulation mehr aufweisen. Die Myelocyten sind erheblich kleiner als die Promyelocyten (12 bis 18 μm Durchmesser), haben aber eine ähnliche Kernplasma-Relation. Das Cytoplasma ist, entsprechend der neutrophilen, d. h. nach PAPPENHEIM nicht anfärbbaren Granulation, hellgrau bis zartrosa. Das Cytozentrum ist gelegentlich als hellere Aussparung trotzdem noch zu erkennen. Der Kern ist oft oval, oft nierenförmig gestaltet, in der Struktur verdichtet, Nucleolen stellen sich nur noch bei Spezialfärbungen dar (HERTL).

Im Phasenkontrastpräparat ist die neutrophile Granulation der Myelocyten phasenpositiv, d. h. fast ebenso dunkel wie die azurophile Granulation, so daß als Unterscheidung gegenüber den Promyelocyten vorwiegend die Kern- und Zellgröße dient. Die phasenpositiven Substanzen im Kern sind nicht mehr grob und rundlich, sondern als feinere dunkle Bälkchen zu erkennen. Die Myelocyten bewegen sich, indem sie Cytoplasmafortsätze nach verschiedenen Seiten aussenden, aber auf der Stelle liegen bleiben (Motilität). Ihre Größe beträgt nach eigenen Messungen 850 bis 2300 μm^3, entsprechend einem Durchmesser im abgekugelten lebenden Zustand von 12,0 bis 16,4 μm.

Der *Metamyelocyt* (Jugendlicher nach SCHILLING, Abb. 1 und 2) unterscheidet sich in Zellgröße und Cytoplasmastruktur nicht vom reifen kleinen Myelocyten. Der Kern ist aber stärker eingebuchtet, zeigt verschiedene Formen und ist in der Struktur eher etwas dichter und grobscholliger als der Myelocytenkern.

Im Phasenkontrastbild fällt vor allen Dingen die wechselnde Kernform ins Auge. Auch die Zellmotilität ist erheblich stärker als die des Myelocyten, so daß wir bei den ja häufig ins periphere Blut ausgeschwemmten Metamyelocyten meist schon eine gerichtete Fortbewegung — Lokomotion — beobachten können (JERSILD zit. n. VANNOTTI).

Der *stabkernige Neutrophile* (Abb. 1 und 2) zeichnet sich durch geringere Zellgröße und den stabförmigen Kern aus, dessen Struktur erheblich dichter und dunkler ist als die des Metamyelocytenkerns. In Anlehnung an die Arnethsche Lehre bezeichnet SCHILLING den Metamyelocyten noch als „weniger gebuchtet" und die Stabkernigen als „stärker gebuchtet" und unterscheidet die Segmentkernigen nach der Zahl ihrer Segmente. Das Cytoplasma sieht im gefärbten Präparat nicht anders aus als das reifer Myelocyten, ist nur bei der toxischen Granulation stärker gekörnt.

Im Phasenkontrastbild ist die Zelle an der charakteristischen Kernform und dichteren Kernstruktur kenntlich und zeigt neben lebhafter Granulakinetik eine — am Metamyelocyt gemessene — stärkere, gerichtete Zell- und Kernmotilität, die schon der des Segmentkernigen gleicht (KOSENOW).

Der *segmentkernige Neutrophile* (Abb. 1) hat im fixierten Präparat eine Größe von 10 bis 15 μm (im Durchschnitt 14 μm) und stellt sich annähernd rund dar (REMY). Die neutrophile Granulation hebt sich von der blaßgrauen acidophilen Cytoplasmafärbung kaum ab, nur bei der toxischen Granulation ist sie im Pappenheim-gefärbten Ausstrich besser zu sehen. Das Charakteristikum der Segmentkernigen ist mindestens eine fadenförmige Brücke im fast strukturlosen, dunkelvioletten Kern, die manchmal wegen Überlappen der Kernsegmente nicht deutlich erkannt wird. In praxi ist deshalb ihr tatsächliches Vorhandensein schwer festzustellen. Deswegen wird die Verminderung der Kernbreite um ein Drittel als ausreichendes Merkmal für den Segmentkernigen angesehen (ROHR). Die Reife der Kerne und vermutliche, durch Überlagerung überdeckte Segmentkonturen werden mit zur Beurteilung herangezogen. Die meisten Segmentkernigen haben 2 bis 3 Brücken, d. h. sie bestehen aus 3 bis 4 Segmenten. Die Zweisegmentierten werden als pelgroide Formen oder echte Pelgerzellen abgegrenzt. Fünf- und Sechssegmentierte werden erst dann im Differentialblutbild als Hypersegmentierung vermerkt, wenn sie in größerer Anzahl auftreten. Nach RIIS sind die Leukocyten in Gewebe und Exsudaten stärker segmentiert als im Blut, was von ihm, jedoch nicht von BRÜSCHKE und FLIEDNER, als Anzeichen der Zellalterung aufgefaßt wird.

Neben den großen Kernsegmenten kommen gelegentlich noch kleine sog. „micro-lobe“ vor, bei schlechter Ausstrichtechnik auch noch fadenförmige Ausziehungen. Ein Teil der Segmentkernigen hat trommelschlägelförmige Kernanhänger („drumsticks“), gelegentlich auch hohl (Tennisschlägerform) oder ohne Stiel („sessile nodule“) beschrieben. Ihr Durchmesser beträgt 1,5 : 2,3 μm. Sie sind bei Frauen in 3% der Segmentkernigen, bei Männern nur bis zu 1% vorhanden. Man bringt sie mit dem Kernchromatin und dem zweiten X-Chromosom bei der Frau in Zusammenhang (DAVIDSON, GOTHE, LÜERS, KOSENOW, SCHAUMKELL). Die Auszählung wird zur Diagnostik bei Zwittern angewendet. Microdrumsticks mit einem Durchmesser unter 1 μm und größere Gebilde, die oben erwähnten kleinen Kernsegmente („micro-lobe“), sind keine echten „drumsticks“, d. h. unbedeutend für die Kerngeschlechtsdiagnose.

Im Phasenkontrastbild sieht man den segmentkernigen Neutrophilen meist in lebhafter Bewegung, angeführt von einem granulafreien membranartigen flottierenden Cytoplasmabezirk. In dieses breitflächige pseudopodienartig vorgestreckte Cytoplasma, das erst von der übrigen Zellmasse durch eine unsichtbare Grenze, die die Granula zurückhält, getrennt ist, strömen dann in großem Tempo die dunklen, phasenpositiven Granula ein und ziehen den Kern mit sich (ROBINEAUX). Der Kern verformt sich lebhaft, d. h. es wechseln nicht nur seine einzelnen Segmente ihre Lage zueinander, er wird auch an verschiedenen Stellen dünner und dicker, dreht sich und verschiebt seine gut erkennbaren phasenpositiven und -negativen Bezirke (Rindsche Schlangenhautzeichnung des Kernes) gegeneinander, so daß ein abwechslungsreiches Bild entsteht. Nach hinten wird die sich fortbewegende Zelle schmaler und schleppt an einem Stiel einen kleinen Bürzel nach, der mit phasenpositiver körniger Substanz, gelegentlich auch Vacuolen, angefüllt ist (KOSENOWS Anhangsgebilde, SENDAS und HIRAKIS Schwanz, Frankesches Führungsköpfchen). BESSIS zeigt auf S. 221/222 seiner Monographie gute Bilder über die Fortbewegung im Phasenkontrastpräparat, aber sein häufiges „Ausbreiten" (spreading) ist eine Absterbeerscheinung durch starkes Quetschen. Gelegentlich enthalten die Segmentkernigen phagocytierte Bestandteile bis zu ganzen Zellen oder Vacuolen in verschiedener Größe und Anzahl. Auf die Phagocytosefähigkeit soll hier nicht näher eingegangen werden, da sie kein Unterscheidungsmerkmal ist; wenn auch die reifen Granulocyten am häufigsten phagocytieren, sehen wir doch phagocytierte Bestandteile in allen Granuloblasten, bei Leukämien auch in Parablasten.

Die Fortbewegung der Zelle ist nicht gradlinig, ihre verschiedenen Seiten werden wechselweise führend. Die Zelle wandert recht schnell (nach ALBRECHT 40 μm/min), die Geschwindigkeit ist aber wegen des häufigen Richtungswechsel schwer exakt zu bestimmen. Die Wasserstoffionenkonzentration und der osmotische Druck der Umgebung beeinflussen ebenso wie die Oberflächenspannung und die Zell-Ladung die Wanderungsgeschwindigkeit.

Im elektrischen Feld wandern die Blutzellen zur Anode, wobei die Wanderungsgeschwindigkeit wegen der gleichbleibenden Richtung unter konstanten Milieubedingungen besser zu messen ist. Man bezeichnet das Phänomen als Galvanotaxis (HÖBER, FRITZE, ROBINEAUX u. BAZIN, REMY). Nach REMY wandern die Leukocyten im elektrischen Feld mit $1{,}56 \pm 0{,}15\ \mu m \cdot sec^{-1} \cdot V^{-1} \cdot cm$ etwas schneller als die Erythrocyten; bei chronischen Myelosen sind die Segmentkernigen mit $1{,}16 \pm 0{,}14$ schneller als die Myelocyten mit $0{,}83 \pm 0{,}09$. ROBINEAUX findet unter normalen und leukämischen Zellen derselben Reifestufen keinen Unterschied der Wanderungsgeschwindigkeit. RUHENSTROTH-BAUER wandelt die Versuchsanordnung ab (Zellelektrophorese) und erhält Unterschiede bei einzelnen Hämoblasten.

Im phasenoptischen Präparat fällt die Entscheidung, ob ein Stab- oder Segmentkerniger vorliegt, bei der großen Lebhaftigkeit der Zellen oft schwer. Für unsere Reifungsstudien erhebt sich die Frage, ob man den Granulocyten von der ersten sicher für kurze Zeit vorhandenen fadenförmigen Kernabschnürung an oder erst bei dauerhaften Einschnürungen als Segmentkernigen bezeichnen soll. Da die „Kontraktionsringe" (RIND) im Kern des lebenden Leukocyten sehr schnell wechseln, scheint im Phasenkontrastbild mancher Segmentkernige vorübergehend wieder einen stabförmigen Kern zu haben. Bei der Fixation schnüren sich wahrscheinlich die Kontraktionsringe tiefer ein.

2. Theorien über die Regeneration und Lebensdauer der Granulocyten

Nach ROHR teilt sich die Cytogenese der Blutzellen im Knochenmark in drei Vorgänge:

1. die *Zellteilung* — Karyokinese — Mitose,

2. das *Zellwachstum* — Interkinese, „mit dem Ziel, die Tochterzellen wiederum in teilungsfähige Stammzellen überzuführen",

3. die *Zellreifung* — Differenzierung „zu morphologisch und funktionell differenzierten, ausschwemmungsfähigen Zellen", die nach Erfüllung ihrer verschiedenen Funktionen im Organismus schließlich absterben. Die Reifung gliedert sich zweckmäßigerweise in eine Reifung während der Regenerationsphase und in die Reifung nach der letzten Mitose. Reifungskurven (FIESCHI u. a.), die Aufzeichnungen der prozentualen Anteile der einzelnen hämatopoetischen Vorstufen, haben nur wenig Aussagewert für die Myelopoese, da die Verschiebung der Zusammensetzung im Knochenmark außer von der Zellteilung und -reifung vorwiegend von

4. der *Zellausschwemmung* ins Blut abhängt, deren Größe aus dem Knomenmarkpräparat nicht zu übersehen ist.

1. und 2. werden mit *Regeneration* bezeichnet,

1. bis 3. mit *Proliferation,* Wachstumsaktivität. Dieser Begriff ist leider nicht eindeutig, da verschiedene Autoren nur Partialfunktionen mit ihm belegen. Bei nicht reifenden Geweben fällt er selbstverständlich mit der Regeneration zusammen. Die Proliferation muß dynamisch als Funktion der Zeit betrachtet werden. Um die Proliferationsaktivität festzustellen, bestimmt man am besten die Generationszeit, auch wenn sie nur die Regeneration und Reifung bis zur letzten Mitose umfaßt, da der Anteil der ausgereiften Zellen wegen der unkontrollierbaren Ausschwemmung nicht zu beurteilen ist.

Die Schillingsche Theorie der Granulopoese, wonach Promyelocyt, Myelocyt, Metamyelocyt, stabkerniger und segmentkerniger Neutrophiler Entwicklungsstadien derselben Zelle sind, ist von den meisten Autoren (HEILMEYER, Hdb. d. inn. Med., HITTMAIR, Hdb. ges. Haematol.) akzeptiert. Der Schillingsche *Trialismus* (Dreiteilung der Leukopoese in Granulopoese, Lymphopoese, Monopoese) mit der Granulocytenentwicklung im Knochenmark, ist eine wesentliche Voraussetzung für die Konzeption der Granulopoese. SCHILLING konnte für seine geniale Hypothese keine anderen Beweismittel heranziehen als die sorgfältige Beobachtung des Blutbildes und des Knochenmarkes in Punktaten und bei Autopsien während Infektionen und Entzündungen. Die *neutrophile Kampfphase* bezeichnet als Schlagwort die Reaktion bei der akuten Entzündung (s. a. HOFF). Die *Linksverschiebung* im Blutbild nach ARNETH, ausgebaut von SCHILLING, hochgradiger als myeloische Reaktion bezeichnet, wurde neben der Feststellung der Leukocytose zu einer wesentlichen Grundlage der Diagnostik bei akuten und chronischen Entzündungen und konnte in den vergangenen Jahrzehnten durch kein besseres Verfahren ersetzt werden. Um so bedauerlicher ist die Tatsache, daß wir von den Zusammenhängen der Entstehung und von der Lebensdauer der weißen Blutkörperchen längst nicht die exakte Vorstellung haben wie von denen der roten.

Die *Vermehrungsart der Granulopoese* kann nach WEICKER (Hdb. Ges. Haematol., S. 164) nur „geahnt" werden. Er gibt ein Schema nach kombinatorisch logischen Schlüssen an, worin der Myeloblast nicht an der normalen Granulopoese beteiligt ist, sondern nur in Notfällen einspringt. Der Promyelocyt K_2 soll sich homoheteroplastisch zum Myelocyten K_1 und Promyelocyten K_1 teilen. Der Promyelocyt K_1 soll wieder zum K_2 anwachsen, während sich der Myelocyt K_1 durch einfache Succedanteilung zu zwei Myelocyten $K_{1/2}$ teilt. Diese reifen über Metamyelocyten zu stabkernigen bzw. segmentkernigen Leukocyten aus. Die Generationszeit beider Generationsfolgen wird von WEICKER auf 2 bis 4 Tage geschätzt, die Ausreifung nach der zweiten Mitose auf 4 bis 8 Tage.

Demnach durchläuft nur der Promyelocyt eine somatisch normale, diploide Teilung. Die Myelocyten sollen ebenso wie die reiferen Erythroblasten Mitosen mit vermindertem Chromosomensatz, sog. Succedan- oder Reifeteilungen durchlaufen. Die Versuche mit der Isotopenmarkierung des Kernstoffwechsels bestätigen, daß die Promyelocyten-Mitose einen normalen diploiden Chromosomensatz hat, da sich während der Interkinese die Desoxyribonucleinsäure(DNS)-Substanz verdoppelt.

Ob die *Reifeteilung* der Myelocyten eine haploide mit halbem Chromosomensatz (MIYOSHI) oder nur eine hypoploide (KINOSITA und OHNO) mit gegenüber der Norm von 46 verminderten Chromosomen ist, bleibt danach offen. Der Gedanke der somatischen Reifeteilung liegt allerdings den Genetikern (LÜERS, H., persönl. Mitteilung) fern, ist doch eine verminderte Anzahl Chromosomen an Pflanzenwurzelspitzen und bei den verschiedenen Versuchstieren nie nachgewiesen worden. — Nachdem in jüngster Zeit Verfahren der Mitosesprengung zur Chromosomendarstellung beim Menschen (FORD, SPRIGGS, HSU, NOWELL u. a.) ausgearbeitet sind, mit denen man die einzelnen Chromosomen der Knochenmarkzellen darstellen kann, wird sich die Frage der Chromosomenzahl der Myelocyten-Mitosen sicher demnächst entscheiden. Nach den Untersuchungen von SANDBERG, FORD, JACOBS, LAJTHA u. a. ist allerdings kein Anhalt für Hypoploidie in einem Teil der Knochenmarkmitosen vorhanden, denn wenn bei den Chromosomendarstellungen die Zellen auch nicht mehr differenziert werden können, müßte den Autoren doch eine größere Zahl hypoploider Mitosen aufgefallen sein.

Ähnliche Überschlagsberechnungen wie WEICKER stellen OSGOOD, PATT u. a. für die Granulopoese an und kommen zu gleichartigen Resultaten. Diese mathematischen Versuche der *Granulopoeseberechnung* sind insofern nicht beweiskräftig, als sich die Feststellung der Granuloblasten-Generationszeit auf die Lebensdauer der segmentkernigen Neutrophilen stützt, über die man nicht einwandfrei orientiert ist. Zur Generationszeit-Bestimmung der Erythroblasten benötigt WEICKER die Sicherheit, daß normale Erythrocyten durchschnittlich 115 bis 120 Tage leben. Dies nachzuweisen gelingt relativ leicht, weil sich die Erythrocyten durch einige Eigenschaften, vor allem ihre Kernlosigkeit und ihrem Hb-Gehalt von allen anderen Körperzellen unterscheiden. Außerdem ist für die Erythrocyten das Blut nicht Transport-, sondern Erfolgsorgan, während das Blut die Neutrophilen lediglich in die verschiedenen Gewebe, besonders in die Darmwand und die parenchymatösen Organe, transportiert.

Für die Leukocyten ist das Blutbild nur der Ausdruck eines Fließgleichgewichtes zwischen Bildungsstätte und Erfolgsorgan, ähnlich wie der Blutzucker zwischen Leber und Muskulatur oder der Eisenspiegel zwischen Darmwand und Knochenmark, bzw. den Speicherorganen. Die Zahl der Leukocyten im Blut hängt vom Tempo des Zu- und Abflusses, also dem Gefälle, ab. Die klassischen Versuche COHNHEIMs zeigen, daß die Granulocyten durch das Capillarendothel durchtreten können (zit. n. MORAWITZ). ALGIRE beobachtete lange Zeit Mäusecapillaren und sah auswandernde Leukocyten, aber nie rückwandernde. Demnach findet kein Austausch von Leukocyten statt, das Gewebe verbraucht vielmehr die Leukocyten und vernichtet sie. Körperliche Bewegung und die Injektion von Adrenalin bringen aus den parenchymatösen Organen bis zu 75% aller Granulocyten in die freie Blutbahn, in der sich sonst nur 50% befinden (ATHENS u. a.), während Bakterien-Endotoxine die Ausschüttung aus dem Knochenmark bewirken (CRADDOCK u. a.). Alle Stress-Situationen (KOMIYA, HOFF), die Verdauung (KEUTHE, WACHOLDER u. a.), der Schmerz (CUKAVINA) verursachen Leukocytosen allgemeiner und, wenn eine begrenzte Einwirkung der auslösenden Ursache wie bei Verdauung und Schmerz vorliegt, auch lokaler Art. WENGER und MÖSSLACHER bestätigen allerdings die Verdauungsleukocytose an ihren Patienten nicht. Die Leukocytose, die durch Adrenalin-Ausschüttung (KOMIYA, GOOD, IMAIZUMI) zustande kommt, tritt nach Splenektomie (BAUDISCH und WILDE) nicht mehr auf. Das Adrenalin wie das Atropin steigern in vivo, nicht aber in vitro, durch Änderung der Opsonine außerdem die Phagocytoseaktivität (BRUCKNER, BONDAR-STAERMAN).

Man sieht gelegentlich *Leukocytenabbauformen* (Abb. 3) im Blutausstrich (KOCH, UNDRITZ, HEILMEYER, GROSS, KLARE u. a.), die sich nach cytostatischer Behandlung und Röntgenbestrahlung häufen. Sie kommen aber so selten vor, daß sie nur im Leukocytenkonzentrat eine Rolle spielen. Entweder lebt die Zelle im Stadium der Abbauform nur sehr kurz, oder dieses morphologische Stadium wird üblicherweise im Gewebe durchlaufen. Das würde allerdings bedeuten, daß die Leukocyten überall im Körper zerfallen und nicht bevorzugt in den Lungen abgebaut werden. Eine besondere Anhäufung zerfallender Leukocyten ist der Eiter, die auftretenden lytischen Segmentkernigen werden Eiterkörperchen genannt (Abb. 4). Durch Eosinfärbung in der Kammer nach SCHREK stellte PETRAKIS fest, daß sich bei Gesunden etwa 0,5% der Leukocyten anfärben, also tot sind (im Durchschnitt 46/μl). Leider konnte mit der Methode nicht festgestellt werden, ob es sich um Segmentkernige oder Lymphocyten handelt. Eine tageszeitliche Schwankung bestand nicht, auch keine Korrelation zu beschädigten Zellen im Ausstrich. — Aus dem Vorhandensein von Abbauformen oder

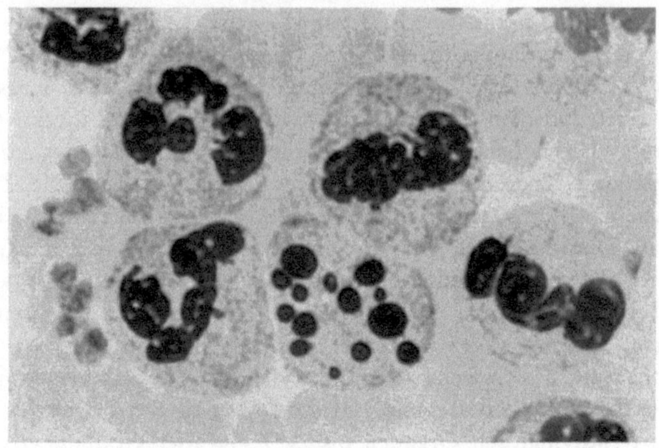

Abb. 3. Leukocyten-Abbauformen im gefärbten Präparat

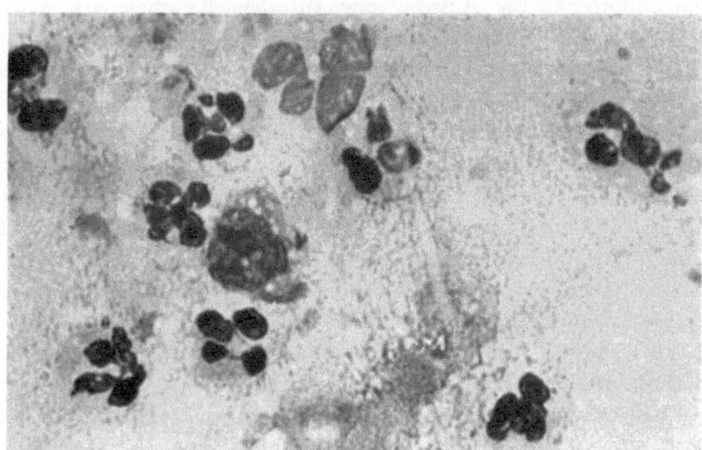

Abb. 4. Eiterkörperchen im gefärbten Präparat

toten Zellen läßt sich kein hinreichender Schluß auf die Überlebenszeit der Leukocyten ziehen, da nicht zu sagen ist, wielange die abgestorbenen Zellen in der Blutbahn verweilen, bis sie durch die Lungen, Leber, Milz oder das Darmepithel (Bierman, Ambrus, Teir, Rytömaa) eliminiert werden.

Der Ausdruck „Lebensdauer" sollte nur für den ausgereiften Granulocyten gebraucht werden. Er kann sein „Erwachsenendasein" im Knochenmark, im Blut oder im Erfolgsorgan, einem Gewebe, verbringen. Die Lebens- oder Verweildauer der Leukocyten in den verschiedenen Erfolgsorganen entzieht sich jeder Berechnung. Bei Angaben über die Lebensdauer der Leukocyten muß neben der Unterscheidung von Granulocyten und Lymphocyten, die ja eine ganz andere Entstehung und Lebensdauer haben, die Lebensdauer im Knochenmark von der im Blut und im Gewebe getrennt werden. Je nach der gewählten Versuchsanordnung ist bei der Bestimmung der *Granulocyten-Lebensdauer* also zu unterscheiden:

1. die Granulocyten-Lebensdauer unter Einschluß der Regenerationsperiode im Knochenmark,
2. die Bestimmung der Lebensdauer aller reifen Granulocyten (in Knochenmark, Blut und Gewebe),
3. die Lebensdauer der Granulocyten, die sich im Blut befinden,
4. die Lebensdauer aller aus dem Knochenmark ausgeschwemmter Granulocyten, also die sich im Blut und im Gewebe befinden.

In der Tabelle 1 sind die Angaben der Literatur zusammengestellt, die je nach dem experimentellen Ansatz zu diesen vier Abteilungen im Zellleben der Granulocyten und ihrer Vorstufen aussagen. Mittelt man die Angaben, kommt man zu einer vermutlichen Granuloblasten-Generationszeit von 6 bis 7 Tagen und zu einer nur minimal kurzen Lebenszeit der aus dem Knochenmark ausgeschwemmten Neutrophilen (3 und 4 der Tab. 1), die sich auf durchschnittlich 1,7 Tage beläuft. BRECHER (s. BRAUNSTEINER) detailliert die Fehlerquellen der verschiedenen Methoden der Lebensdauerbestimmung der Granulocyten und kommt zu dem Schluß, daß alle Verfahren auf ungeklärten Voraussetzungen fußen. Nach Abwägung aller Kriterien hält er ca. einen Tag für die zutreffendste Annahme, allerdings bei großer Streuung der Überlebenszeiten im einzelnen.

Die *Lebenserwartung* der reifen Granulocyten (4.) hängt sicher weitgehend von den augenblicklichen Bedürfnissen des Organismus ab und von dem Gewebe, in das er gelangt, um seine Funktion auszuüben. Nach ANTONIOLI haben die Neutrophilen im Exsudat andere metabolische Eigenschaften als die im Blutstrom, auch FREI schildert Änderungen der Stoffwechselfunktionen. Wir können also nur von einer statistischen mittleren Lebensdauer der Granulocyten beim Gesunden sprechen. Unter besonderen Bedingungen, z. B. Eiterbildung, kann die Lebensdauer sicher erheblich verkürzt sein.

Eine erhöhte Anforderung neutrophiler Leukocyten in der Peripherie, z.B. bei akuten Entzündungen, wird zuerst durch Ausschwemmung der segmentkernigen Leukocyten aus dem Knochenmark ins Blut und an das anfordernde Gewebe gedeckt. Nach den $DF^{32}P$-Markierungsversuchen von ATHENS und den Ergebnissen an bestrahlten Parabioseratten von BERLIN ist die im Blut verfügbare Leukocytenzahl nur etwa die Hälfte der tatsächlich aus dem Knochenmark eliminierten, die andere Hälfte wird an der Endothel-

Tabelle 1. *Dauer der einzelnen Stadien der Granulocytenpoese nach der Literatur*

Autor	Bestimmung von	Zeit	Methode
BANU	1	1—6 d	^{32}P Hund
BRAUNSTEINER	1	2—4 d	9 Agranulocytosen
CRONKITE	1	6—9 d	^{3}H-Thymidin in vivo
EVÈRETT	1	15 d	^{3}H-Thymidin bei Meerschweinchen
HAMILTON	1	9 d	DNS-^{14}C, Guanin und Adenin, Orotsäure
FLIEDNER	1	7—10 d	Strahlenunfälle
HESS u. MOESCHLIN	1	6—8 d	kompensierende perniziöse Anämie
HULSE	1	2 d	400 r bei Ratten
KLINE u. CLIFFTON	1	13 d	^{32}P in vivo Mensch
LITTLE	1	4 d	^{3}H-Thymidin bei Ratten
MAKRYOCOSTAS	1	9 d	Owren-Syndrom
MOESCHLIN	1	2—3 d	Agranulocytosen
OSGOOD u. RIGAS	1	3—4 d	^{32}P in vivo
OSGOOD u. KRIPPAEHNE	1	—6 d	^{32}P in vitro
OSGOOD	1	4,5 d 60 h	^{32}P in vitro
OTTESEN	1	9 d	^{32}P in vivo Mensch
PATT	1	39 h 75 h 50 h	Ratte mit ^{3}H-Thymidin Mensch mit ^{3}H-Thymidin Hund mit ^{3}H-Thymidin
PATT u. MALONEY	1	4 d 5—10 d	^{3}H-Thymidin bei Hunden Mitoseberechnung bei Mensch
PERRY u. CRADDOCK	1	8 d	^{32}P in vivo Mensch
RESEGOTTI	1	8,8 d	^{59}Fe in vitro
WEISBERGER u. LEVINE	1	13 d	L-Cystein-^{35}S
ZARKEWSKI	1	3 d	^{32}P in vitro
ALKER	2	2 d	^{32}P bei Kaninchen
ATHENS	2	—20 d	DF^{32}P markiert nur Reife
BIERMAN	2	8,6+13,6 d	HN_2 Mensch
FARR	2	3 d	bei Kaninchen
LAWRENCE	2	2—4 d	500 r bei Ratten
MCCALL	2	13 d	^{51}Cr in vivo
ROBERTS u. KRACKE	2	4 d	Agranulocytosen
WALKER	2	56 h	N-Lost bei Kaninchen
WEISSKOTTEN	2	3—4 d	Benzolvergiftung bei Kaninchen
AMBRUS	3	2—3 h	Isotope Leukocyten
BASERGA	3	6 d	zitiert n. WEICKER
BIERMAN	3	4,4 d	HN_2 Mensch
BOND	3	1,6—2,3 d	^{3}H-Thymidin in vivo
	3	5—24 h	Röntgenbestr. beim Hund
BRECHER	3	stundenlang — 24 h	Rattenzellen auf Mäuse, DF^{32}P Atebrin markiert

Tabelle 1 (Fortsetzung)

Autor	Bestimmung von	Zeit	Methode
Cartwright	3	14 h	DF^{32}P
Craddock	3	—10 h	Leukopherese bei Hunden
van Dyke	3	23′	Parabionten bei Ratten
Hollingsworth	3	60′	Röntgenbestr. bei Ratten
Kindred	3	30—60′	Leukocyten-Kultur
Kline u. Cliffton	3	9 d	^{32}P in vivo Mensch
Lawrence	3	16—24 h	Röntgenbestr. bei Katzen
Lissac	3	40—90′	Atebrin, Mensch, Kaninchen
McKinney	3	1 d	in vitro
Mauer u. Athens	3	9,4 h	DF^{32}P in vivo und in vitro
Osgood	3	6 h	^{32}P in vitro
Ottesen	3	1 d	^{32}P in vivo Mensch
Paludi	3	2—3 d	bei Kaninchen
Patt u. Maloney	3	8—17 h	^{3}H-Thymidin bei Hunden
Perman	3	6—8 d	Röntgenbestr. beim Hund
Pollycove	3	30′	Kaninchen DF^{32}P
White	3	30—90′	Atebrin-Markierung d. Erwachsenen
Walker	3	3—14 h	N-Lost bei Kaninchen
Wintrobe	3	7 h	DF^{32}P
van Dyke	4	6,5 h	Parabionten bei Ratten
Finch	4	viel größer als 3 d	Kreuzzirkulationsversuche bei Ratten
		11—12 d	nach Rohr
Fliedner	4	15 h	^{3}H-Thymidin Mundschleimhaut
Patt u. Maloney	4	6 d	^{3}H-Thymidin Mensch

oberfläche, besonders in den parenchymatösen Organen, vermutet. Bierman findet beim Menschen nur ein Sechzigstel der Leukocyten in der Blutbahn, Patt ein Siebzigstel! Osgood errechnet vierzigmal so viele Granulocyten im Gewebe wie in der Blutbahn, da aber unter diesen Bedingungen in jedem Gesichtsfeld eines histologischen Schnittes, ganz gleich welchen Organes oder Gewebes, zwei Segmentkernige vorhanden sein müßten, was sicher nicht der Fall ist, nimmt er einen Fehler in der Kalkulation an.

Durch die große Reserve an reifen Granulocyten im Knochenmark kommt es ggf. im Blut zur *Leukocytose* (Vermehrung der Leukocytenzahlen über 8000/μl) und zur *Neutrophilie* (Vermehrung der Segmentkernigen über 70—75%). Craddock konnte bei der Entstehung eines Peritonealexsudates am Versuchstier zeigen, daß während der ersten 6 Std bei steilem Anstieg der Leukocytenzahlen im Exsudat noch keine Leukocytose auftritt. Bei akuten Infekten kommt es später zum Ausschwemmen von weniger reifen Zellen (Stabkernige und Jugendliche) und deswegen im Blutausstrich zur *Linksverschiebung* sowie im Knochenmarkausstrich zur initialen Linksverschiebung. Der schnelle Verbrauch aller verfügbaren Reserven ist nicht verwunderlich, wenn man bedenkt, daß in 10 ml Eiter 50 Milliarden Leukocyten enthalten sind, der gesamte Granulocytenbestand des peripheren Blutes (HOFF). Erst bei länger dauerndem Reizzustand tritt eine Rechtsverschiebung im Knochenmark ein, die als Anzeichen erhöhter Knochenmarksaktivität mit vermehrter Zellbereitstellung für die Peripherie angesehen wird (MOESCHLIN, RUBINSTEIN, ROHR, KORINTH, YAMAMOTO).

Wieweit eine erhebliche Linksverschiebung im peripheren Blut durch Ausschwemmung metaplastischer Herde aus Milz und Leber bedingt ist, wie ROHR für alle Fälle annimmt, soll hier nicht erörtert werden. KUNZ sah nach Milzexstirpation und ohne Anzeichen für myeloische Metaplasie in der Leber ebensolche extremen myeloischen Reaktionen wie beim Gesunden. Durch unsere Phasenkontrastbeobachtungen über die beginnende Motilität der Myelocyten und Promyelocyten neigen wir zu der Ansicht von KUNZ, daß auch die unreifen Formen aus dem Knochenmark angeschwemmt werden können.

Untersuchungen, die sich auf die *Dauer der Granulopoese* (1 der Tab. abzüglich 2) beschränken, beziehen sich vorwiegend auf Beobachtungen an erkrankten Menschen: MOESCHLIN nahm durch Knochenmark-Untersuchungen nach Pyrifer-Injektionen an, daß die Ausreifung der Granulopoese 8 Tage dauert. Er beobachtete bei wiederholten Sternalpunktionen von Agranulocytosen, wie sich das Promyelocytenmark bis zu einem Mark umwandelt, in dem wieder Stäbe und Segmentkernige das Bild beherrschen. Bei dekompensierten perniziösen Anämien fanden HESS und MOESCHLIN nach Vitamin B_{12}-Behandlung ebenfalls eine Regenerationszeit für Granulocyten von 6 bis 8 Tagen, während die normalen Erythrocyten in 3 bis 4 Tagen ausgereift waren. BRAUNSTEINER sah bei 9 Agranulocytosen eine Ausreifungszeit von 3 (2 bis 4) Tagen. MAKRYOCOSTAS gab beim Owren-Syndrom, der passageren Knochenmarkaplasie bei familiärer hämolytischer Anämie, eine Regeneration der Granulocyten, ähnlich wie MOESCHLIN, von etwa 9 Tagen an. FLIEDNER nahm nach seinen Beobachtungen der Strahlenunfälle in Oak Ridge und denen der von MATHÉ behandelten Jugoslawen eine Regenerationszeit der Granulocyten von 8 Tagen an. OTTESEN fand bei seinen Knochenmarkversuchen mit ^{32}P eine Reifungszeit der Granulopoese von 5 bis 8 Tagen, BASERGA von 6 Tagen. Die Tierversuche sollen hier nicht im einzelnen gewürdigt werden, da PATT und WIDNER für verschiedene Tiere und den Menschen mit derselben Versuchsanordnung ganz verschiedene Zeiten erhielten.

3. Der stathmokinetische Test Astaldis

Außer den direkten Beobachtungen an Patienten, Versuchstieren und in vitro wurden noch experimentelle Verfahren entwickelt, um Aufschluß über die Proliferation der Myelopoese zu bekommen.

Astaldi gewinnt mit seinem stathmokinetischen Test ein Urteil über die Proliferationsaktivität, genauer gesagt über die Regenerationsintensität des Knochenmarkes. Er verwendet dazu Knochenmark-Kurzkulturen, denen er Colchicin in maximal mitosehemmender Konzentration (1 : 500 000 bis 1 : 10 000 000) zusetzt. Da das Colchicin als Spindelgift die Mitose in der frühen Metaphase arretiert, wodurch sich die Mitosedauer gegen Unendlich nähert, läßt sich durch die Mitosezählung im fixierten Präparat ein Urteil über die in der verflossenen Zeit in die Mitose eingetretenen Zellen bilden. So wie die Häufigkeit der Mitosen, auf teilungsfähige Zellen bezogen, als Mitosindex bezeichnet und in ‰ angegeben wird, so wird der Mitoseindex nach Colchicin-Zusatz von Astaldi als stathmokinetischer Index bezeichnet und auch in ‰ angegeben. Er ist um ein Vielfaches höher als der Mitoseindex, ein Vorteil für die Auswertung gegenüber der einfachen Mitosezählung im fixierten Präparat.

Die Methode des stathmokinetischen Tests hat verschiedene Voraussetzungen. Die wichtigsten Prämissen sind die Unbeeinflußbarkeit der Mitosehäufigkeit durch Colchicin und die konstante Dauer der gehemmten Mitosen aller verglichenen Zellen.

Erstens dürfte also der Eintritt der Zelle in das Mitosestadium sowohl durch die Kulturmethode, insbesondere den zugesetzten Wachstums- bzw. Hühnerembryonalextrakt, als auch durch das Colchicin nicht beeinflußbar sein. Nach Dustin, Lettré, Ludford, Astaldi u. a. wird durch Colchicin der Eintritt der Zellen in die Mitose, also die Mitosehäufigkeit, nicht beeinträchtigt. Hell kann durch ^{3}H-Thymidinmarkierung aber in vitro eine verminderte DNS-Synthese bei Colchicin-, allerdings nicht bei Colcemid-Zusatz nachweisen. Nach Lettré, Eridani kann die Colchicinwirkung durch Zusatz von Adenosin-Triphosphorsäure abgeschwächt werden. Neuerdings berichtet Dustin jr., daß Cortison bei adrenalektomierten Tieren die Colchicinwirkung aufhebt. Wrba sieht eine Resistenz gegen Colchicin bei tumortragenden Goldhamstern. Auch ist nach Mühlemann bei Ratten die Mitosehemmung durch Colchicin bei niedrigem Mitoseindex während der Nacht wesentlich stärker (9 → 108‰) als am Tage (46 → 86‰), in diesem Zusammenhang ein wichtiges Ergebnis.

Zweitens müßte die Zeit vom Mitosebeginn bis zum Absterben der Zelle während der Mitose oder bis zu einer doch noch vollendeten pathologischen Zellteilung, also die Colchicin-Mitosedauer, bei den verglichenen Zellen unbedingt konstant sein, um die Größen der Colchicin-Mitoseindices vergleichen zu können. Astaldi nahm an, daß die Colchicin-Mitose unendlich lange dauert. Anläßlich des Internationalen Hämatologen-Kongresses 1958 in Rom habe ich dargelegt, daß bei unendlich langer Colchicin-Mitosedauer der stathmokinetische Index mit zunehmender Bebrütungszeit immer höher werden müßte. Aufgetragen in einem Diagramm bekommt er aber bei allen Untersuchern um die 18. Kulturstunde einen Knick. Da der Kurvenabfall in dem Moment zustande kommt, in dem mehr Mitosen absterben, als neue Zellen in Mitose gehen, läßt sich leicht nachweisen, daß beim Auftreten der ersten Mitosen in der 6. Kulturstunde die Colchicin-Mitose höchstens 12 Std dauert. Da sich dies Absterben für einige Zeit mit der Neuentstehung von Mitosen fast die Waage hält, ist der Abfall des Mitoseindex nach mehr als 18 Std nur gering. Ein weiterer Gegenbeweis gegen die unendlich lange Dauer der Colchicin-gestoppten Mitose (Abb. 5) ist die Entstehung von

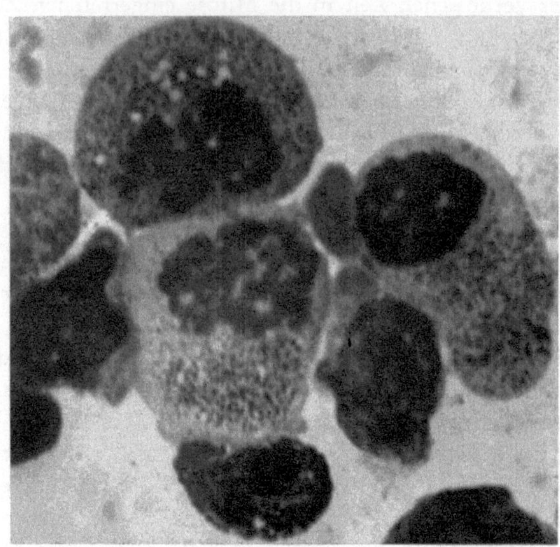

Abb. 5. Durch Colchicin gehemmte Granuloblasten-Mitosen im gefärbten Präparat

pathologischen Zellen unter Colchicin-Einwirkung (ALBRECHT), würden doch solche Zellen ohne pathologische Beendigung der Mitose bei der fehlenden Beeinflußbarkeit der Ruhezelle durch Colchicin nie entstehen können. Auch im Phasenkontrastpräparat beobachten wir, daß die gehemmten Mitosen nach mehreren Stunden lebhafter frustraner Cytoplasma-Kontraktionen absterben oder sich gelegentlich pathologisch teilen.

Weiterhin ist außer der möglichen proliferationsanregenden Wirkung des zugesetzten Wuchsstoffes noch eine spezifische Colchicin-Wirkung auf die Zellen zu berücksichtigen, denn nach eigenen Untersuchungen werden die Granuloblasten-Mitosen durch das Spindelgift Xanthopterin stärker angereichert als durch Colchicin, während es bei den Erythroblasten umgekehrt ist. Dabei ist entweder die Interkinese verkürzt oder die Dauer der gehemmten Mitose verlängert. Falls DUSTIN, LETTRÉ u. a. mit der Annahme recht haben, daß das Spindelgift den Eintritt der Zelle in die Mitose nicht beeinflußt, muß man annehmen, daß bei Colchicin-Zusatz die Erythroblastenmitose länger persistiert, bevor sie abstirbt, bei Xanthopterin-Zusatz die Granuloblastenmitose (Abb. 6). Wir können aber mit FUCHS zeigen, daß unter Colchicin die Mitosehäufigkeit in der Erythropoese zunimmt.

Zur Auswertung des stathmokinetischen Tests ergeben sich folgende Überlegungen:

Der im fixierten Präparat leicht zählbare Mitoseindex (*MI*) setzt sich aus der relativen Menge von Zellen, die pro Zeiteinheit in die Mitose eingetreten sind, der *Mitosehäufigkeit* (*m*) und aus der Dauer der Mitose (t_m) zusammen:

$$MI = m \cdot t_m . \tag{1}$$

Wäre es möglich, die Größe der Mitosedauer aus der des gezählten Mitoseindex zu eliminieren, so könnte man direkt aus der Zählung des Mitoseindex, also durch ein relativ sehr einfaches Verfahren, Rückschlüsse auf die Mitosehäufigkeit im Knochenmark ziehen. Unstimmigkeiten zwischen dem gezählten Mitoseindex und der aus anderen Faktoren gewonnenen Regenerationsintensität wurden bisher zu Lasten der Mitosedauer korrigiert.

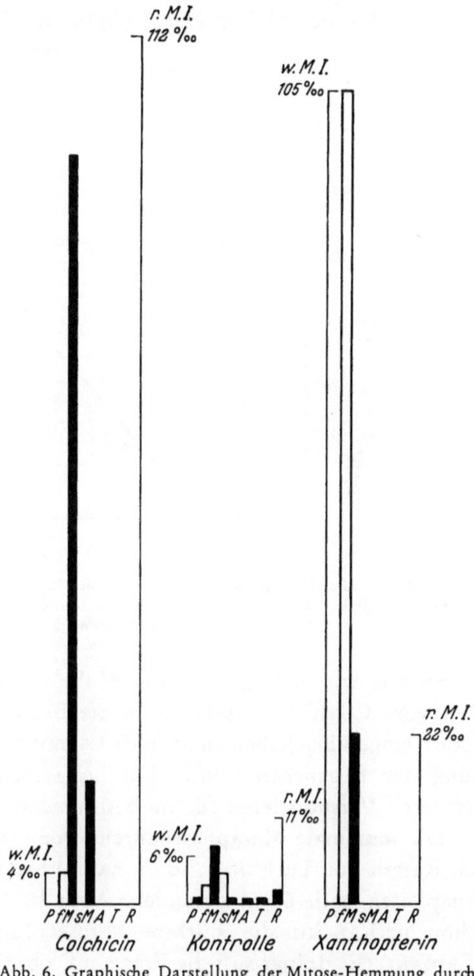

Abb. 6. Graphische Darstellung der Mitose-Hemmung durch Colchicin und Xanthopterin bei einem normalen Knochenmark (aus Acta haemat. 1953)

Zeichenerklärung:
w.M.I. = weißer Mitoseindex
r.M.I. = roter Mitoseindex
P = Prophase
fM = frühe Metaphase
sM = späte Metaphase
A = Anaphase
T = Telophase
R = Rekonstruktionsphase

Die schwarzen Kolumnen stellen die Höhe der roten Mitosen, verteilt auf die einzelnen Mitosephasen, dar, die weißen Kolumnen die der weißen Mitosen

Irrtümlicherweise wurde von ASTALDI die Möglichkeit begrüßt, im stathmokinetischen Test die Mitosedauer zu eliminieren und die Mitosehäufigkeit direkt zu bestimmen. Das Maß für die Mitosehäufigkeit ist aber die Steilheit des Mitose-Anstieges unter Colchicin, d. h. das Verhältnis vom Zuwachs des Mitoseindex in der Zeiteinheit, der tg α, und nicht die erreichte Höhe, da der maximale Mitoseindex nach Colchicin-Zusatz (MI_c) von der Dauer der durch Colchicin gehemmten Mitose abhängt ($t\,m_c$) (Abb. 7).

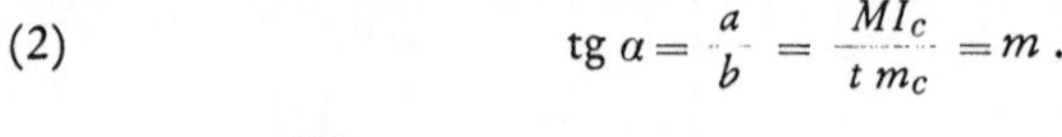

$$\text{tg}\,\alpha = \frac{a}{b} = \frac{MI_c}{t\,m_c} = m\,. \qquad (2)$$

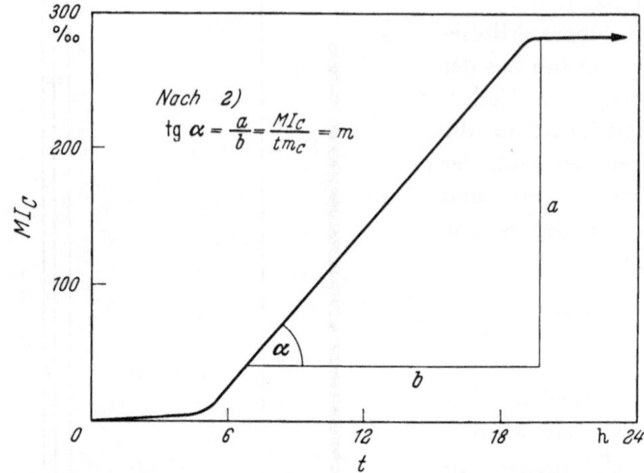

Abb. 7. Graphische Darstellung des stathmokinetischen Tests nach ASTALDI, schematisch. MI_C = Mitose-Index nach Colchicinzusatz. t = Zeit in Stunden, tm_C = Mitosedauer nach Colchicinzusatz. m = Mitosehäufigkeit

So wie wir den tg α aus der Höhe des Colchicin-Mitoseindex und der Zeit vom Colchicin-Zusatz an in die Berechnungen des stathmokinetischen Index eingeführt haben, hält auch LEBLOND den Zeitfaktor bei der Berechnung der Regenerationsintensität bei seinen Intestinalepithelversuchen an getöteten Versuchstieren für mitbestimmend.

Die maximale Metaphasenanreicherung wird bei i. p. Colchicin-injizierten Ratten von DUSTIN jr. schon nach 4 Std und das erneute Auftreten von Anaphasen nach 6 Std gefunden. Auch bei bebrüteten Hühnereiern findet schon nach 6 Std die stärkste Mitoseanreicherung durch Colchicin statt (ERIDANI). Es drängt sich die Frage auf, ob die Tiere das Colchicin so schnell abbauen, daß es nicht so lange zur Wirkung kommen kann wie in vitro. Zum Teil ist der Colchicin-Effekt in vitro aber dadurch verzögert, daß die Zellen erst einige Stunden nach dem Versuchsbeginn wieder Mitosen bilden. Nach ASTALDIs Diagrammen beginnen die Mitosen in der 2. bis 10. Kulturstunde, nach unseren eigenen Berechnungen auch nach etwa 6 Std in vitro.

DUSTIN jr. und LEBLOND benutzen ihre Colchicin-Versuche in vivo ebenso wie JOURNOUD die in vitro-Versuche ASTALDIs zur Berechnung der *Mitosedauer.* Die Interkinesedauer sei besser durch die DNS-Markierung mit Isotopen zu bestimmen, da der Zellcyclus dadurch nicht unterbrochen würde. Sie zitieren ALLEN, der schon 1937 die Berechnungsgrundlagen schuf. Immerhin hat DUSTIN erkannt, daß Rückschlüsse auf die Mitosedauer nur möglich sind, wenn die Interkinese länger währt als die Zeit der Mitosehemmung, die am Anstieg des Mitoseindex und der Metaphasen in der karyologischen Kurve kenntlich ist: Bei kürzerer Interkinese muß die Mitosedauer entsprechend zu lang werden. HOFFMANN macht darauf aufmerksam, daß die nach Colchicin-Zusatz gewonnene Mitosedauer bei der Berechnung aus mehreren Interkinesen wegen des logarithmischen Wachstums um den Faktor $\ln 2 = 0{,}693$ zu korrigieren ist. Unter Kulturbedingungen ist keine Korrektur erforderlich, da sie keine entsprechend lange Beobachtungszeit zulassen.

JOURNOUD kommt unter Verwendung des stathmokinetischen Tests für die Promyelocyten zu einer Mitosedauer von 1 Std und 10 min, für die Myelocyten zu 2 Std und 20 min. Die Berechnung der Mitosedauer JOURNOUDs aus dem stathmokinetischen Test geht insofern von falschen Voraussetzungen aus, als die Zeit bis zum maximalen Anstieg des Mitoseindex unter Colchicin-Zusatz als Interkinesedauer (i) bezeichnet wird, nach den obigen Ausführungen stellt sie aber die Dauer der gehemmten Colchicinmitose dar.

Nach JOURNOUD ist

$$I = \frac{c}{i}\,k\,, \tag{3}$$

das bedeutet in unserer Nomenklatur

$$MI = \frac{t\,m}{t\,m_c}\,MI_c\,, \tag{4}$$

denn i ist ja nicht, wie JOURNOUD annimmt, die Interkinese, sondern die Dauer der gehemmten Colchicinmitose. Als Maß der Regenerationsintensität haben wir die Mitosehäufigkeit (m) eingesetzt. Nach Formel (1) und (2) ist also

$$\frac{MI}{t\,m} = \frac{MI_c}{t\,m_c} \tag{5}$$

oder zur Bestimmung der Mitosedauer

$$t_m = \frac{t\,m_c}{MI_c}\,MI\,, \tag{6}$$

was der Journoudschen Formel (4) entspricht. Somit ist die Mitosedauerberechnung JOURNOUDs aus ASTALDIs Zahlenangaben trotz falscher Voraussetzung richtig!

Aus dem stathmokinetischen Test läßt sich nun in derselben Weise, in der JOURNOUD die Mitosedauer berechnet, auch die *Interkinesedauer* t_i oder die *Generationszeit* t_G berechnen, denn der Mitoseindex ist beiden Größen umgekehrt proportional:

$$MI = \frac{t\,m}{t\,i + t\,m} = \frac{t\,m}{t_G} \text{ oder } t_G = \frac{t\,m}{MI} \,. \tag{7}$$

Mit Generationszeit wird die Interkinesezeit und eine Mitosedauer bezeichnet.

$$t_G = t\,i + t\,m \,. \tag{8}$$

Die Generationszeit läßt sich allein aus dem stathmokinetischen Test nach Formel (7) und (5) ganz leicht berechnen

$$t_G = \frac{t\,m_c}{MI_c} \,, \tag{9}$$

aber nicht aus dem Diagramm, wie es JOURNOUD tat. Sie ist naturgemäß der Mitosehäufigkeit umgekehrt proportional:

$$t_G = \frac{1}{m} = \frac{1}{\operatorname{tg} \alpha} = \operatorname{cotg} \alpha \,. \tag{10}$$

Berechnet man nach den Astaldi-Journoudschen Zahlen die Generationszeit, so bekommt man für

$$\text{Myeloblasten } \frac{14}{0{,}06} = 233 \text{ Std } t_G \,,$$

$$\text{Myelocyten } \frac{16}{0{,}035} = 457 \text{ Std } t_G \,.$$

SALERA und TAMBURINO finden im normalen Knochenmark nach 18stündiger Colchicinhemmung

für Myeloblasten	einen stathmokinetischen Index von	128,1‰ ± 4,29
für Promyelocyten	„ „ „ „	52,6‰ ± 2,29
für Myelocyten	„ „ „ „	26,9‰ ± 1,43.

Danach nimmt die Regeneration mit zunehmender Ausreifung der Zellen stark ab.

Mitoseindex	n. SALERA usw.	n. KILLMANN usw. mit d. Squash-Technik	eigene
Myeloblasten	31,3‰	25,2‰	45,3‰
Promyelocyten	13,7‰	14,9‰	14,8‰
Myelocyten	8,9‰	11,0‰	17,2‰

Er vermindert sich also in entsprechender Weise bei zunehmender Zellreife.

Berechnet man die Generationszeit nach Formel (9) und den Saleraschen Zahlen, kommt man ebenfalls zu sehr langen Zeiten:

Generationszeit	$t\,m_c = 18$ Std	korrigiert auf 12 Std
Myeloblasten	140,5 Std	93,5 Std
Promyelocyten	342 Std	228 Std
Myelocyten	669 Std	446 Std.

Die Mitosedauer würde sich bei den einzelnen Reifungsstufen nach Formel (6) wie folgt verhalten:

Mitosedauer	$t\,m_c = 18$ Std	korrigiert auf 12 Std
Myeloblasten	4,4 Std	2,9 Std
Promyelocyten	4,7 Std	3,0 Std
Myelocyten	5,9 Std	5,0 Std.

Durch den stathmokinetischen Test lassen sich nach Zahlen verschiedener Untersucher für die Granulopoese überaus lange Generationszeiten (6 bis 28 Tage) und eine Mitosedauer von 70 min bis 5 Std berechnen. Von Interesse ist, daß die so errechnete Generationszeit und die Mitosedauer in allen Fällen bei den unreifen Vorstufen kürzer sind als bei den reifen.

Bei einem von mir gezählten Fall (Li., Knochenmark einer Blutungsanämie mit unauffälliger Granulopoese) findet sich bei optimaler Colchicinhemmung für alle granulopoetischen Vorstufen eine $t\,m_c$ von 30 mit 6 Std mitosefreiem Intervall, eine MI_c von 193‰ und ein Mitoseindex aller teilungsfähigen Granuloblasten ($w\,MI$) von 10‰, damit

nach Formel (9) eine Generationszeit (t_G) von	124,0 Std
nach Formel (6) eine Mitosedauer (t_m) von	1,24 Std
nach Formel (2) eine Mitosehäufigkeit (m) von	0,008/Std
oder	8 auf 1000 Zellen/Std

Die Mitosehäufigkeit aus den Saleraschen Zahlen berechnet ist geringer und beträgt nach Formel (2):

Mitosehäufigkeit	bei $t\,m_c = 18$ Std	korrigiert auf 12 Std
Myeloblasten	7,1/1000 Zellen/Std	10,7/1000 Zellen/Std
Promyelocyten	2,9/1000 Zellen/Std	4,4/1000 Zellen/Std
Myelocyten	1,5/1000 Zellen/Std	2,2/1000 Zellen/Std

Die Berechnung der Mitosedauer, der Interkinesezeit und der Mitosehäufigkeit ist aus dem stathmokinetischen Test möglich, weil durch den Kunstgriff der Mitosearretierung die Dauer der gehemmten Mitose annähernd bekannt ist. Wüßte man die Dauer der nicht gehemmten Mitose, wären dieselben Daten auch aus dem Mitoseindex zu gewinnen, ohne daß unbekannte Größen, wie Kulturbedingungen und eventuelle toxische Beeinflussung durch das Mitosegift an anderen Stellen des Zellcyclus unberücksichtigt bleiben müßten.

4. Rückschlüsse aus dem Isotopeneinbau in den Kernstoffwechsel auf die Generationszeiten

Neuerdings wird zur Bestimmung der Wachstumsaktivität, genauer gesagt der Regenerationsintensität, von Geweben und Tumoren gerne statt der Mitosezählung die Markierung des Kernstoffwechsels verwendet. Nach HEVESY gehen die ^{32}P-Aufnahme und Wachstumsaktivität parallel. Er empfiehlt die Methode vor allem für mitosearme bradytrophe Gewebe, weil bei ihnen vergleichende Mitosezählungen besonders mühsam sind.

Zur Vorbereitung auf die nächste Mitose muß sich während der Ruhezeit der Zelle, der Interkinese, die DNS verdoppeln, da im somatischen Gewebe der Chromosomenbestand gewahrt bleibt und diploide Mitosen vorliegen. Bietet man den Zellen markierte DNS-Vorstufen (precursors) an, kann man von der Intensität ihres Einbaues in das Kernchromatin (GRUNDMANN, MARSHAK) auf die Häufigkeit der Zellteilungen schließen. Nach PELC, KORNBERG u. a. ist die einmal synthetisierte DNS völlig stabil, eine wesentliche Prämisse für alle Markierungsversuche. Als Beweis nehmen HUGHES, LIMA-DEFARIA, KAUDEWITZ und TAYLOR die Chromosomenmarkierung, bei der sich über zwei Zellteilungen hinweg die Markierung in Chromosomenteilen konstant erhalten läßt. Voraussetzung für alle Schlußfolgerungen aus den DNS-Markierungsversuchen ist, daß kein Austausch, keine Wiederverwendung der eingebauten Vorstufen und keine Strahlenschädigung durch den Versuch stattfindet.

Die klassische DNS-Vorstufe, o-Phosphat, mit ^{32}P markiert (HEVESY, LAWRENCE u. a.), wird auch in die Ribonucleinsäure (RNS) eingebaut, die zur exakten Bestimmung des DNS-Stoffwechsels durch Säure- oder Fermenthydrolyse aus dem Präparat gelöst werden muß, außerdem noch in die Phosphorproteine (HARBERS) und andere phosphorhaltige Zellbausteine. Um diesen Nachteil zu umgehen, wurden später vorzugsweise die organischen Vorstufen der DNS: Formiat, Adenin und Thymidin verwendet und mit ^{14}C (LAJTHA, HAMILTON u. a.) oder ^{3}H (FRIEDKIN u. a.) markiert. LAJTHA und HAMILTON halten ^{14}C-Thymidin bzw. -Adenin für die zur Markierung geeignetste DNS-Vorstufe. ^{14}C strahlt weniger weit als ^{32}P, läßt die Autoradiographie schärfer werden und ist wegen seiner längeren Halbwertzeit besser zu handhaben. CRONKITE und seine Mitarbeiter führen dieselben Gründe für die Verwendung des ^{3}H-Thymidin an. Nach parenteraler Verabreichung ergeben sich sehr schöne cytologische und histologische Präparate, so daß ^{3}H-Thymidin zur Klärung verschiedener Fragen erfolgreich in vivo angewendet wurde.

Beim Menschen verbietet die Gefahr der Strahlenschädigung die Anwendung in breitem Umfang. LISCO und BASERGA finden ^{3}H-Thymidin bei Mäusen deutlich carcinogen. Nach BATEMAN muß bei Langzeitversuchen eine Strahlenschädigung durch Thymidin berücksichtigt werden. Auch

Osgood, Lajtha, Painter, Rubini, Oliver, Sauer, Smith, Johnson, Grisham, Drew u. a. nehmen eine erhebliche Bestrahlung der Zellkerne durch die ^{3}H-Thymidinmarkierung an. Als Ausdruck der Strahlenschädigung fand Post durch ^{3}H-Thymidin eine Förderung der Polyploidie in der Leber, Lesher eine Mitoseverlängerung am Intestinalepithel.

Nach Veraschung der Präparate und Messung der Radioaktivität mit dem Scintillationszähler erhält man genaue Werte. Die Messung der Verteilung incorporierter Isotope in Organen von Menschen, Versuchstieren oder im histologischen Präparat ist außer durch die Feststellung der Gesamtaktivität im *Scintillogramm* auch durch die Autoradiographie möglich, wobei die Reduzierung der Bromsilberkörner der photographischen Emulsion durch das strahlende Isotop als Schwärzung erscheint. Eine makroskopische Gewebs-Autoradiographie ist beim Knochenmark ebenso wie die scintillographische Messung der Gesamtaktivität wegen der vielerlei Zellen ohne Wert. Für die Beurteilung des inhomogenen Knochenmarkgewebes kommt nur die Mikromethode, das sog. mounting-Verfahren, in Frage, bei dem über den üblichen Ausstrich ein hauchdünner, besonders feinkörniger Spezialfilm (Strippingfilm) ausgebreitet (Pelc, Boyd, Plaut, Herz, Taylor, Odeblad) oder eine flüssige Filmemulsion (Joftes, Cronkite) ausgegossen wird. Die Schwärzung über den einzelnen Zellen dient als Maß für die Einbaugröße des Isotops. Der ursprüngliche Vorteil der Isotopenanwendung, die Zählung durch einen physikalischen Meßwert zu ersetzen, geht zwar bei der *Mikroautoradiographie* wieder verloren, immerhin läßt sich Neues über den DNS-Stoffwechsel aussagen und mit der Regenerationsintensität bzw. der Interkinesedauer in Beziehung setzen. Der Einbau von DNS-Vorstufen ist bei den diploiden somatischen Zellen an die Zeit der Interkinese oder eines Abschnittes derselben gebunden. Setzt man die markierten mit den nichtmarkierten Zellen in Beziehung, kommt man zum *Markierungsindex* (I_S) nach Fliedner, Oehlert u. a., eine Meßgröße, die dem Mitoseindex entspricht, aber wesentlich größer und deswegen leichter auszuzählen ist.

Wir haben eine Methode ausgearbeitet und seitdem ausschließlich verwendet, die es erlaubt, bereits Pappenheim-gefärbte Ausstriche zu Autoradiographien zu verarbeiten. Dazu wurden die Ausstriche der gefärbten Knochenmarkkulturen mit einem dünnen Kollodiumlack überzogen, darauf nach Bestreichen mit Gelatinelösung der Strippingfilm nach Vorschrift von Pelc montiert. Der Film bleibt so bis zur Beurteilung fest mit dem Ausstrich verbunden, und die Zuordnung ist bis in die Größenordnung von einzelnen μm möglich. Unsere Methode hat den Vorteil, daß die Zellen besser differenziert werden können (Abb. 8). Wir verwendeten o-Phosphat, mit ^{32}P etikettiert, das in vitro in die DNS aller teilungsfähigen Zellen weit stärker als in die RNS eingebaut wird. Die anderen phosphorhaltigen Zellbestandteile, säurelöslicher Phosphor und Phosphorproteine (Rigas), fallen mengenmäßig nicht ins Gewicht und werden z. T. durch den Färbeprozeß herausgewaschen. Je länger das Präparat dem ^{32}P ausgesetzt ist, desto mehr Aktivität entstammt der markierten DNS, nach 36 Std schon 78% (Har-

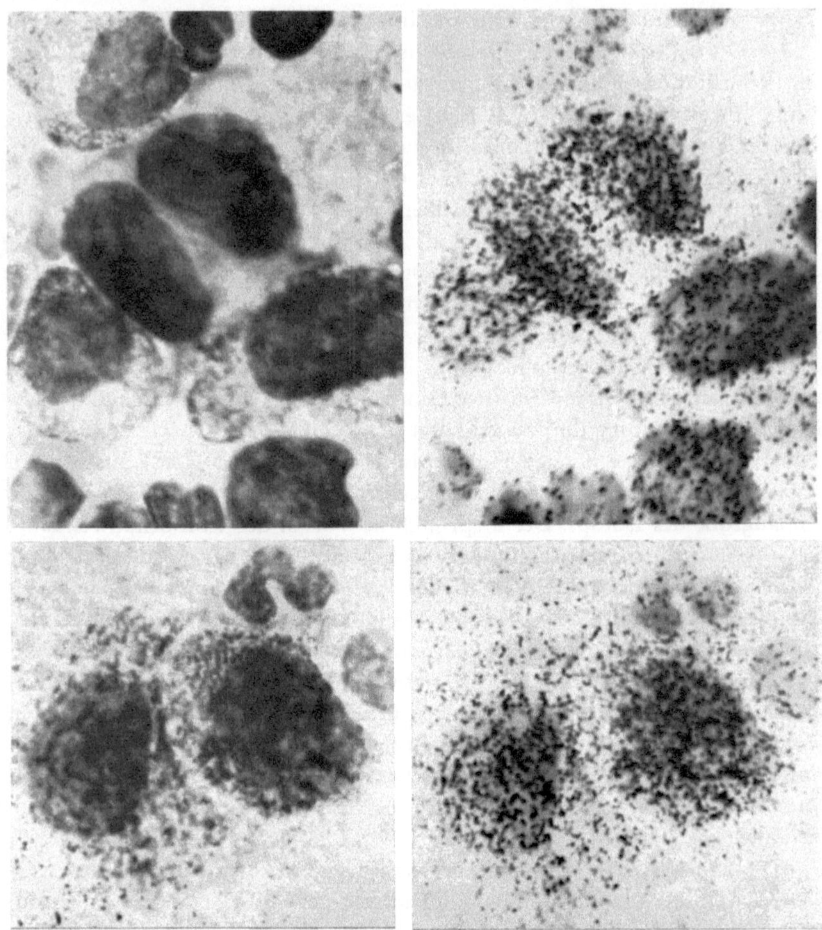

Abb. 8 a—b. Autoradiographie von ^{32}P-markierten Knochenmarkkulturen nach verschiedenen Zeiten: li auf die Zellen, re auf die Autoradiographie fokussiert (aus Klin. Wschr. 1956)

bers). Eine gewisse Markierung der Cytoplasma-RNS haben wir in Kauf genommen, da wir, um die Zellen besser differenzieren zu können, keine Hydrolyse angewendet haben.

Für absolute Messungen ist das mikroautoradiographische Verfahren nach den Kriterien von Salera, Tamburino, Magnanelli u. Marinelli — wegen der Möglichkeit der Adhäsion statt Inkorporation des Isotops, unterschwelliger Dosierung, wechselnder Untergrundschwärzung, verschieden starker photographischer Entwicklung u. a. — zu ungenau. Sie setzen deswegen nur die Schwärzung über den Zellen desselben Präparates in Beziehung. LAJTHA hingegen hält die absolute Messung für erlaubt und berechnet, daß ein reduziertes Bromsilberkorn im Film nach 14 Tagen Expositionszeit 5 ^{32}P-Atomen entspricht. Da aber schon die Silberkorngröße bei verschiedenen Filmemulsionen stark schwankt, halten wir mit SALERA die absolute Messung für zu gewagt.

In jeder Autoradiographie ist eine gewisse Menge reduzierter Bromsilberkörner auch über den nichtmarkierten Stellen ausgefällt, die sog. *Untergrundschwärzung.* Im Ausstrichpräparat hängt sie von der Strahlungsintensität des zugefügten Isotops und der Menge der mitausgestrichenen isotopenhaltigen Flüssigkeit ab. LAMERTON fordert für eine gute Autoradiographie als Untergrundschwärzung höchstens 4 reduzierte Silberkörner je 100 μm^2. Wegen ihrer besonders geringen Untergrundschwärzung werden jetzt energiearme Strahler (^{14}C, ^{3}H) bevorzugt verwendet. SALERA findet schon die doppelte Dichte der Untergrundschwärzung über den markierten Partien signifikant. Da ^{32}P, das allein seinerzeit für die Markierung des Knochenmarkes in vitro zu beschaffen war, relativ weit strahlt, konnten wir lediglich nach den Salerasdhen Kriterien arbeiten und kommen, wie viele andere Autoren, nur zu relativen Bezugswerten.

Die Markierung ist noch von weiteren Faktoren abhängig. Nach LAJTHA können die Knochenmarkzellen Purine überhaupt nicht de novo synthetisieren. An Versuchstieren läßt sich zeigen, daß durch die Hepatektomie die Rate der DNS-Synthese herabgesetzt wird. Nach ITZHAKI wird ^{32}P in alle Pyrimidin- und Purinnucleotide gleich stark eingebaut, ^{14}C-Glucose jedoch unterschiedlich. WRBA kann nachweisen, daß in vitro in phosphatfreien physiologischen Salzlösungen (z. B. Ringer-Lösung) mehr ^{32}P in Tumorzellen incorporiert wird als in phosphathaltigen (z. B. HANKs Lösung), und GERLACH findet eine pH-Abhängigkeit der ^{32}P-Aufnahme von Erythrocyten in vitro.

Systematische Untersuchungen über den *DNS-Stoffwechsel am menschlichen Knochenmark* mittels ^{32}P (als Orthophosphat), markiertem Adenin und Formiat bzw. Thymidin sind bisher von MORSE, SHIBASHI, LAJTHA, SALERA u. TAMBURINO, CRONKITE, BOND u. FLIEDNER und mir durchgeführt worden.

Trotz methodischer Unterschiede kommen, von SHIBASHI abgesehen, alle Autoren zu folgenden Schlüssen: Proerythroblasten, basophile Erythro- und Megaloblasten sowie Promyelocyten werden am meisten markiert, Myelocyten und polychrome Erythroblasten weniger und später alle reiferen Vorstufen, Lymphocyten und Plasmazellen — auch bei pathologischem Mark — nicht.

In vivo-Versuche wurden zuerst 1950 von MORSE und 1953 von SHIBASHI durchgeführt.

MORSE injizierte Ratten 0,5 mC ^{32}P und tötete die Tiere nach einem Zeitraum von 4 Std bis zu 10 Tagen. Er sah im Knochenmark schon nach 4 Std markierte Metamyelocyten und orthochromatische Erythroblasten; die Promyelocyten waren bereits nach 4 Std zu 100%, die Myelocyten erst nach 21 Std zu 100% markiert. Die basophilen Erythroblasten erreichten nur 92% nach 21 Std und waren nach 2 Tagen nicht mehr markiert, während zu diesem Zeitpunkt noch alle Granuloblasten, wenn auch schwächer, positiv waren. — SHIBASHI injizierte Kaninchen und Hunden ^{32}P und untersuchte das Knochenmark auch bei Patienten, die therapeutische Dosen ^{32}P erhalten hatten. Die Zellen wurden aus flüssiger Emulsion ausgestrichen und die außergewöhnlich lange Zeit von 100 Tagen exponiert. Ein Überschreiten der dreifachen Halbwertzeit, bei ^{32}P 42 Tage, gilt als wenig sinnvoll, da keine wesentliche Strahlung mehr vom Isotop erwartet werden kann, die Untergrundschwärzung dagegen immer mehr zunimmt. SHIBASHI fand in allen Fällen die Myeloblasten und Promyelocyten kaum markiert, stark dagegen die stab- und segmentkernigen Neutrophilen, ebenso wie die Erythrocyten beim Menschen schon nach 8 Std. Es handelt sich bei diesen Ergebnissen wohl um technische Fehler. Uns ist jedenfalls bei Polycythämien, die therapeutisch ^{32}P erhalten hatten, nie eine Autoradiographie aus dem Sternalpunktat gelungen.

Seit 1954 stellten wir mit MEHL *in vitro* fest, daß die Markierung der teilungsfähigen Zellen in verschiedenen Intervallen nach Anlegen der Kultur erfolgt. Die Ergebnisse entsprechen im wesentlichen auch denen der flüssigen Knochenmarkkulturen OSGOODs. Durch die stattfindende Reifung können nach längerer Zeit Zellen markiert sein, die ursprünglich keine DNS-Vorstufen aufgenommen haben, aber mit geringerer Kornzahl, wenn inzwischen Mitosen stattgefunden haben. Die Markierung mit ^{32}P bestätigt ebenso wie die Verschiebung der relativen Zellverteilung nach verschiedenen Kultivierungszeiten innerhalb von 1 bis 2 Tagen die Ausreifung der basophilen Erythroblasten zum reifen Erythroblasten mit pyknotischem Kern und vielen Entkernungsfiguren. Da die granulocytäre Reihe langsamer reift, werden innerhalb von 3 Kulturtagen nur selten markierte Stabkernige gesehen. Die Myelocyten sind immer schwächer markiert als die Promyelocyten, die bis 90% erreichen. Entweder ist die Interkinesezeit bei den Myelocyten wie bei den polychromatischen Erythroblasten viel länger als bei den Promyelocyten oder die Markierung ist von der Reifung in vitro abhängig und erfolgt in reiferen Zellen nicht primär, was für die Succedanteilung WEICKERs sprechen würde. — Auch Lymphoblasten werden markiert, selten aber reife Lymphocyten; Plasmazellen und Plasmacytomzellen werden nur ganz schwach markiert.

SALERA berechnet aus der Anzahl in vitro ^{32}P-markierter Zellen nach den verschiedenen Kultivierungszeiten die *Interkinesedauer* und die Dauer der DNS-Synthese für basophile und polychromatische Erythroblasten bei Gesunden und verschiedenen Erkrankungen.

Die basophilen Erythroblasten haben nach der Markierungszunahme pro Stunde beim Gesunden eine Interkinesedauer von 21 Std, die polychromatischen von 49,5 Std, und die DNS-Synthesezeit beträgt immer 9 bis 12 Std. Bei allen Erkrankungen, auch bei der perniziösen Anämie, sind keine bemerkenswerten Abweichungen festzustellen. Lediglich bei M. COOLEY haben die polychromatischen Erythroblasten eine auf 110 Std verlängerte Interkinesedauer.

TAMBURINO, MAGNANELLI und SALERA verwenden — ähnlich wie wir — die Markierung mit 5 μC/ml ^{32}P in Coagulumkulturen zur Untersuchung der Granulopoese. Sie entfernen die RNS mittels Säurehydrolyse und können daher nur noch Granuloblasten mit und ohne Nucleolen unterscheiden. Die Zellen mit Nucleolus waren nach 4 Kulturstunden zu 39%, nach 24 Std zu 91% markiert; ohne Nucleolus steigt der Markierungsprozentsatz von 3 auf 11%. Sie schließen daraus, daß die Regenerationsintensität unreifer Granuloblasten stärker ist als die in der Reifung weiter fortgeschrittener. Errechnet man aus der prozentualen Zunahme der markierten Zellen pro Std (k) die Interkinesedauer (I), so wie es die Autoren für die Erythroblasten nach der Formel

$$I = t_G = \frac{100}{k} \tag{11}$$

getan haben, so erhält man eine Generationszeit für Granuloblasten mit Nucleolen von 38,5 Std, für die ohne Nucleolen von 238 Std.

	nach 4 Kultur-Std	nach 24 Kultur-Std
Granuloblasten mit Nucleolen	39,0% positiv	91,3% positiv
Granuloblasten ohne Nucleolen	3,3% positiv	11,7% positiv

k nimmt in 20 Std von 39,0 auf 91,3 zu $= 52\ ;\ \frac{52}{20} = 2{,}6\ \%$

von 3,3 auf 11,7 zu $= 8{,}4;\ \frac{8{,}4}{20} = 0{,}42\%$

nach (11) $t_G = \frac{100}{2{,}6} = 38{,}5$ Std für Granuloblasten mit Nucleolen

$t_G = \frac{100}{0{,}42} = 238$ Std für Granuloblasten ohne Nucleolen

Wahrscheinlich handelt es sich bei den letzteren vorwiegend um nicht teilungsfähige Zellen, so daß in die 238 Std ein Reifungsfaktor mit eingeht. Die Berechnung ist dieselbe wie beim stathmokinetischen Test. k entspricht hier dem tg α der Colchicinversuche, wobei auf der Gegenkathete die Zunahme der DNS-Markierung in %, auf der Ankathete wie bei der Colchicinhemmung die Zeit in Stunden aufgetragen ist (Abb. 9). SALERA bezieht die Anfangsmarkierung (n_0) nicht mit ein und errechnet wie LESHER, QUASTLER u. a. am Darmepithel aus n_0 die DNS-Synthesezeit (t_s):

$$t_s = \frac{n_0}{k}\ . \tag{12}$$

Sie beträgt für die Granuloblasten mit Nucleolen 15 Std, ohne Nucleolen 7,85 Std.

nach (12) $t_s = \frac{39,0}{2,6} = 15$ Std für Granuloblasten mit Nucleolen

$t_s = \frac{3,3}{0,42} = 7,85$ Std für Granuloblasten ohne Nucleolen.

Die DNS-Markierung zeigt also dieselben Unterschiede bezüglich der Proliferation der verschiedenen Reifestufen, wie die Erhebungen durch den

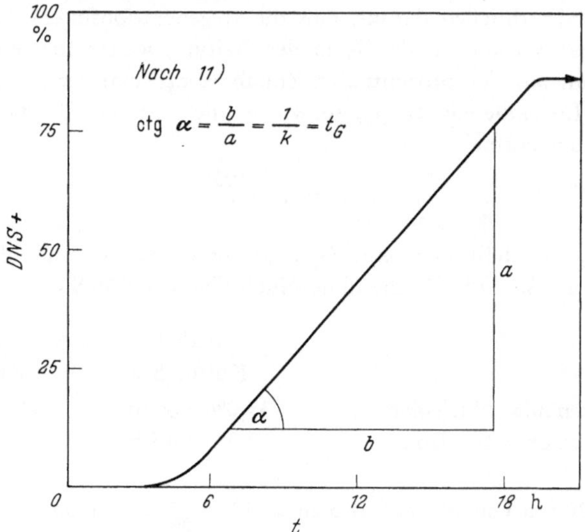

Abb. 9. Graphische Darstellung der DNS-Markierung in vitro, schematisch. DNS+ = Markierte Zellen. t = Zeit in Stunden. k = Zunahme der markierten Zellen pro Stunde. t_G = Generationszeit

Mitoseindex bzw. stathmokinetischen Index, nämlich eine Verlängerung bei zunehmender Zellreife. Nur die Länge der Interkinesedauer weicht nach der ^{32}P-Markierung erheblich von der des stathmokinetischen Tests ab (s. o.).

LAJTHAs Interkinesedauer-Berechnungen aus der Zellkernmarkierung mit Adenin- und Formiat-^{14}C oder ^{32}P sind, da er sich vorwiegend auf Beobachtungen während der ersten 6 Kulturstunden stützt, nicht so überzeugend wie die der Italiener. In den ersten Kulturstunden sind die Zellen noch durch den Schock der Sternalpunktion, den Medium- und Temperaturwechsel beeinträchtigt, was sich leicht am Mitoseindex und der anfänglich trägen Lokomotion ablesen läßt. Zwischen dem Beginn des Isotopeneinbaus und seiner optischen Erscheinung durch reduzierte Bromsilberkörner in der Autoradiographie vergeht eine Latenzzeit, da eine gewisse Schwellendosis für die Reduktion des Bromsilbers erreicht werden muß. Außerdem berechnet LAJTHA eine durchschnittliche Interkinesedauer von 40 bis 48 Std für alle teilungsfähigen Knochenmarkzellen der Erythro- und Granulopoese, da er bei seinen nach der Autoradiographie gefärbten Ausstrichen Schwierigkeiten mit der Differenzierung hat. LAJTHA erhält einen Wert, der zu wenig Aussagekraft hat, nehmen wir doch seit WEICKER u. a. an, daß die Generationszeit der Granulopoese eine vielfach längere als die der Erythropoese ist. Trotz dieser Mängel wird LAJTHAS Konzeption vielerorts zitiert und soll deswegen hier kurz angegeben werden

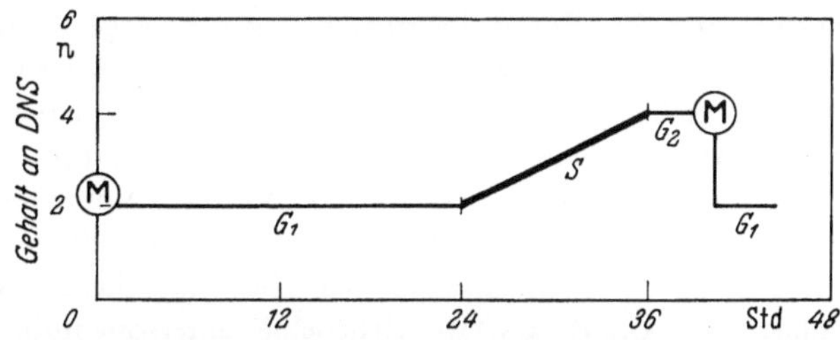

Abb. 10. Der DNS-Markierungs-Cyclus nach LAJTHA. M = Mitose; G_1 = G_1-Periode; S = DNS-synthetisierende Periode; G_2 = G_2-Periode

(Abb. 10). Die DNS-Synthesezeit (S-Periode) soll 12 bis 15 Std dauern. Weil die Ruhekerne eher markiert sind als die Mitosen, schließt LAJTHA (Abb. 11, 4), daß in der letzten Zelle vor der Mitose keine DNS mehr

Mitose —— Generationszeit ——

Mitose —— Interkinese —— Mitose

1. Mitose ——	interkinetische Ruhe ——	DNS-Synthesezeit ——		Mitose
2. Mitose ——	Intermitose ——	Interphase ——	‾V‾ ——	Mitose
3. Mitose ——	R_1 ——	DNS-Phase ——	R_2 ——	Mitose
4. Mitose	G_1	S	G_2	Mitose
1,3 Std x̄	25—30 Std	12—15 Std	3—4 Std	1,3 Std x̄

x̄ nach eigenen Beobachtungen bei Granuloblasten in vitro etwa 80 min
‾V‾ postsynthetisches Intervall

Abb. 11. Nomenklatur des Zellcyclus

synthetisiert wird (G_2-Periode). Wenn man eine konstante S- und G_2-Periode voraussetzt, gibt die Häufigkeit der Markierung ein Maß für die Dauer der G_1-Periode oder nach CRONKITE der R_1-Periode (Abb. 11, 3), aber auch ohne diese Voraussetzung kann die Markierungsgröße auf die gesamte Interkinesedauer bezogen werden. ALTMANN und GRUNDMANN (Abb. 11, 2) nennen die Periode der Kernverdoppelung die Interphase und unterscheiden noch eine Intermitose. CHÈVREMONT (Abb. 11, 1) spricht von interkinetischer Ruhe, DNS-Synthesezeit und postsynthetischem Intervall. Nach HARBERS wird neuerdings von der *S*-Periode noch eine präsynthetische Phase abgeteilt, in der die DNS-Polymerase im Cytoplasma aktiviert wird.

LAJTHA findet weiterhin, daß mit markiertem Thymidin, Formiat bzw. Adenin schon nach 3 Std Myelocyten mit allen diesen DNS-Vorstufen halb so stark markiert sind wie Promyelocyten. Das spricht gegen unsere obige Hypothese, daß die Myelocyten erst durch die Ausreifung der Kultur markiert werden, läßt vielmehr annehmen, daß sie die DNS-Vorstufen direkt, wenn auch schwächer, aufnehmen. Die polychromatischen Erythroblasten verhalten sich übrigens gegenüber markierten organischen Vorstufen ebenso. Es ist deswegen auch möglich, daß die Myelocyten zwar die organischen Vorstufen noch in die DNS einbauen können, aber nicht mehr das anorganische Phosphat (NYGAARD). LAJTHA sieht eine unterschiedliche Markierungsintensität bei ^{14}C-Formiat und ^{3}H-Thymidin: Formiat markiert nur halb so stark, obgleich es nach HAMILTON außer der DNS auch die RNS markiert. Da in allen markierungsfähigen Kernen ^{3}H-Thymidin bei Zimmertemperatur schon nach 15 min optimal nachzuweisen ist und nach 40 min nicht mehr zunimmt (BOND, FLIEDNER, RUBINI), muß eine von der angebotenen DNS-Vorstufe abhängige DNS-Synthesezeit angenommen werden, wenn bei Berechnung ihrer Dauer die Anfangsmarkierung eine Rolle spielt.

Seit FRIEDKIN festgestellt hat, daß *Thymidin* nur in die DNS, nicht in die RNS eingebaut wird, verwenden die Forschergruppen um CRONKITE und andere Autoren seit 1957 in weitem Umfange das mit Tritium markierte Purin zum Studium der Proliferationsdynamik von Knochenmark und anderen Geweben. Infolge der schnellen Katabolisierung im Stoffwechsel wird auch in vivo nur eine Zellabteilung markiert und kann bei ihrer Reifung verfolgt werden, während ^{32}P kontinuierlich weiter incorporiert wird (n. RUHENSTROTH-BAUER in vitro szintigraphisch bis 20 Std linear). Da der endogene Thymidin-Spiegel (pool) sehr klein ist, wäre denkbar, daß die Anwesenheit von Thymidin allein die DNS-Synthese veranlaßt. FRIEDKIN argumentiert dagegen, daß ^{3}H-Thymidin nur in schnell proliferierende Gewebe aufgenommen wird. An Wurzelspitzen können KRAUSE und RUECKERT mit ^{14}C-Thymidin allerdings nachweisen, daß die DNS-Synthese durch ^{3}H-Thymidin stimuliert wird. STANLEY markiert sogar nicht teilungsfähige Pollenzellen damit. PELC (nach seinen Markierungsversuchen an der Pflanze) und FICQ (bei Chromosomen) zweifeln an der Konstanz der DNS-Markierung durch ^{3}H-Thymidin. Durch Zugabe von 10 γ/ml inaktivem Thymidin (PAINTER u. MCKINNEY), von Bromdesoxyuridin am Rattenknochenmark in vitro (KRISS) oder Purinantogonisten an der regenerierenden Rattenleber (SCHNEIDER) wird der Einbau von ^{3}H-Thymidin gehemmt. Auch synthetische Medien (THOMAS) hemmen die Isotopenaufnahme in vitro. Ein großes Angebot anderer DNS-Vorstufen, z. B. beim Zerschlagen der DNS-Moleküle durch Röntgenbestrahlung (LAJTHA), und die DNS selbst (GARTLER) beeinflussen den Einbau des Thymidins. SHOOTER kann die Notwendigkeit eines Thymidinfermentes zum Einbau von ^{3}H-Thymidin nachweisen. Nach neuesten Untersuchungen von COTTIER und FEINENDEGEN kommt sogar eine Reutilisation von markiertem Thymidin im Knochenmark vor.

Mit ^{3}H-Thymidin werden im Knochenmark in vitro und auch in vivo bei verschiedenen Laboratoriumstieren und bei Patienten dieselben Zellen

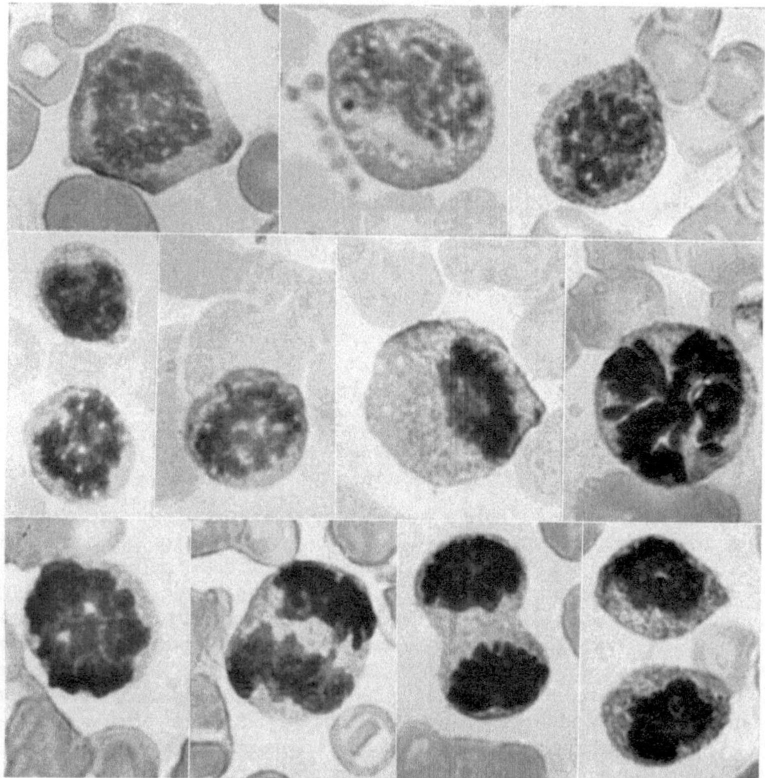

Abb. 12. Lymphoidzell-Mitosen aus dem peripheren Blut eines Patienten mit Pfeifferschem Drüsenfieber. Pappenheim-Färbung

markiert, wie wir es von ^{32}P her kennen. Nur fällt auf, daß mit ^{3}H-Thymidin auch die Zellen des undifferenzierten Proliferationsreservoirs (primitive progenitor pool), die Stromazellen im Knochenmark, nach BASERGA auch in der Leber und Milz, besonders intensiv markiert werden (CRONKITE, BOND, FLIEDNER, TSUYA, KISIELSKI u. a.), die lymphoiden Reticulumzellen dagegen mit ^{32}P nur wenig (eigene Untersuchungen).

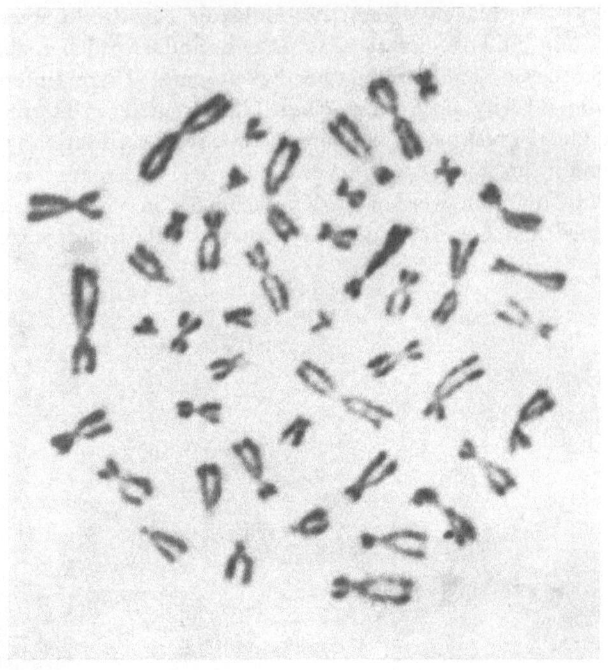

Abb. 13. Chromosomenplatte nach DENVER, ausgewertet bei einem Intersexen (LÜERS, STRUCK, BOLL u. BOSCHANN 1962)

Durch die Thymidin-Markierung wurde entdeckt, daß sich auch im *peripheren Blut* ein geringer Prozentsatz (0,02—0,06%) von rundkernigen Zellen markiert (BOND, BRAUNSTEINER). Daraus wird geschlossen, daß diese Zellen zur Mitose fähig sind und, im Gewebe angesiedelt, neue Blutbildungsherde verursachen. Als Beweis dienen Parabiose-Ratten, bei denen sich im röntgenbestrahlten Paarling die tritiummarkierten Zellen im Knochenmark ansiedelten (BOND). Es ist schon länger bekannt, daß bei Monocytosen Mitosen im peripheren Blut vorkommen. Wir selbst konnten das Krankheitsbild einer schweren infektiösen Mononucleose beobachten, bei der kurze Zeit alle Mitosephasen im Blut vorhanden waren (Abb. 12). Bisher vermutete man, daß sich die Monocyten oder Lymphoidzellen im peripheren Blut nur beim Pfeifferschen Drüsenfieber oder anderen Viruskrankheiten teilen. Neu ist, daß bei allen Gesunden mononucleäre Blutzellen — wenn auch in sehr geringem Prozentsatz — teilungsfähig sind und unter besonderen Umständen zur Besiedelung verschiedener Organe mit myelopoetischen und reticulo-histiocytären Zellen Anlaß geben können. Die Mitosefähigkeit der mononucleären Blutzellen ist inzwischen in breitem Umfang bestätigt worden (NOWELL, HUNGERFORD, LÜERS, ASTALDI, SAULI, FISCHER, HUMBLE u. a.). In 3 Tage alten Blutkulturen wurden unter Zusatz von Phytohämagglutinin so reichlich Mitosen erzeugt, daß menschliche Chromosomen analysiert werden konnten (Abb. 13). Nach MISAWA stammen diese mononucleären thymidinpositiven Zellen aus dem R.E.S.

Im Knochenmark beginnt die *Markierung der Mitosen* durch ^{3}H-Thymidin nach 30 min, ist nach 3 Std mit 55 bis 75% komplett, um nach 6 Std wieder merklich abzufallen (PATT, CRONKITE, LAJTHA), ein erstaunliches Faktum angesichts der deutlich höheren Markierung der Ruhezellen, sollten doch bei genügend langer Zeitspanne alle markierten Zellen in Mitose eintreten. Im Intestinalepithel (LESHER, FRY, QUASTLER) und bei experimentellen Tumoren (MENDELSOHN, PAINTER) kommt es für einige Stunden zur 100%igen Markierung der Mitosen, so daß eine Besonderheit der Granulopoese vorliegen muß. FLIEDNER sucht die Erklärung in einer wechselnd langen Generationszeit der Granuloblasten. Demnach müssen Granuloblasten mit einer ungewöhnlich langen G_2-Periode vorkommen.

Die Dauer der DNS-Synthesezeit (t_S) wird von den oben genannten Autoren nach dem Abfall der Markierung bei den Mitosen bestimmt, während SALERA und TAMBURINO die Anfangsmarkierung der Zellen (mit ^{32}P nach 4 Kulturstunden) mit der Markierungszunahme (ctg α) in Beziehung setzen (s. Formeln (11) und (12) und Abb. 9). Ob die Markierung der Mitosen (wenn nicht eine Markierung aller Mitosen erreicht wird und den Berechnungen keine großen Zahlen zugrunde liegen) ein gutes Kriterium für die DNS-Synthesezeit darstellt, ist zu bezweifeln. Das zweite Verfahren ist theoretisch verständlich (Abb. 9), ergibt aber auch keine bessere Grundlage für die DNS-Synthesezeitberechnung, weil der Markierungsbeginn für ^{32}P erheblich von dem für ^{3}H-Thymidin abweicht. Außerdem beginnt die Markierung nicht bei der ersten Inkorporation, sondern nachdem die zur Reduktion des Bromsilbers erforderliche Schwellendosis überschritten ist.

Nach Untersuchungen FLIEDNERS beträgt die DNS-Synthesezeit in der Granulopoese 7 bis 18 Std, nach LAJTHA 12 Std, nach PATT und MALONEY 5 Std. Abgesehen von allen Unsicherheiten der Berechnung der DNS-Synthesezeit aus der Markierung der Mitosen oder dem Anfang der Zellmarkierung ist noch immer nicht geklärt, ob die DNS-Synthesephase konstant ist oder ob, je nach Gesamtdauer der Interkinese, Ruhe- und DNS-Synthesezeit schwanken (LAJTHA).

Die Bestimmung der DNS-Synthesezeit (t_S) brauchte in unserem Zusammenhang überhaupt nicht zu interessieren, wenn nicht die *Generationszeit*berechnung aus der ^{3}H-Thymidinmarkierung in vivo (FLIEDNER, PATT) die DNS-Synthesezeit zur Grundlage hätte. LAJTHA bestimmt sie wie SALERA in vitro durch die Markierungszunahme in % nach Formel (11).

Die Formel

$$t_G = \frac{t_S}{I_S} \tag{13}$$

entspricht der Formel (7) über die Mitoseberechnung $t_G = \frac{t\,m}{MI}$ für ein Zellsystem im konstanten Fließgleichgewicht.

Bei exponentiellem Wachstum wäre nach HOFFMANN die Generationszeit nach

$$(14) \qquad t_G = \ln_2 \frac{t_s}{I_s}$$

zu berechnen.

Da die Berechnung der DNS-Synthesezeit also nicht ohne Fehlerquellen ist, sind auch die im folgenden skizzierten Zeitbestimmungen für die *Reifung der Granulopoese* nur bedingt zu verwerten.

FLIEDNER und Mitarbeiter teilen in der Granulopoese nach ihren Kernmessungen die Zellvorstufen in 5 Reifungsgruppen ein, die den Myeloblasten, Promyelocyten, halbreifen und reifen Myelocyten und den Metamyelocyten entsprechen. In jeder Reifungsstufe (compartment = Abteil) oder zwischen jeweils zweien nehmen KILLMANN und JOHNSON eine Mitose an. Der Metamyelocyt incorporiert kein ^{3}H-Thymidin mehr und kann sich auch nicht mehr teilen. Die reifen Myelocyten sind in vivo nach 1 Std zu 20% markiert. Für die Myelocyten wird eine DNS-Synthesezeit von 18 Std, eine prämitotische Ruhepause von 5 Std und eine Generationszeit von 48 bis 59 Std angesetzt. Nach neueren Darstellungen beträgt das Stadium des Metamyelocyten 12 bis 25 Std, das des Stabkernigen 24 bis 48 Std und das des Segmentkernigen 15 Std.

PATT und MALONEY finden mit der ^{3}H-Thymidin-Methode bei 2 Hunden in vivo eine Reifungszeit der Granulopoese von 99 Std, eine Leukocytenlebensdauer im Blut von 8 bis 17 Std und eine Generationszeit für Myeloblasten und Promyelocyten von je 9 Std, für Myelocyten von 29 Std, davon geht die Metamyelocyten-Reifungszeit mit 11 Std ab. CRADDOCK gibt für die Reifung bis zur letzten Mitose in der Granulopoese 4 Tage, danach weitere 5 Tage. MAUER und ATHENS errechnen aus ihren Granulocyten-Markierungsversuchen mit DF^{32}P eine Reifungszeit für die regenerierenden Vorstufen von 2,7 Tagen.

Die *prämitotische Ruhepause* (G_2-Periode) dauert nach PATT, FLIEDNER, QUASTLER und LAJTHA $1/2$ bis höchstens 5 Std. Sie wird bestimmt durch die Zeit von der ersten Zellmarkierung bis zur ersten markierten Mitose.

Fast alle Autoren werten zu Beginn ihrer Autoradiographiearbeiten eine *Kornzählung* über den einzelnen Zellkernen zu Rückschlüssen auf das Zellwachstum aus, halten dies aber nach längerer Bearbeitung der Materie für unzulässig (LAJTHA in Wien 1961, FLIEDNER in Freiburg 1962). Die Kornzahl hängt beim Tritium wegen der kurzen Strahlung von 1 μm von der Dicke der Zellkerne und der Dicke des über dem Kern liegenden Cytoplasmas im Ausstrichpräparat ab. Bei histologischen Schnitten ist die Berechnung noch fragwürdiger, da offen bleiben muß, ein wie großer Teil des Kernes im angeschnittenen und autoradiographierten Kernsegment vorliegt. Ist die Verwertung der Kornzahl unzulässig, entfallen alle von ihr abhängigen Berechnungen der Generations- und Reifungszeiten (LAJTHA, BOND, FLIEDNER, OEHLERT). Neuerdings bringt PELC die unterschiedliche Kornzahl mit einer verschiedenen Verdoppelungsaktivität der Chromosomen, die auch das „puffing“ erklären soll, in Verbindung. Der reifere Myelocyt hat demnach, obgleich er noch eine Mitose erlebt, nicht mehr die große DNS-Syntheseaktivität wie der Promyelocyt; vielleicht bildet er weniger Heterochromatin. Nach BOND haben in der Gewebekultur kleinere Zellen eine relativ höhere Kornzahl als größere, wonach die verminderte Kornzahl über den reiferen granulopoetischen Vorstufen als noch stärker angesehen werden müßte.

1959 wurde in Salt Lake City, Utah, eine Konferenz über „Fundamental Problems and Technics for the Study of the Kinetics of Cellular Proliferation“ abgehalten. Viele hier zitierte Forscher diskutierten über die Proliferation der Granulopoese, die sie vorwiegend mit Isotopentechniken untersucht hatten. Fazit: die neuen Methoden der Markierung und die Auswertung der Befunde läßt den Vorstellungen der Forscher einen recht weiten Spielraum. Es wurden neue Gedanken über die Leukopoese erörtert, aber die experimentellen Grundlagen halten noch oft einer statistischen Auswertung nicht stand.

Im Hinblick auf die Proliferation der Granulopoese läßt sich zusammenfassend sagen, daß mit Hilfe der Kernstoffwechsel-Markierung ziemlich einheitlich trotz unterschiedlicher Verfahren und Berechnungen bei den verschiedenen Autoren eine viel kürzere Generationszeit gefunden wird als mit dem stathmokinetischen Test, nämlich 39 bis 59 Std. Zudem sind mit der Markierung auch Angaben über die Reifungsdauer zu gewinnen (s. Tab. 1). FLIEDNER findet eine Reifungszeit der Granulopoese von 5 bis 6 Tagen, OSGOOD, PATT und MAURER von 3 bis 4 Tagen, womit sich im wesentlichen auch meine Befunde decken, nur CRADDOCK nimmt 9 Tage an.

5. Direkte Beobachtungen der Granulocytenentstehung mit dem Phasenkontrastmikroskop in vitro

a) Methode der Knochenmarkkultivierung

Nachdem ALBRECHT und ich 1950 eine Methode entwickelt hatten, die es — ähnlich jener von FIESCHI und ASTALDI — erlaubt, Knochenmarkzellen mehrere Tage in vitro überlebend zu erhalten, war von besonderem Interesse, die Funktionen und morphologischen Veränderungen der in der Kultur lebenden Zellen zu beobachten.

Eine solche Beobachtung und Objektivierung auf dem photographischen Film ist im Hellfeld wegen mangelnder Kontraste der ungefärbten Zellinnenstrukturen nicht immer ausreichend möglich, im Dunkelfeld wegen Lichtmangel noch weniger. Die Supravitalfärbungen, auch zur Fluorescenzmikroskopie (KOSENOW, SCHIFFER), sind wegen erheblicher Beeinträchtigung der hochdifferenzierten Knochenmarkzellen für länger dauernde Beobachtungen ohne Wert. Erst das *Phasenkontrastverfahren* schien die geeigneten optischen Voraussetzungen zu bieten (BESSIS, FRANKE, MOESCHLIN, LÜDIN, RIND, ROSE u. a.), um die Teilung und Reifung der Zelle in vitro zu verfolgen. Zeitrafferfilme von lebenden Blut- und Knochenmarkzellen wurden von ALBRECHT, BESSIS, FRANKE, HIRAKI, KINOSITA, POMERAT, PULVERTAFT, RIND, RONDANELLI, ROBINEAUX und mir gezeigt. Allerdings ergeben die Objekte im Phasenkontrastpräparat, besonders bei starker Vergrößerung (Ölimmersion), nur im Quetschpräparat optisch ideale Bilder (Abb. 14), hier

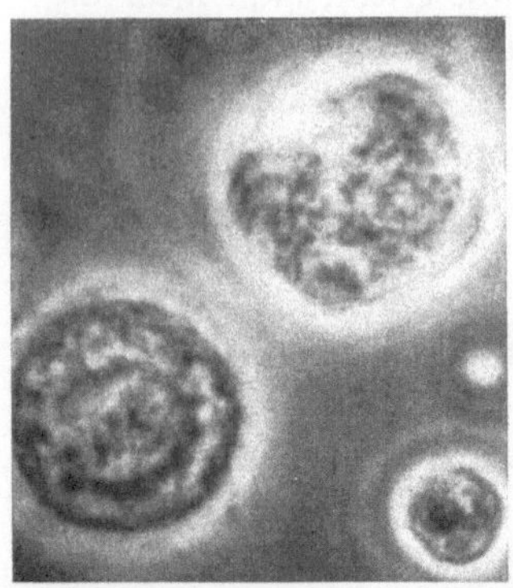

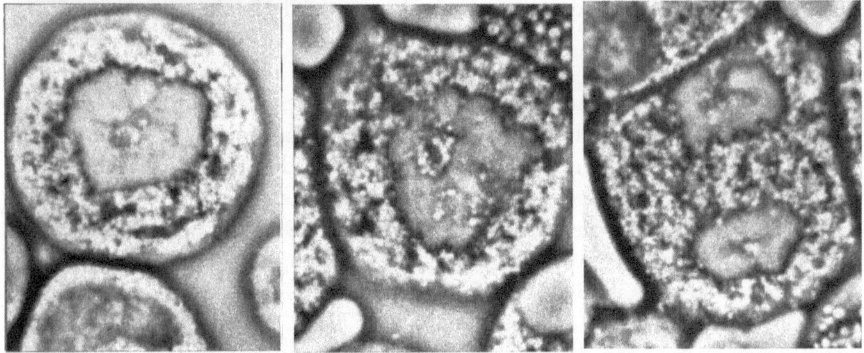

Abb. 14. Myelocyten auf der „platten Kultur" in verschiedenen Quetschzuständen mit der Phasenkontrastoptik aufgenommen, oben zu schwach, unten zu stark gequetscht

wiederum können die differenzierteren Lebensvorgänge der Zellen, trotz einer Temperatur von 37° und eines möglichst physiologischen Milieus, nicht mehr ungestört ablaufen. Die Zellen degenerieren und sterben in kurzer Zeit teils durch Quetschung, möglicherweise auch wegen Beeinflussung durch das Glas. Wir fanden deswegen nach längeren Vorversuchen eine Zwischenlösung, die es in flachen planparallelen Kammern den Zellen erlaubt, sich ungehindert zu bewegen und fortzupflanzen, die aber häufig keine idealen Phasenkontrastbilder ergibt. Liegt eine Zelle von 10—20 μm im Durchmesser nicht direkt dem Deckgläschen an und ist sie außerdem noch abgerundet sind, ihre Innenstrukturen, wie Kern, Chromosomen, Mitochondrien, Granula, nur unscharf zu sehen. Je flacher die Zelle ist, desto schärfer sind ihre Innenstrukturen abgebildet. Findet man aber kugelige Zellen, z. B. während der Metaphase, mit gut erkennbaren Strukturen, so beruht die klare Darstellung sicher auf dem geringen Abstand zum Deckgläschen.

Oberstes Gebot für unsere Untersuchungen aber ist die Erhaltung der Vitalität der Zellen in der Beobachtungskultur, was mit Hilfe des flachen Nährcoagulums selbst in der planparallelen Kammer für mehrere Tage gelingt. Danach entstehen gelegentlich noch fibroblastoide Zellen, die reichlich Mitosen bilden (Abb. 15), wodurch die Kulturen bis zu 14 Tagen in

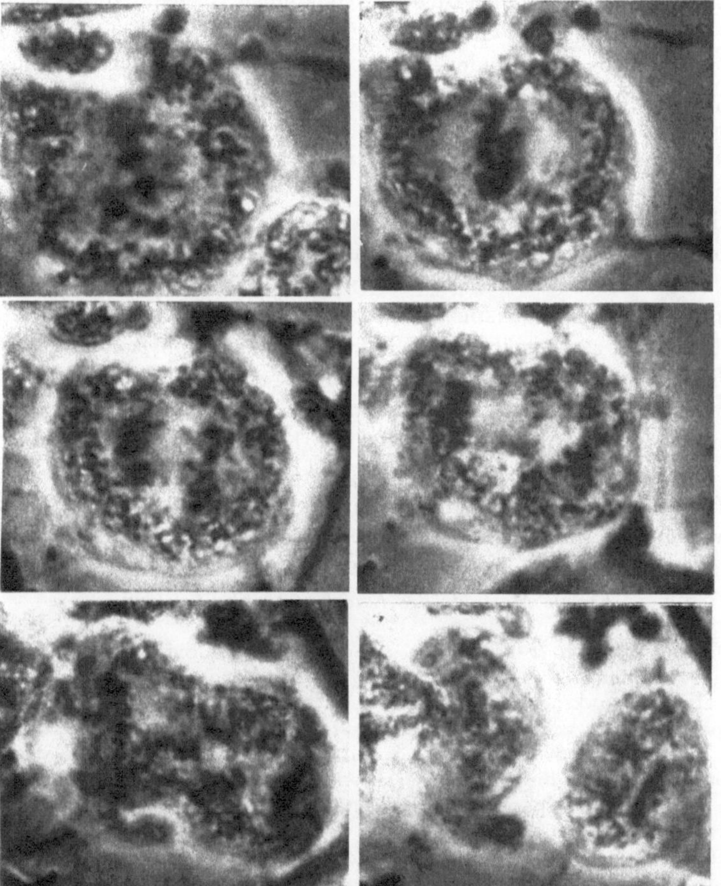

Abb. 15. Fibroblast aus menschlichem Knochenmark in Mitose, Phasenkontrastfilmbilder

den flachen Kammern leben, obgleich die miteingeschlossene Luftmenge in der Kammer sehr gering ist und die myeloischen Zellen nach BURK eine hohe aerobe Glykolyse aufweisen. Das Medium, auf dem die Zellen wachsen, muß fest oder halbfest sein, da anderenfalls die Zellen durch Strömung nicht im Gesichtsfeld bleiben und für Zeitrafferaufnahmen zu beweglich sind.

Das Wachstum der Knochenmarkzellen, ebenso wie das der klassischen Hühnerherzfibroblasten, ist auf festem Nährboden (Deckglaskulturen nach CARREL u. EBELING) besser als im flüssigen Medium (BERMAN, CAIRNS u. a.), das allerdings die Bestimmung der Gesamtzellzahl in der Zählkammer ermöglicht (Osgood-Methode). Der feste Nährboden besteht aus einem Plasma-Coagulum, das mit Wuchsstoff — Hühnerembryonalextrakt oder Corhormon (TÖRÖ, KUTSKY) — und Verdünnungslösung — Serum oder physiologische Salzlösungen (HANK, TYRODE, MCQUILKIN u. a.) — versetzt wird. Damit wir die Knochenmarkzellen ausstreichen können, setzen wir das Material nicht in, sondern auf das Gerinnsel und überschichten mit flüssigem Medium, verwenden also im Grunde eine Kombination der festen und flüssigen Kulturmethode. Nur die Beobachtungskulturen werden nicht mit Serum überschichtet.

Die Frage, inwieweit Rückschlüsse vom überlebenden menschlichen Knochenmark in vitro auf das Verhalten in vivo erlaubt sind, soll später an Hand der mathematischen Auswertung unserer Zählergebnisse erörtert werden. Da die Regulation der Blutbildung durch Milieuänderung in vitro noch weitgehend unerforscht ist (FIESCHI u. SACCHETTI, Hdb. Ges. Haemat., BERNADELLI, BROOKE, FRIEDERICI, LOCHTE, STEINBERG, COBB, BUSSI, SCHINDLER, KIELER u. a.), bemühten wir uns, ein möglichst physiologisches Milieu für die Knochenmarkzellen zu schaffen. Sicher entfällt jedenfalls die nervöse Beeinflussung der explantierten Zellen (die parasympathischen Fasern des Splanchnicus fördern nach OKINAKA die Knochenmarkproliferation, evtl. über die Milz). An Hormonen und Spurenstoffen kommt nur der Bestand zur Zeit der Blutentnahme zur Wirkung (PFEIFFER, BULLOUGH u. a.). Humoral werden die Zellen durch ihre eigenen Stoffwechselprodukte beeinflußt.

Eigene Methode der Knochenmarkkultivierung

Die *Sternalpunktate* werden in einem Uhrglasschälchen mit Heparinlösung (3 mg-% in Hanks-Lösung) aufgefangen. Durch plötzliches starkes Anziehen des Stempels einer trockenen 20 ml-Injektionsspritze wird ein Vakuum erzeugt, das in den meisten Fällen genug Knochenmark zutage fördert, daß außer den diagnostischen Ausstrichen noch Material zur Kultivierung gewonnen wird. Aus dem Uhrglasschälchen werden die Knochenmarkbröckelchen mit einem sterilen Metallhaken in ein ebenfalls mit Heparin-Lösung gefülltes Blockschälchen überführt und in einer kleinen Petrischale verschlossen.

Unter Vermeidung von unnötigem Zeitverlust wird das Punktat in einem gesonderten Raum unter sterilen Bedingungen in Kultur gesetzt. Wir verwenden die *Carrelsche Deckglasmethode* mit den hängenden Coagulumtröpfchen, die im Laufe der Zeit modifiziert wurde:

Das zur Coagulation gebrachte Medium besteht entweder (in strenger Anlehnung an das Carrelsche Verfahren) zu gleichen Teilen aus

Hühnerplasma
Hühnerembryonalextrakt (2. Zentrifugat)
und Serum des betreffenden Patienten

oder mit weniger Fremdstoffen aus

40% Nativ-Plasma des betreffenden Patienten
10% Corhormon® der Fa. Chemiewerke Homburg bzw.
Hühnerembryonalextrakt (1. Zentrifugat)
+ 50% Hanks Lösung (s. PULVERTAFT).

Die Gewinnung von Hühnerplasma und die Herstellung von Hühnerembryonalextrakt erfolgt wie in der Gewebezüchtung üblich und kann bei E. FISCHER, PAUL oder ŘEŘÁBEK nachgelesen werden. Das Hühnerplasma ist bei +6° etwa 6 Wochen, der Hühnerembryonalextrakt 2 bis 3 Wochen haltbar. Beide Ingredientien müssen also immer wieder neu hergestellt werden, weswegen bei diesem Verfahren eine eigene Hühnerhaltung am zweckmäßigsten ist. In den letzten Jahren sind wir aus praktischen Erwägungen auf humanes Medium und Corhormon®, ein Extrakt aus embryonalen Schweineherzen, übergegangen.

Nativ-Humanplasma ist möglichst von demselben Patienten zu gewinnen, von dem das Sternalpunktat kultiviert wird. Dazu sollte der Patient nüchtern sein, denn das lipämische Plasma stört wegen der trüben Beschaffenheit die Beobachtung. Blut wird mit einer Serumkanüle möglichst ohne Injektionsspritze direkt in ein silikonisiertes steriles Zentrifugenglas abgenommen. Das Zentrifugenglas wird mit einem sterilen Gummistopfen verschlossen und in Eisstückchen verpackt in einem Becherglas zum Kühlschrank gebracht und darin aufbewahrt, bis sich das Plasma abgesetzt hat. Das ist nach etwa einer Stunde — senkungsabhängig — geschehen. Im gleichen Arbeitsgang wird in einem Zentrifugenröhrchen Blut zur Serumgewinnung abgenommen. Nach Gerinnung des Blutes wird der Blutkuchen abgestochen und 5 min lang zentrifugiert.

Das Medium wird mit Pasteurpipetten in Zentrifugengläsern gemischt. Wir mischen für jeden Arbeitsgang nicht mehr als 10 Tropfen und setzten große, flach ausgezogene Tropfen auf Objektträger 77×26 mm. Unter dem Staubschutz eines großen Petrischalendeckels gerinnen die Tropfen innerhalb weniger Minuten. Dann werden mit Starmessern die Knochenmarkbröckel auf das Coagulum gesetzt, mit einem winzigen Serumtröpfchen bedeckt, über dem Ganzen ein Hohlschliffobjektträger (77×26×4 mm mit einer Höhlung von 23 mm Durchmesser und in der Mitte 2 mm Tiefe) mit Vaseline befestigt und die nun fertige Kultur umgedreht (Abb. 16). Die Deckglasränder werden mit auf der Flamme in einem Tiegelchen

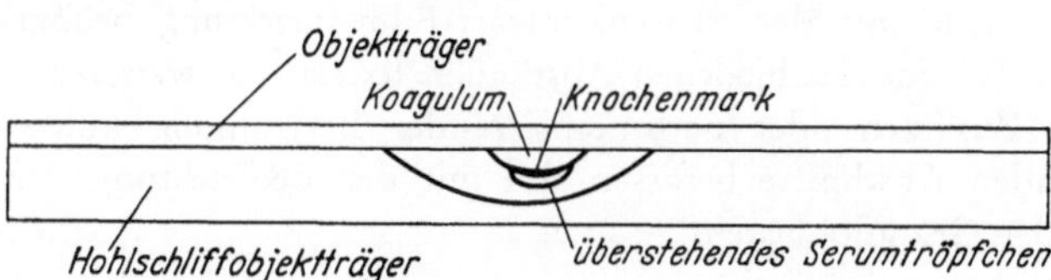

Abb. 16. Schematische Zeichnung einer Deckglaskultur

flüssig gemachtem Hartparaffin luftdicht verschlossen. Die Kulturen werden im Brutschrank bei 37° C inkubiert.

Zur gewünschten Zeit können nach Entfernung des Hohlschliffobjektträgers Ausstriche von den Zellkulturen in der bei Sternalpunktaten üblichen Weise angefertigt werden. Dauert die Kultivierung länger als 12 Std, ist ein ausgewanderter Zellanteil vom Bröckel zu unterscheiden, der mikroskopisch eine andere Zusammensetzung hat, so daß beide Kulturanteile besser gesondert betrachtet werden. Nach Lufttrocknung werden die Ausstriche mit May-Grünwald und Giemsa nach PAPPENHEIM oder auch mit jedem anderen Farbstoff gefärbt. Die Zelldifferenzierung und -zählung erfolgt wie beim Sternalpunktat.

Für die Betrachtung der Lebensvorgänge der Zellen im Phasenkontrastmikroskop erwies sich als zweckmäßig, die Zellen nicht in den ersten Stunden, sondern erst 12 bis 36 Std nach der Sternalpunktion einzustellen. Die Lebensvorgänge kommen zu dieser Zeit in Gang, offensichtlich nachdem die Zellen den Schock der Punktion überwunden und sich an das neue Milieu gewöhnt haben.

Man bereitet für die zur Lebendbeobachtung notwendigen sog. *„platten Kulturen"* gleich im ersten Arbeitsgang noch einige Objektträger vor, denn am nächsten Tage ist das Nativ-Plasma auch im Kühlschrank meistens geronnen, und verwahrt die vorbereiteten Objektträger bis zur Verwendung in einer Petrischale, die als feuchte Kammer mit Vaseline abgedichtet ist. Die Coagula müssen für die Lebendbeobachtung auf dem Objektträger sehr flach ausgezogen sein, da sich die Strukturen um so besser darstellen, je niedriger die planparallele Kammer und je dünner das abschließende Deckgläschen ist. Die Kammer für die „platte Kultur" besteht deswegen nicht wie sonst üblich aus einem Hohlschliffobjektträger über einem gewöhnlichen Objektträger, sondern aus einem Deckgläschen über diesem Objektträger, auf dem das Coagulum flach ausgebreitet wird. Die Zellen werden mit einer Deckglasecke in einer dünnen Schicht möglichst frei von Flüssigkeit auf das Coagulum aufgebracht, das Deckglas aufgedeckt, leicht angedrückt und mit Paraffin umrandet.

Die Beobachtung der Kulturen erfolgt bei 37° C, besser im Mikroskop-Wärmeschrank als mit dem Heiztisch, mit mindestens 40fachem Objektiv oder mit Ölimmersion. Zur Dokumentation der Ergebnisse sind eine Aufsatzkamera ohne Objektiv und ein Zeitraffer (16 mm bzw. Normalfilm) zweckmäßig. Wir benutzen eine Leica mit dem Zeiss'schen Grundkörper und Photozelle zur Belichtungsmessung und eine Bolex H 16 mit der Zeitraffereinrichtung der Fa. Kindervater, Berlin-Neukölln. Zur Beleuchtung dienen leistungsstarke Niedervoltlampen, da das Licht von Quecksilberdampfleuchten die Zellen schädigt. Wir verwenden möglichst feinkörnigen Negativfilm mit steiler Gradation. Farbfilm bietet ebenso wie panchromatischer Film (HEUNERT u. a.) für die Phasenkontrastbeobachtung keinen Vorteil.

Nach dem geschilderten Verfahren wurde menschliches, durch Sternalpunktion gewonnenes Knochenmark einige Tage gezüchtet. Ein Teil der Präparate wurde mit der Phasenkontrast-Filmeinrichtung beobachtet und gefilmt, ein Teil in verschiedenen Abständen fixiert, ein weiterer Teil unter chemischen Zusätzen oder nach ionisierender Bestrahlung kultiviert. Die vier folgenden Abschnitte befassen sich mit der Beobachtung der Lebensvorgänge der Granuloblasten.

b) Mitosen der Granulocytopoese

Aus allen anfallenden Sternalpunktaten, die genügend Material boten, wurden Kulturen angelegt und — meist am folgenden Tag — Zellen aus den üblichen Deckglaskulturen auf flache Beobachtungskulturen übertragen. Optisch gute Stellen wurden nach Mitosen abgesucht, die sich in sehr unterschiedlicher Dichte fanden. In vielen Ansätzen waren keine Mitosen zu entdecken, besonders in Punktaten mit großem Fettgehalt und bei akuten Leukosen, in anderen kamen Mitosen gehäuft vor. In den Punktaten folgender fünf Patienten sahen wir eine ganz besonders starke Häufung von

Mitosen der Leukopoese: Greis mit Blutungsanämie (Ma.); Patient mit Rethotelsarkom (Wü.); Patientin mit Lungentuberkulose und Pleuritis (Zi.); Patient mit beginnender Erythroleukämie (Hü.) und Patientin mit Mamma-Carcinom und Knochenmark-Carcinose (Ru.).

Beobachtungen an Mitosen der Granulopoese: Um die Mitose sowohl zeitlich als auch morphologisch in ihrem Ablauf zu erfassen, sollte man die Zelle vor Beginn der Mitose einstellen. Das gelingt aber nur in Ausnahmefällen, da der Beobachter meist erlahmt, ehe die Zelle sich zur Teilung anschickt. Auch dem Zeitraffer kann man das Warten nicht überlassen, da die Zellen im Laufe der Zeit unscharf werden. So beginnt die Registrierung

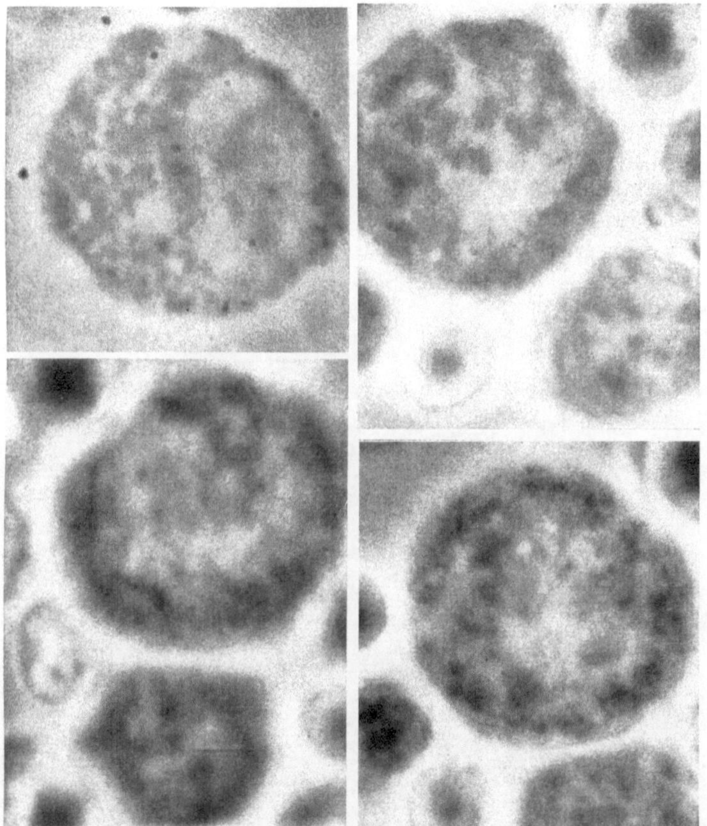

Abb. 17. Myelocyt im Stadium der Ruhe, Prophase, Äquatorialplatte und frühen Anaphase, die leicht noch zur späten Metaphase gerechnet wird. Phasenkontrastfilmbilder

der meisten Mitosen während der Metaphase, einiger weniger schon während der Prophase und nur ganz selten vor der Prophase. Mitosen, die erst während der Endphasen zur Beobachtung kommen, wurden für diese Untersuchungen nicht weiter verfolgt.

Die Präprophase kann manchmal durch ihre zartere Chromatinstruktur im Kern und die abgerundete Zelle erkannt werden. Im Stadium der Pro- und Metaphase zeichnen sich die in Mitose befindlichen Zellen durch ihre Abrundung und eine bestimmte Granulakinetik aus, die die Abgrenzung von der Ruhezelle erleichtern. Der wichtigste Hinweis auf das Vorliegen einer Mitose ist natürlich das Fehlen des Kernes, der sich im optisch einigermaßen ergiebigen Präparat deutlich phasennegativ abhebt (Abb. 17).

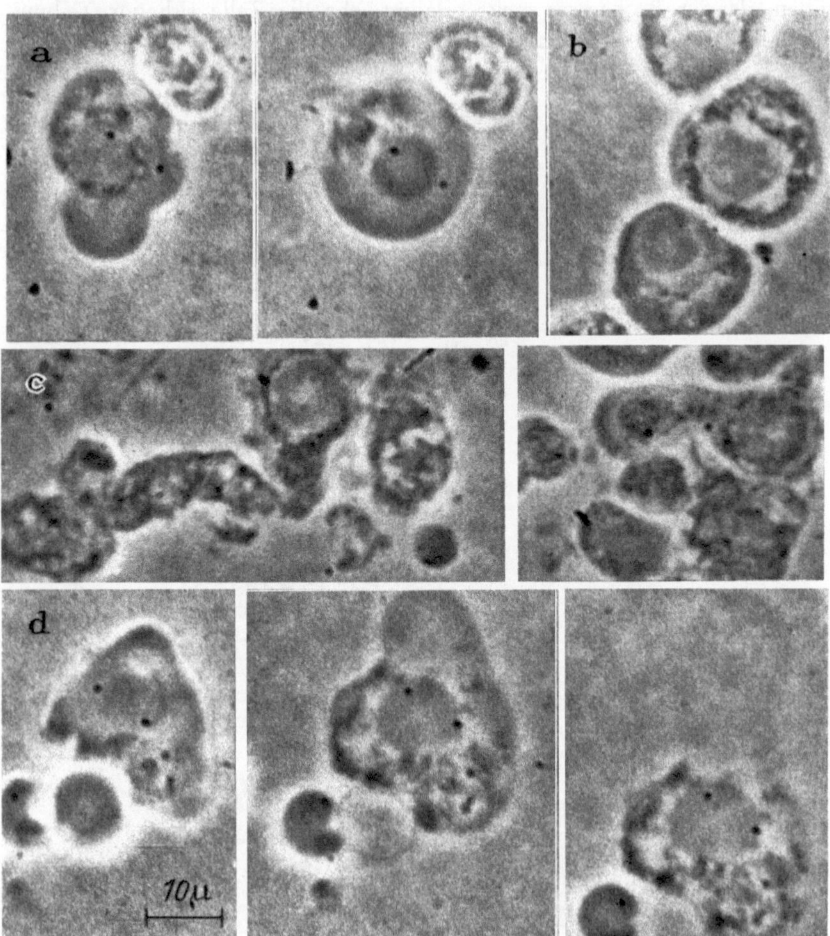

Abb. 18. Absterbe-Erscheinungen während der Mitose: a) Blähung (Potocytose), b) Kernpyknose, c) Blisterbildung und Wanderformen, d) Ausbildung eines homogenen Kernes und partieller Cytoplasma-Blähung. Phasenkontrastfilmbilder

Ein Teil der sich in Mitose befindenden Zellen stirbt, ehe die Teilung vollendet ist, z. T. indem die Zelle hygroskopisch wird, sich aufbläht und platzt (Abb. 18 a), z. T. durch Schrumpfung der Zelle. Wenn die Chromosomen verkleben und ihre Beweglichkeit verlieren, entsteht meistens Brownsche Molekularbewegung der Cytoplasma-Granula. Sind die Chromosomen zu einem Paket oder festen phasenpositiven Ring verklebt, kann die Mitose nicht regelrecht beendet werden. Gelegentlich kommt es noch zu einem homogenen, phasenpositiven, kugeligen, kernähnlichen Gebilde in einem Cytoplasma, das auch dem geübten Auge keine normalen Lebensvorgänge mehr darbietet (Abb. 18 b u. d). Am häufigsten jedoch persistiert die späte Metaphase bis zu mehreren Stunden unter der üblichen Chromosomen- und Granulakinetik, bis die Zelle in lebhafte Blisterbildung verfällt (wie es u. a. auch unter Colchicinwirkung nach langer Mitosepersistenz beobachtet wird), in deren Verlauf die Zelle dann degeneriert (Abb. 18 c).

Häufig stirbt die Zelle während der Metaphase unter sonst guten Kulturbedingungen, wahrscheinlich durch Lichteinwirkung; mit zunehmender Erfahrung kommt es aber mindestens bei zwei Drittel aller Beobachtungen zu einer normalen Beendigung der Mitose. Wir hatten den Eindruck, daß bei durchgehender Beleuchtung der Mitose trotz Wärmeschutzfilter das Stadium der späten Metaphase verlängert wird, und schlossen auf eine Behinderung des Auseinanderweichens der Äquatorialplatten gegen die beiden Spindelpole. Erst nach Unterbrechung des Lichtes für 1 bis 2 min kommt es zur Teilung der verdoppelten Chromosomensätze. Der weitere Teilungsvorgang bis zur Ausbildung von 2 Tochterzellen ist nicht störanfällig, wenn auch gelegentlich stärkere Blisterbildung während der Telophase auf Sauerstoffmangel der Zelle hinweist (Lettré).

Fasse ich die Beobachtungen an über 100 *Granuloblastenmitosen* zusammen, so ergibt sich im normalen Knochenmark kein prinzipieller Unterschied bei Myeloblasten, Promyelocyten und Myelocyten. Normale Myeloblastenmitosen konnten allerdings nicht in genügender Anzahl gefunden werden, um bindende Rückschlüsse zu rechtfertigen. Die Promyelocyten und Myelocyten sind im Phasenkontrastpräparat, besonders während der Mitose, nicht immer mit Sicherheit zu unterscheiden, so daß ich sie als „Granuloblasten" zusammenfassen muß.

Die einzelnen Mitosephasen, wie sie sich im Phasenkontrastmikroskop darstellen, seien nacheinander geschildert:

1. Die *Prophase* (= festes Spirem) ist im fixierten, nach Pappenheim gefärbten Knochenmarkausstrich durch Auflösung von Kernmembran und Nucleolus kenntlich. Die fein ziselierte Kernstruktur hat den breiteren Bälkchen der sich abzeichnenden Chromosomen Platz gemacht. Im Phasenkontrastpräparat löst sich zu Beginn der Prophase die Kernmembran an den einzelnen Stellen durch Polymerisation zu Thymonucleinsäure (Lettré) auf. Dadurch ist, je nach Einstellung der verschiedenen Präparatebenen, eine Täuschung möglich. Der Übergang in die Mitose wird eher kenntlich durch Änderung der Zellform, der Cytoplasma- und Kernstruktur (Abb. 17 u. 19). Die Zellen, die sich sonst auch oval oder mit Protoplasmafortsätzen zeigen,

runden sich während der Mitose ab. Bei der planimetrischen Ausmessung der Filmbilder ergibt sich während der Prophase und Metaphase bei allen Zellen eine erhebliche Verkleinerung gegenüber dem Ruhezustand während

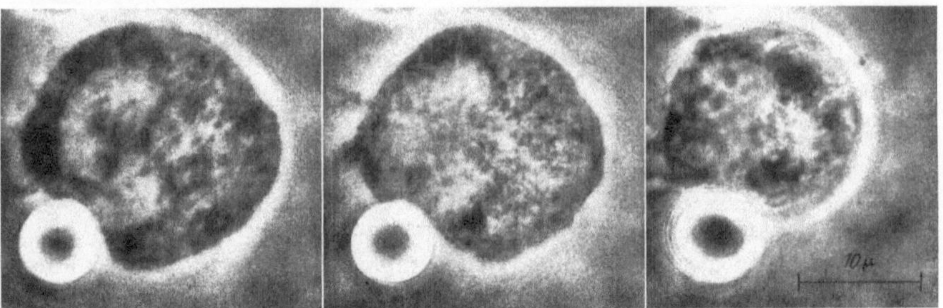

Abb. 19. Ruhekern, Präprophase und Prophase eines Promyelocyten. Phasenkontrastfilmbilder aus 16-mm-Negativfilm

der Interkinese. Bei 27 Granuloblasten betrug sie 38,6 ± 21%. Da eine tatsächliche Verkleinerung der Zelle während weniger Minuten, später eine plötzliche Vergrößerung der Tochterzellen nicht erklärbar ist, muß angenommen werden, daß sie sich während der Interkinese im Phasenkontrastpräparat flach ausbreitet, etwa wie die ellipsoiden Erythrocyten, aber — da sie kernhaltig ist — ohne zentrale Delle und sich während der Mitose abkugelt (Abb. 20). Weitere Beweise für die Abkugelung sind ein breiterer

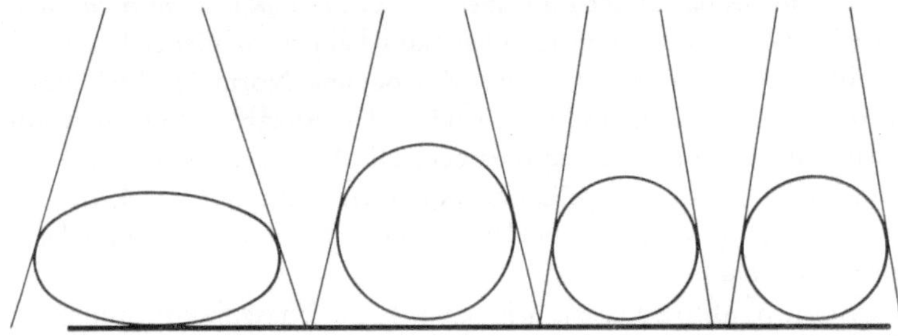

Abb. 20. Schematische Darstellung der Abkugelung der Zelle während der Mitose. Projektion der Ruhezelle, der abgekugelten Zelle während der Mitose und der Tochterzellen auf eine Ebene

Phasenkontrastring und die kreisrunde Begrenzung der Zelle in der Beobachtungsebene. Auch die Schaukelbewegungen der Zelle in der späten Metaphase können als Ausdruck der Spannungszunahme angesehen werden. Das analoge Verhalten der Fibroblasten — bei den sonst extrem ausgebreiteten Zellen springt die Abkugelung während der Mitose besonders ins Auge (Abb. 15) — kann meine Annahme weiter stützen.

Die Cytoplasmastruktur wird während der Prophase aufgelockert und körnig. In den jungen, noch nicht granulierten Zellen erscheinen die Mikrosomen als phasenpositive paramitotische Granulation. Die Zellen, die schon reichlich azurophile oder neutrophile Granula enthalten, zeigen eine besondere Unruhe unter den Granula, die sich in typischer Weise, schneller als sonst, hin und her bewegen. Der Kern ist während der Interphase phasennegativ mit nur einzelnen phasenpositiven Chromonemen, positivem Nucleolus und positiver Membran. Zu Beginn der Prophase hingegen überwiegt die phasenpositive Substanz, denn die Chromosomen sind immer, wenn auch nicht sehr ausgeprägt, phasenpositiv. Durch das langsame Überwechseln der Kern- und Cytoplasmastruktur in das neue Stadium des Zellebens ist ein genauer Zeitpunkt für den Mitosebeginn meist nicht mit Sicherheit anzugeben.

2. Im fixierten Präparat ist das Charakteristikum der *frühen Metaphase* (= lockeres Spirem) das Zerstreuen der sich kontrahierenden Chromosomen über die Zelle;

3. das der *späten Metaphase* (= Monaster, in der anderen Ebene = Äquatorialplatte) das Anordnen und Verdoppeln der Chromosomen. Im Phasenkontrastpräparat verteilen sich in der frühen Metaphase die nunmehr deutlich erkennbaren Chromosomen — schwach phasenpositive kurze Bälkchen — über einen großen Teil der Zelle; ein Randsaum von Cytoplasma bleibt meist frei. Die menschlichen Chromosomen können mit der Phasenkontrastoptik nicht gezählt werden, da sie zu zahlreich sind, sich zu schnell bewegen und immer wieder überlagern. Ihre Form ist kurz und plump; abgeknickte Chromosomen werden, ebenso wie Gestaltänderungen während der Mitose, nicht beobachtet. Nach gewisser Dauer der frühen Metaphase ordnen sich die Chromosomen zum Monaster und führen in dieser Anordnung ruckartige Pendelbewegungen um etwa 45 bis 90° aus. Zwischen den Chromosomen und um sie herum sind die paramitotische Granulation und die meist vorhandenen phasenpositiven Granula am anders gearteten lebhaften Bewegungstyp zu erkennen. Die Stadien der frühen Metaphase mit ungeordneter Chromosomenlage und der späten Metaphase mit im Monaster angeordneten Chromosomen wechseln mehrfach untereinander ab und folgen nach unseren Beobachtungen nicht streng aufeinander. Nach längerer Zeit kommt es aber immer häufiger zum Bild des Monasters oder dem der Äquatorialplatte, der um 90° gedrehten Ansicht des Monasters (Abb. 21). Liegen die Chromosomen als Äquatorialplatte senkrecht zur Beobachtungsebene, ist gelegentlich, vorwiegend weil die dunklen Granula verdrängt sind, zu beiden Seiten zeltförmig

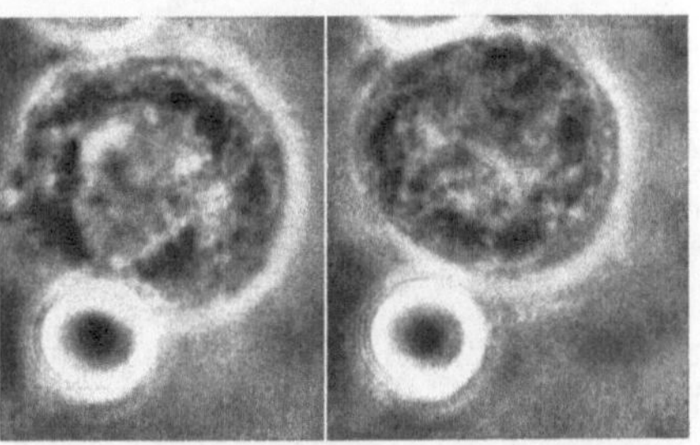

Abb. 21. Äquatorialplatte vor und nach Auseinanderweichen der Chromosomen bei demselben Promyolocyten wie Abb. 19

die phasennegative Spindel mit den ebenfalls phasennegativen und deswegen nicht von ihr abzutrennenden Spindelkörperchen an den Polen zu sehen. Beobachtet man die Zelle ständig, sieht man die späte Metaphase sehr lange erhalten, bis es durch die Lichteinwirkung zum Absterben der Zelle in diesem besonders störanfälligen Stadium kommt.

4. Im fixierten Präparat zeichnet sich die *Anaphase* (= Diaster) durch das Vorhandensein von 2 Äquatorialplatten aus. Im Phasenkontrastpräparat ist die Verdoppelung der Chromosomen sehr schwer zu erkennen. Solange sich die beiden Äquatorialplatten in der noch runden Zelle gegenüberliegen, können sie vom Monaster nicht immer sicher unterschieden werden (Abb. 17 u. 21). Wir erkennen deshalb als Anaphase erst den Zustand der Zelle an, in dem sie sich ellipsenförmig umwandelt, da dieser Zeitpunkt genau festzulegen ist, obgleich dabei der erste Teil der Anaphase zur späten Metaphase geschlagen wird (Abb. 22). Das Auseinanderweichen der beiden Chromosomenplatten gegen die Spindelpole, die sich ebenfalls voneinander entfernen, geschieht innerhalb sehr kurzer Zeit. Während der Anaphase streckt sich die Zelle in der Ebene, die senkrecht zur Äquatorialplatte steht, und formt sich zu einem länglichen Gebilde um (Abb. 23). Gelegentlich kommt

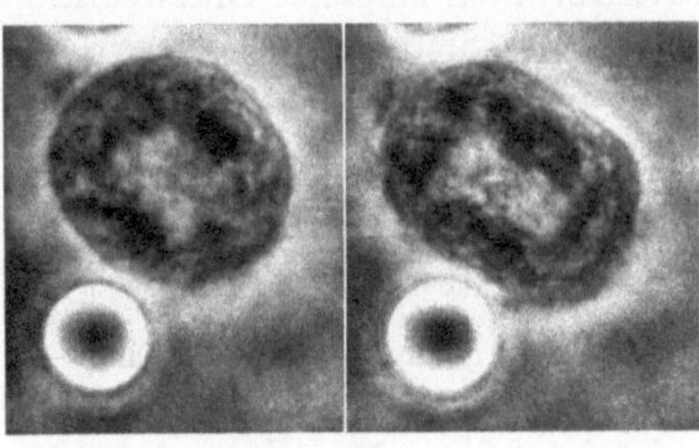

Abb. 22. Anaphase desselben Promyelocyten wie Abb. 19 und 21

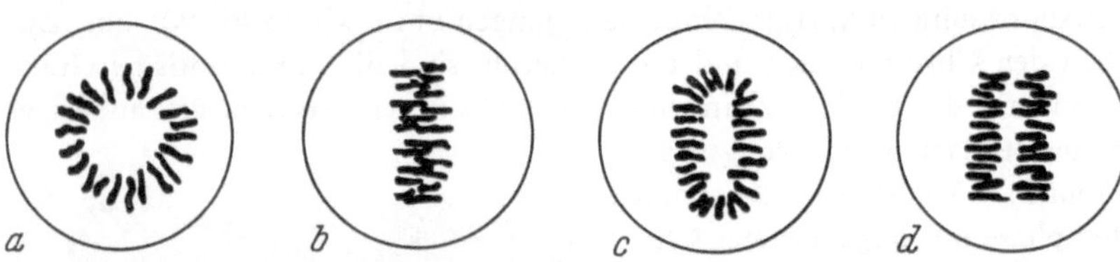

Abb. 23. Schematische Darstellung der Täuschungsmöglichkeiten der frühen Anaphase mit einer Monasterbildung: a) Monaster frontal zur Beobachtungsebene; b) Äquatorialplatte sagittal zur Beobachtungsebene; c) im schrägen Durchmesser; d) Anaphase als Diaster noch ohne deutliches Auseinanderweichen der Chromosomensätze und ohne Streckung des Zelleibes, die im Lebendpräparat noch leicht zur späten Metaphase gerechnet wird

es jetzt zur Blisterbildung, es entstehen Ausstülpungen des Cytoplasmas, die bei Fibroblastenmitosen häufiger beobachtet werden. Lettré führt diese Erscheinung auf einen akuten Sauerstoffmangel der Zelle zurück, der durch den hohen Energieverbrauch der Adenosintriphosphorsäure während der Zellstreckung hervorgerufen wird.

5. Die *Telophase* (= lockeres Dispirem) ist die Mitosephase von der beginnenden Taillenbildung der Zelle bis zur endgültigen Durchschnürung des Cytoplasmas (Abb. 24). Dadurch wird die Spindelstruktur verwischt, die

bis dahin phasennegativ als Rechteck zwischen den auseinandergewichenen Chromosomensätzen ebenso wie als Kegel peripher oft noch sichtbar ist. Der Spindelwinkel, der nach ELLERMANN bei den granulopoetischen Vorstufen 66 bis 73° betragen soll, ist bei den Granuloblasten stumpf; soweit meßbar, beträgt der Winkel um 110°, jedenfalls über 90°. Die Durchschnürung der Zelle nimmt wie das Auseinanderweichen der Chromosomenplatten nur wenige Minuten in Anspruch, meist persistiert aber zwischen den neuentstandenen Zellen für einige Zeit ein einige μm langes Cytoplasmafädchen.

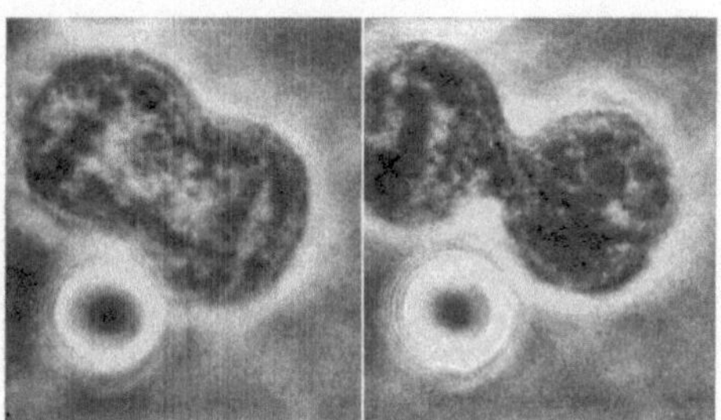

Abb. 24. Telophase desselben Promyelocyten wie Abb. 19 ff.

Während der Telophase wird ein großer Anteil des Cytoplasmas neu zur Zelloberfläche — ein Vorgang, der für die Membrantheorien nicht ohne Bedeutung ist. Geht man von der Vorstellung aus, daß der Rauminhalt der Zellen vom Beginn der Mitose bis zum Ende der gleiche bleibt, so verhält sich die Oberfläche der zwei Tochterzellen zu der einen Mutterzelle wie 2 : 1,62, es müßte also in kürzester Zeit ein Viertel neue Membran entstanden sein. Bei der Planimetrie der Zellen kommt man auf die entsprechenden Daten:

$\text{Planimeterwert}_{\text{Mutterzelle}}$ (Mittelwert aus 2 Geschwisterzellen Zi.) $= 192\ \mu\text{m}^2$

$$\frac{192}{\pi} = r^2 = 61;\ r = 7{,}81\ \mu\text{m}$$

$$\text{Vol.}_{\text{Mutterzelle}} = \frac{4\,\pi}{3}\, r^3 = 2000\ \mu\text{m}^3$$

$\text{Planimeterwert}_{\text{Tochterzellen}}$ (Mittelwert aus den 4 Tochterzellen Zi.) $= 121\ \mu\text{m}^3$

$$\frac{121}{\pi} = r^2 = 38{,}5;\ r = 6{,}21\ \mu\text{m}^2$$

$$\text{Vol.}_{\text{Tochterzelle}} = \frac{4\,\pi}{3}\, r^3 = 1000\ \mu\text{m}^3$$

Das Volumen der Mutterzelle deckt sich mit dem der zwei Tochterzellen. Dagegen ist

die Oberfläche der Mutterzelle $4\,\pi\, r^2 = 780\ \mu^2$

und

die beider Tochterzellen $2 \cdot 485\ \mu\text{m}^2 = 970\ \mu\text{m}^2$.

Es besteht also wirklich ein Oberflächenzuwachs von 25% innerhalb weniger Minuten. Da nach cytochemischen Untersuchungen die Zellmembran aus verschiedenen Lipoiden zusammengesetzt sein soll, ist die plötzliche Vergrößerung der Oberfläche eigentlich nur durch eine entsprechende

Dehnung denkbar. Ob die von den Elektronenoptikern (WOLFF und BUCK zit. n. GRUNDMANN) als präformierte Membranen angesehenen Vesikelketten hier einspringen, müßte noch geklärt werden.

6. Als *Rekonstruktionsphase* (= festes Dispirem) bezeichnen wir die Zeit der Mitose von der vollzogenen Durchschnürung des Cytoplasmas bis zur Ausbildung der beiden Tochterkerne mit Kernmembran (Abb. 25). Viele

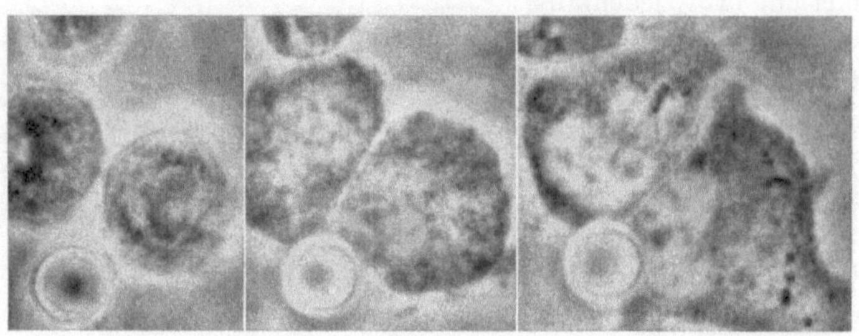

Abb. 25. Rekonstruktionsphase desselben Promyelocyten wie Abb. 19 ff. a) Direkt nach Cytoplasmadurchschnürung; b) fast am Ende der Kernrekonstruktion; c) die beiden Tochterzellen mit Cytoplasmafortsätzen

Autoren rechnen sie, da schon zwei neue Zellen entstanden sind, nicht mehr zur Mitose. Häufig sind die beiden Tochterzellen noch durch ein feines Plasmafädchen miteinander verbunden. Fast regelmäßig kommt nun ein segmentkerniger Leukocyt angewandert und drängt sich zwischen den beiden jungen Zellen durch, die aber meistens weiterhin mit nur geringem Abstand beieinander liegen bleiben. Die Chromosomenhaufen sind verklumpt, phasenpositiv, und es dauert noch eine geraume Zeit, bis sich wieder ein phasennegativer Kern mit phasenpositiver Kernmembran und Nucleolen bildet und die vorerst noch sehr lebhaften Cytoplasmabewegungen ruhiger werden.

Die *Tochterzellen* sind volumenmäßig beide halb so groß wie die Mutterzelle (s. obige Berechnung). Größenmessungen sind bei der Phasenkontrastbetrachtung zwar nur bedingt zu verwerten, da sich die Radianten aber bei unseren Beobachtungen immer wieder wie in dem obigen Beispiel verhielten, ist eine Halbierung der Zellsubstanz als sehr wahrscheinlich anzunehmen.

Die beiden Tochterzellen gleichen sich immer, man möchte sagen, spiegelbildlich. Wir haben des öfteren aus einer granulierten Zelle, die ein Myelocyt zu sein schien, zwei Zellen mit jugendlichen Kernen, also Metamyelocyten, entstehen sehen. Häufiger entstanden zwei Tochterzellen, die Myelocyten glichen. Aber niemals konnten wir beobachten, daß die Kerngröße oder die Cytoplasmagranulation unterschiedlich waren. Weiterhin entstanden keine segmentkernigen oder stabkernigen Zellen aus Promyelocytenmitosen, wie KINOSITA und OHNO angenommen hatten. Nur einmal konnte die Entstehung von Stabkernigen aus einem reifen, extrem kleinen Myelocyten beobachtet werden.

Die Einzelheiten des Mitoseablaufes sind durch einige 16-mm-Zeitrafferfilme dokumentiert, die auf den Internationalen Hämatologen-Kongressen in Paris 1954 und Mexico City 1962, auf den europäischen Hämatologen-Kongressen in Freiburg 1955 und Kopenhagen 1957 und auf dem 1. Internationalen Symposion in Freiburg 1962 „Radioisotope in der Hämatologie“ gezeigt wurden.

Durch *Colchicin-Zusatz* zum Kulturmedium kann die Ausbildung der Spindel und damit die Fortführung der Mitose bis zum Monaster, der späten Metaphase, verhindert werden (s. a. S. 17). Bei der Lebendbeobachtung finden wir ein gehäuftes Auftreten großer runder Zellen, bei denen die Chromosomen über das ganze Zellplasma bis an die Zellmembran gleichmäßig verteilt sind, was normalerweise nicht in dieser Form beobachtet werden kann. Dieses pathologische Stadium der frühen Metaphase bleibt stundenlang bestehen, wobei die Zellen lebhaft wechselnde Protoplasma-Ausstülpungen zeigen. Im extremen Fall schnüren sich diese Fortsätze ab, und es bilden sich Cytoplasmaabsprengungen, in denen meist keine, selten vereinzelte Chromosomen zu finden sind. Es handelt sich um eine pathologische Cytoplasmateilung während der Colchicin-gehemmten Mitose (Albrecht, Lettré). Man muß annehmen — und die besonders lebhaften Cytoplasmakontraktionen scheinen das zu bestätigen —, daß der Reiz zur Cytoplasmateilung trotz der Mitosearretierung unverändert vorhanden ist und es dadurch zu den pathologischen Bildern kommt. Schließlich geht die Zelle, meist unter lebhafter Blisterbildung oder unter einer anderen früher beschriebenen Absterbeerscheinung zugrunde.

Kurz nach der *Bestrahlung* mit einer *Röntgen*dosis (400 r), die schon eine deutliche Verminderung des Mitoseindex der Granulopoese im Ausstrich und bei Fibroblastenkulturen (Harrington) eine Verlängerung der Mitosen von 1 auf 13 Std (!) zur Folge hat, sahen wir bei 8 Mitosen, die innerhalb der ersten 12 Std nach der Bestrahlung beobachtet worden waren, keine Abweichung vom Normalbereich. Dadurch wird die Annahme bestätigt, daß die Röntgenbestrahlung in der Interkinese angreift und den Mitoseablauf als solchen nicht beeinträchtigt (Koppe, Diss.).

Zur zeitlichen Dauer der einzelnen Mitosephasen und der ganzen Mitose in vitro ist folgendes zu sagen: Wir fanden keinen Unterschied, weder im zeitlichen noch im morphologischen Ablauf der einzelnen Mitosephasen, ganz gleich, ob die Mitosen auf Hühner- oder Menschenplasma, ob sie mit Hühnerembryonalextrakt oder Corhormon zur Wachstumsanregung abliefen. Die Mitosephasen dauerten im Durchschnitt bei den Granuloblasten (Promyelocyten und Myelocyten) gemessen an 93 statistisch auswertbaren regelrecht beendeten Mitosen wie in Tab. 2 dargestellt.

Die Standardabweichung ist bei der Pro- und Rekonstruktionsphase sehr hoch, weil es schwierig ist, Anfang und Ende der Mitose wegen der successiven Auflösung und Neubildung der Kernmembran genau zu bestimmen. Auch ist der Übergang von der Prophase zur frühen Metaphase schwer zu fixieren. Die große Schwankungsbreite der Dauer der Metaphase ist sicher durch gelegentliche Lichtschädigung bedingt. Deswegen ist die Dauer der *Granuloblastenmitose* in vitro m. E. etwas kürzer anzusetzen, als durch die Signifikanzberechnung festgestellt wird: etwa 80 min.

Tabelle 2. *Dauer der Granuloblastenmitose*

Mitophase	Dauer t_m		Standard-abweichung
Prophase	14,0 min		11,2
Metaphase	45,5 min		30,1
Anaphase	4,2 min		4,6
Telophase	4,8 min		2,8
Rekonstruktionsphase	20,0 min		14,5
	88,5 min	±	20,6

Die am schärfsten abgrenzbaren Mitosephasen, die Ana- und die Telophase mit der Durchschnürung des Zelleibes, vergleichen wir als AT-Zeit gerne bei verschiedenen Zellarten, um eine vorläufige Entscheidung darüber zu treffen, ob eine Änderung des zeitlichen Ablaufes zu erwarten ist.

Die durchschnittliche Mitosedauer von ca. 80 min bezieht sich sowohl auf Promyelocyten als auf Myelocyten. Eine deutliche Differenz konnte bei den durch planimetrische Messungen identifizierbaren Zellen (Promyelocyten über 16,4 μm Durchmesser im während der Metaphase abgekugelten Zustand) nicht festgestellt werden. Nur in einem Fall, bei dem wir durch Beobachtung mehrerer Generationsfolgen die Mitosen sicher zu den verschiedenen Reifestadien der Granulopoese zuordnen konnten, ergab sich ein Hinweis auf eine längere Mitosedauer bei Promyelocyten als bei unreifen und reifen Myelocyten.

Die 6 Myelocytenmitosen zweier aufeinanderfolgender Generationen hatten jede eine Gesamtdauer von etwa 60 min bei einer AT-Zeit von 6 bis 9 min, während die Metaphase der vorhergehenden Promyelocytenmitose über 60 min, also die Gesamtmitose mindestens 100 min und damit einwandfrei länger als alle Myelocytenmitosen dauerte. Das entspricht den Berechnungen WEICKERs[3] bezüglich der Erythropoese (Mitosedauer der Proerythroblasten 2—2½ Std, der Erythroblasten 1—1½ Std). Für die Granulopoese macht er keine Angaben. Aber bei den Mitosedauerberechnungen aus dem stathmokinetischen Test kommt JOURNOUD ebenso wie SALERA zu einer doppelt so langen Dauer der Myelocyten- wie der Promyelocytenmitose (S. 21 u. 23)!

Von Myeloblasten haben wir bisher nur eine normale Mitose gesehen, sie zeigt keine verwertbare Veränderung der Mitosephasezeiten gegenüber denen der reiferen Granuloblasten (Prophase 6 min, Metaphase 52 min, AT-Zeit 11 min, Rekonstruktionsphase 20 min).

Für eine Änderung der Mitosephasendauer je nach dem Proliferationszustand des Knochenmarkes ergibt sich aus unseren Einzelbeobachtungen bisher kein Anhalt. Das ausgezeichnete Schema von BEGEMANN und HEMMERLE erklärt die Mitosephasenverschiebung im fixierten Präparat auch ohne veränderte Dauer der Gesamtmitose und deren Phasen. Es zeigt eine Prophasenzunahme kurz nach einsetzendem Proliferationsreiz, also nach Häufung der in die Mitose eintretenden Zellen *(m)* und eine Telophasenzunahme kurz nach einem Hemmungsreiz, einer Verminderung von *m*. Bei gleichbleibender Proliferationsstärke verschiebt sich das Verhältnis der Mitosephasen nicht. Eine Änderung der „karyologischen Kurven" FIESCHIs ist also ohne Änderung der Phasenzeiten möglich, indem kurz nach einer Erniedrigung von *m* die Telophasen zunehmen.

Tagesperiodische Schwankungen der Mitosehäufigkeit, wie sie von POHLE am Mäuse-Ascites-Tumor, von RUPE an Mäuse-Fibroblastenkulturen, von HALBERG am Nebennierenmark der Maus, von GOLDECK an der Erythropoese der Ratte, von GOLOBOVA an verschiedenen normalen Rattengeweben mit einem Gipfel um 20 bis 1 Uhr und von VASAMA am Mäuse-Corneal-Epithel mit einem Gipfel am frühen Morgen beschrieben wurden, müßten die Mitosephasenverteilung im fixierten Präparat verschieben. Da die Sternalpunktionen vorwiegend in den Vormittagsstunden vorgenommen werden, fällt ein diesbezüglicher Unterschied nicht ins Gewicht. KILLMANN fand mit der Chromosomen-Quetsch-Methode zu verschiedenen Tageszeiten keine verwertbaren Unterschiede der Myelopoese-Mitoseindices beim Menschen. Bei der Lebendbeobachtung haben wir noch keine genügende Anzahl Mitosen gesehen, um hierzu Angaben machen zu können.

Um unsere in vitro beobachteten Mitosezeiten mit dem Ablauf in vivo vergleichen zu können, haben wir karyologische Kurven an gefärbten Aus-

Tabelle 3. *Vergleich der gezählten mit den beobachteten Mitosephasen*

a) Gezählte Mitosephasen in Prozenten:

	Mitosezahl	Mitose-Index	Prophase	frühe Metaphase	späte Metaphase	Anaphase	Telophase	Rek.-phase	zusammen
Originalausstriche	707	14‰	29,8	22,5	29,3	10,5	4,1	3,8	100%
Kulturausstriche	2482	15‰	14,3	34,4	32,1	6,2	5,4	7,6	100%
umgerechnet in Minuten			12,7	30,4	28,4	5,5	4,8	6,7	
				58,8					

b) Beobachtete Mitosephasen in Minuten:

	Mitosezahl	Prophase	Metaphase	Anaphase	Telophase	Rek.-phase	zusammen
Mittelwert	93	14,0	45,5	4,2	4,8	20,0	88,5

strichen ausgezählt und kommen bei Auswertung von 707 Granuloblastenmitosen am Sofortausstrich und 2482 Granuloblastenmitosen an Ausstrichen von Knochenmarkkulturen nach 20 bis 48 Std Bebrütungszeit zu den Ergebnissen der Tab. 3. Es handelt sich um Sternalpunktate bei Knochenmarkgesunden, bei hämolytischen und hypochromen Anämien und Myelomen. Leukämien und perniziöse Anämien wurden in diese Zählung nicht mit einbezogen.

Die *Mitosephasenverteilung im fixierten Kulturpräparat* weicht bei den einzelnen granulopoetischen Reifestufen etwas voneinander ab (Abb. 26). Wir müssen die Promyelocyten- und Myelocytenmitosen im fixierten Präparat zusammenfassen, um sie mit den beobachteten Mitosen vergleichen zu

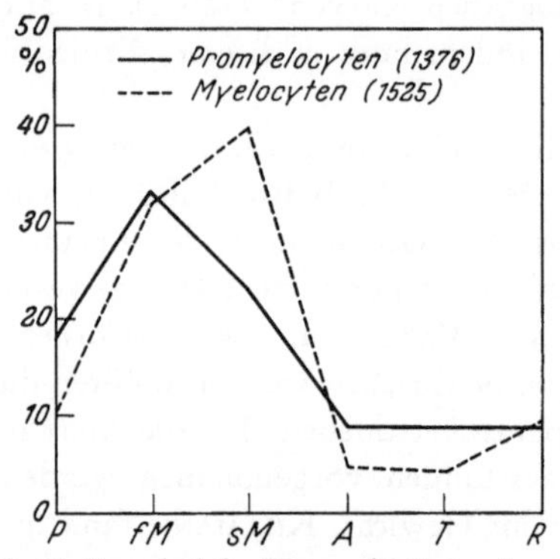

Abb. 26. Karyologische Kurven der Promyelocyten und Myelocyten aus normalen Knochenmarkkulturen gezählt. P = Prophase, fM = frühe Metaphase, sM = späte Metaphase, A = Anaphase, T = Telophase, R = Rekonstruktionsphase

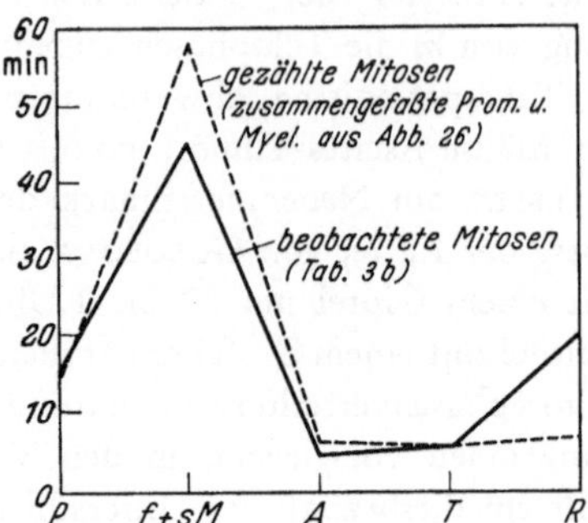

Abb. 27. Karyologische Kurven der Granuloblasten (Promyelocyten und Myelocyten zusammengefaßt) im beobachteten und fixierten Präparat. Zeichenerklärung wie Abb. 26

können, da diese beiden Zellarten im Phasenkontrastpräparat nur durch ihre Größe differieren (Abb. 27).

Die generelle Übereinstimmung der beobachteten Mitosezeiten mit der prozentualen Häufigkeit der gezählten Mitosephasen im fixierten Kulturpräparat spricht für die Verwertbarkeit der Beobachtungen. Die Anaphase ist bei der Lebendbeobachtung scheinbar vermindert, weil ihr erster Abschnitt, in der noch runden Zelle, wegen der Verwechslungsmöglichkeit mit dem schrägen Monaster (Abb. 22 d) nicht mitgerechnet wird. Die relativ größere Länge der Rekonstruktionsphase während der Beobachtung möchten wir (SCHULZ, Diss.) damit erklären, daß durch die Ausstrichtechnik die beiden Rekonstruktionsphasen getrennt und fälschlich als Prophasen — nunmehr zwei statt eine — gezählt werden, wodurch die Rekonstruktionsphasen im fixierten Präparat zu niedrig erscheinen. Achtet man beim Zählen darauf, kann man gelegentlich in größerer Entfernung zwei Geschwister-Rekonstruktionsphasen finden, die sich durch die gleiche Größe und Identität des Cytoplasmas auszeichnen und außerdem immer erheblich kleiner sind als die Prophasen derselben Reifungsstufe (Abb. 28). Offenbar sind weiterhin bei der Beobachtung mehr Mitosen zu den Prophasen, bei der Zählung mehr zu den Metaphasen gerechnet worden. Die diesbezüglichen Schwierigkeiten wurden oben schon dargelegt.

Die Diskrepanz der Mitosephasenverteilung im Kulturpräparat und der in Ausstrichen von frisch entnommenem Knochenmark liegt vielleicht an den zu wenigen aus Originalausstrichen gezählten Mitosen oder daran, daß

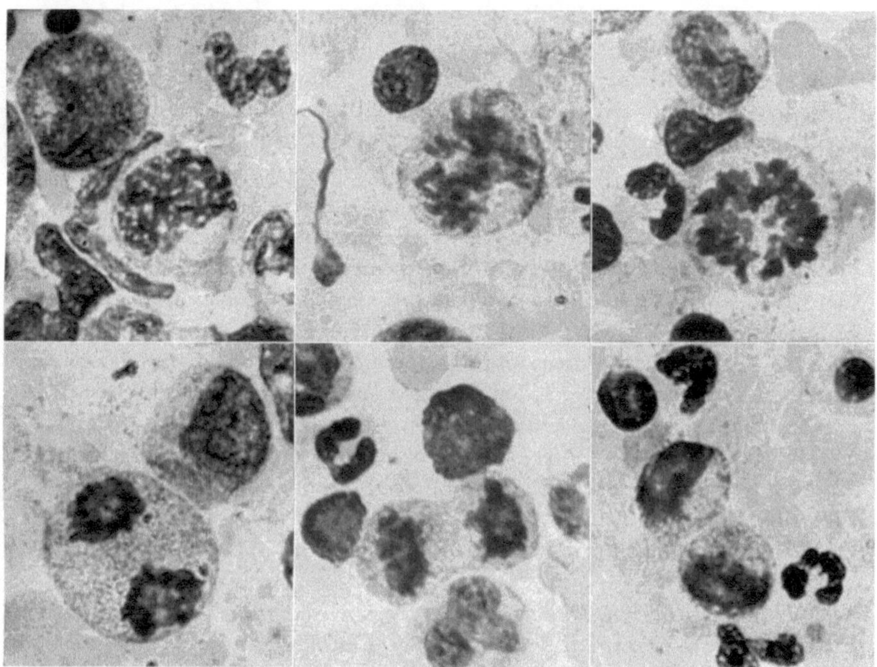

Abb. 28. Die 6 Mitosephasen im fixierten Präparat bei Promyelocyten und Myelocyten. Pappenheimfärbung

wir vorwiegend Präparate mit vielen Mitosen auszählten, die im Sinne BEGEMANNS angeregt waren. RONDANELLI fand an Hühnerembryonen bei Megaloblasten und Reticulumzellen eine bessere Übereinstimmung der Mitosephasen in der Kultur mit den Phasenprozentzahlen des Originalausstriches. Der Mitoseindex ist bei ihm, wie bei uns, in der Kultur gegenüber dem Sofortausstrich leicht erhöht. Die Mitosevermehrung in Kultur ist schon länger bekannt (ASTALDI u. a.) und durch die proliferationsanregende Wirkung des Hühnerembryonalextraktes zu erklären (FISCHER, WILLMER). Serum von infizierten Tieren zur Knochenmarkkultur (Osgood-Methode) gebracht, verursacht nach NOWELL eine weitere Erhöhung des Granuloblasten-Mitoseindex.

Über die Bezeichnung der einzelnen Mitosephasen und ihren Ablauf wären noch folgende Angaben zu diskutieren: Wie ROHR schon vermutete, läßt sich die auf Zählungen fixierter Präparate beruhende Behauptung FIESCHIS, daß die frühe Metaphase und die Telophase kurz, die Prophase, die späte Metaphase und die Anaphase lang sind, weder durch die Zählungen selbst noch durch die Lebendbeobachtung bestätigen. Die Ana- und die Telophase sind bei uns so kurz, daß sie zusammen eine geringere Zeit dauern als jede andere Phase für sich. Darüber hinaus sind beide im Ablauf am konstantesten. In der Granulopoese nimmt nach Auszählungen ASTALDIS die Prozentzahl der Metaphasen mit der Zellreifung zu, die der Prophasen ab. FIESCHI unterteilt wie wir 6 Mitosephasen, fügt aber eine Phase zwischen Monaster und Diaster ein und zieht die Telo- mit der Rekonstruktionsphase zusammen. Auch VON MÖLLENDORFF teilt die Phasen der Fibroblastenmitosen etwas anders ein, entsprechend den Gegebenheiten der flach ausgebreiteten Zellen.

Unsere Beobachtungszeit von ca. 80 min bei Granuloblastenmitosen entspricht den Beobachtungen VON MÖLLENDORFFS an *Fibroblastenmitosen* in Gewebekulturen aus Kaninchen-Subcutan-Gewebe, die je nach verschiedenen Milieuänderungen etwa 50 bis 100 min dauern. Eigene, aus Knochenmark nach 10 Tagen ausgewachsene fibroblastoide Zellen (Abb. 15) zeigten viele Mitosen; 4 wurden gestoppt, im Durchschnitt dauerte die Metaphase 32, die Anaphase 4, die Telophase 6, die Rekonstruktionsphase 19 min. Sie verhielten sich also wie unsere Granuloblastenmitosen. Allerdings finden ALBRECHT und KRETSCHMER (persönliche Mitteilung) sowie WRIGHT an Hühnerembryo-Beinchen-Fibroblasten in Gewebekultur unter denselben Züchtungsbedingungen wie wir eine Fibroblastenmitosedauer von nur 30 bis 50 min.

Weiterhin sieht VON MÖLLENDORFF wie wir, daß die „Metaphase unter normalen Verhältnissen die empfindlichste Zeit der Mitose repräsentiert", stellt aber keine Photosensibilität fest. HALBERG findet in der Leber und in der Haut von Mäusen die Mitoseindices unter Belichtung ansteigend, in der Nebenniere dagegen fallend. BERGAN beobachtet bei Furchungsteilungen von Trichogaster trichteropterus, daß durch reversiblen Hitzeschock (plötzliche Erwärmung von 27 auf 39°) die Wanderung der Centriolen blockiert wird und die Mitose im Stadium der frühen Metaphase steckenbleibt. Das entspricht meiner schon früher geäußerten Ansicht, daß es bei langer Belichtung, was wahrscheinlich auch Erwärmung bedeutet, zu einer Verlängerung der frühen Metaphase kommt. Andererseits beobachtet MAKINO eine Mitoseverlängerung durch Abkühlung auf 30°, ebenfalls vorwiegend auf Kosten einer Metaphasenverlängerung.

Im Stadium des Wechsels beider Metaphasen wurde noch nie eine Spindel beobachtet, trotzdem muß sie im Entstehen sein, denn nach SCHRADER kommt es ohne sie nicht zur Metaphasenplatte. Entweder entsteht die Spindel inkonstant oder die Chromosomen verbinden sich nicht dauerhaft mit den Spindelfasern. Bei Hühnchenzellen finden HUGHES und SWANN, daß sich die Chromosomen während der Metaphase entlang der Spindelfasern hin und her bewegen. Nach SCHRADER weichen die Äquatorialplatten während der Anaphase durch Pulsieren der Polkörperchen auseinander. Danach ist die drehende pulsierende Bewegung der Äquatorialplatte vor dem Auseinanderweichen der Chromosomen, wie sie auch BUSSI und GROPP beschreiben, bei günstigen kolloidosmotischen Verhältnissen vielleicht mit dem Pulsieren der Centriolen, die wir im Phasenkontrastpräparat nicht sehen können, in Verbindung zu bringen.

Mit unseren Befunden vergleichbare Mitteilungen aus der Literatur über die *Granuloblasten-Mitosedauer* sind nur wenige vorhanden:

Am Kaninchenkadaver berichten ASTALDI, LACROIX und SACCHETTI über eine Promyelocyten-Mitosedauer von 75 min. Beobachtungen von Mitoseabläufen an Knochenmarkzellen schildert BUSSI, der aber, sicher wegen noch mangelhafter Technik, zu einer Mitosedauer von 4,5 Std kommt. RONDANELLI u. Mitarb. finden bei Phasenkontrastbeobachtungen von menschlichem Knochenmark in vitro bei Granuloblasten folgende Zeiten:

Prophase	21 min 30 sec
Metaphase	65 min 16 sec
Anaphase	14 min 42 sec
Telophase	11 min 21 sec
insgesamt	112 min 49 sec

Da die Kulturbedingungen und die einzelnen morphologischen Befunde den unseren entsprechen, können die längeren Zeiten für alle Phasen und die ganze Mitose nur durch längere Belichtung pro Bild und stärkere Quetschung seiner Präparate bedingt sein. In einer anderen Arbeit gibt RONDANELLI eine AT-Zeit für Granuloblasten von 10 min 22 sec an, eine Zeit, die unseren Beobachtungen besser entspricht.

SALERA und TAMBURINO finden mit dem *stathmokinetischen Test* eine Mitosedauer der Myeloblasten von 133, der Promyelocyten von 147 und der Myelocyten von 210 min. SALERA gibt die Zeiten kürzer an, als wir sie berechnen (S. 23), da er die Mitosedauer nicht nach Formel (6) (S. 21), sondern aus $\mathrm{tg}\,\alpha \cdot MI$ errechnet, was u. E. nicht statthaft ist. Bestimmt man die Mitosedauer aus verschiedenen Daten der oben genannten Arbeit, so kommt man zu erheblichen Zeitdifferenzen, die nicht geringer sind als die Streubreiten bei der Lebendbeobachtung. Bei unserem eigenen mit Colchicin kultivierten Fall (S. 23), berechnet sich die Mitosedauer der Granuloblasten auf 75 min, eine gute Übereinstimmung mit den beobachteten Zeiten.

ASTALDI selbst hält die Versuchsanordnung des stathmokinetischen Testes später mit Recht nicht geeignet für bindende Rückschlüsse auf die Mitosedauer. Er entwickelt den *chronomitotischen Test:* Das Verschwinden der späten Metaphase nach Colchicin-Stop wird gemessen, als Mittelwert errechnet und aus dessen Beziehung zu den karyologischen Kurven vor dem Colchicin-Stop die Mitosedauer bestimmt. ASTALDI gibt sie für basophile Megaloblasten mit 50 min an und macht keine Angaben über Granuloblasten. Uns erscheint die Versuchsanordnung wegen der oben erwähnten Schwierigkeiten während der ersten Kulturstunden schlecht reproduzierbar. Im Ratten-Ileum entwickelt HOOPER einen entsprechenden Test zur Mitosedauerbestimmung nach Colchicin-Injektion. KNOWLTON und WIDNER berechnen am Intestinalepithel die Mitosedauer aus dem Verschwinden der einzelnen Phasen nach Röntgeneinwirkung.

Weitere Untersuchungen über die Mitosedauer bei Granuloblasten beschränken sich auf Berechnungen am fixierten Präparat. MOESCHLIN kommt unter Berücksichtigung des täglichen Leukocytenabbaues zu 37 min Dauer für Granuloblastenmitosen. Abgesehen von den ungenauen Ausgangswerten, die seiner Berechnung zugrunde liegen, errechnete er mit seiner Formel die Dauer von mindestens 2 Mitosen, also für jede Mitose nur 18,5 min!

Faßt man die Erkenntnisse aus der Lebendbeobachtung von Granuloblastenmitosen zusammen, so ergibt sich folgendes:

1. Die Gesamtdauer der Mitose ist durch den nur langsamen Übergang des Ruhekernes in den Prophasenkern und der Rekonstruktionsphasenkerne wiederum in den Ruhekern nicht exakt bestimmbar. In vitro dauert die Mitose bei den granuloblastischen Vorstufen etwa 80 min mit großen Schwankungsbreiten, besonders bezüglich der Metaphasenlänge, die wahrscheinlich durch Belichtung verzögert werden kann.

2. Die Zelle ist während der Mitose abgekugelt und bildet keine Bewegungsfortsätze. Eine paramitotische Granulation tritt besonders bei den Myeloblasten in Erscheinung, ist aber auch bei den Zellen, die schon Granula enthalten, zu erkennen (GROSS und MAYER).

3. Frühe und späte Metaphase sind nicht zwei aufeinanderfolgende Mitosephasen, sie wechseln sich mehrfach ab, wenngleich bei längerem Andauern der Mitose das Stadium der späten Metaphase überwiegt. Der zum Monaster angeordnete Chromosomensatz bewegt sich pendelnd hin und her. Nach den Beobachtungen an in vitro überlebenden Mitosen müssen wir uns der Meinung ROHRs anschließen, daß eine Einteilung in 6 Mitosephasen, wie man sie am fixierten Präparat relativ leicht durchführen kann (Abb. 28), willkürlich ist. Vor allem sind Prophase, frühe und späte Metaphase im Phasenkontrastbild nicht genau festzulegen, während die späteren Mitosephasen besser abzugrenzen sind.

4. Das beginnende Auseinanderweichen der beiden Chromosomenplatten ist ein besonders lichtsensibler Vorgang.

5. Der einzige sicher bestimmbare Zeitabschnitt ist der vom Beginn der Streckung der Zellen beim Auseinanderweichen der Chromosomenplatten in der Anaphase bis zur Durchschnürung des Cytoplasmas am Ende der Telophase: die AT-Zeit. Sie beträgt mit nur geringer Streuung 9 min und kann mit Mitosen anderer Zellen am besten verglichen werden.

6. Nach Durchschnürung des Cytoplasmas bleibt häufig für längere Zeit ein feines Cytoplasmafädchen zwischen den beiden Tochterzellen erhalten,

womöglich eine Behinderung der Rekonstruktionsphase in vitro. Aber auch in Original-Knochenmarkausstrichen finden wir des öfteren das persistierende Plasmafädchen zwischen den Tochterzellen (VERGA u. a.).

7. Das Volumen der Tochterzellen ist halb so groß wie das der Mutterzelle; es kommt niemals zur Ausbildung von zwei morphologisch verschiedenen Tochterzellen.

c) Amitosen und tetraploide Zellen

Bei der Suche nach Zellen, die sich in mitotischer Teilung befinden, haben wir jahrelang auf Anzeichen für *Amitosen* geachtet. Die stark gelappten Kerne der Parablasten (RIND) wurden oft stundenlang im Gesichtsfeld belassen, sie zeigten jedoch niemals eine Durchschnürung (Abb. 29). Die

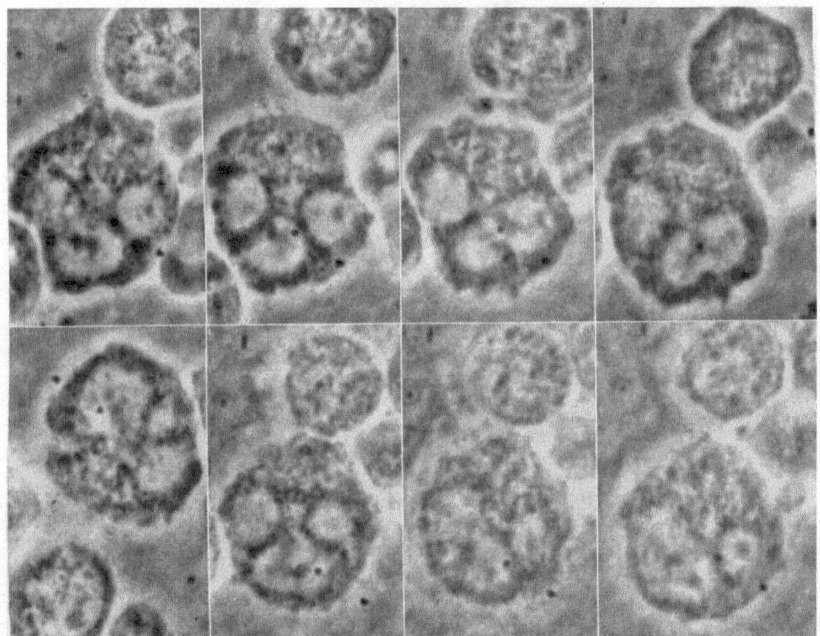

Abb. 29. Kernlappung bei Parablasten. Phasenkontrastfilmbilder

Lappung bildet sich vielmehr, solange die Zellen noch einigermaßen vital sind, fortwährend um, und die Kerne fließen immer wieder zu annähernd runden Gebilden zusammen. Auch Zellen mit mehreren Kernen wurden oft und lange Zeit beobachtet, ohne daß sich neue Kerne bildeten.

Im Laufe der Zeit entstanden aber schon 17 *zweikernige Granuloblasten* nach Vollendung regelrechter mitotischer Teilung durch Cytoplasmazusammenfluß der beiden Tochterzellen meist in der ersten Stunde nach der Mitose, selten schon während der Rekonstruktionsphase. In unserem Material kam die Entstehung von Zweikernigen bei Parablasten akuter Leukämien (2 Fälle) öfter vor als nach Mitosen normaler Zellen und war nach Röntgenbestrahlung (2 Fälle nach 400 r in vitro) gehäuft. Der Zusammenfluß beider

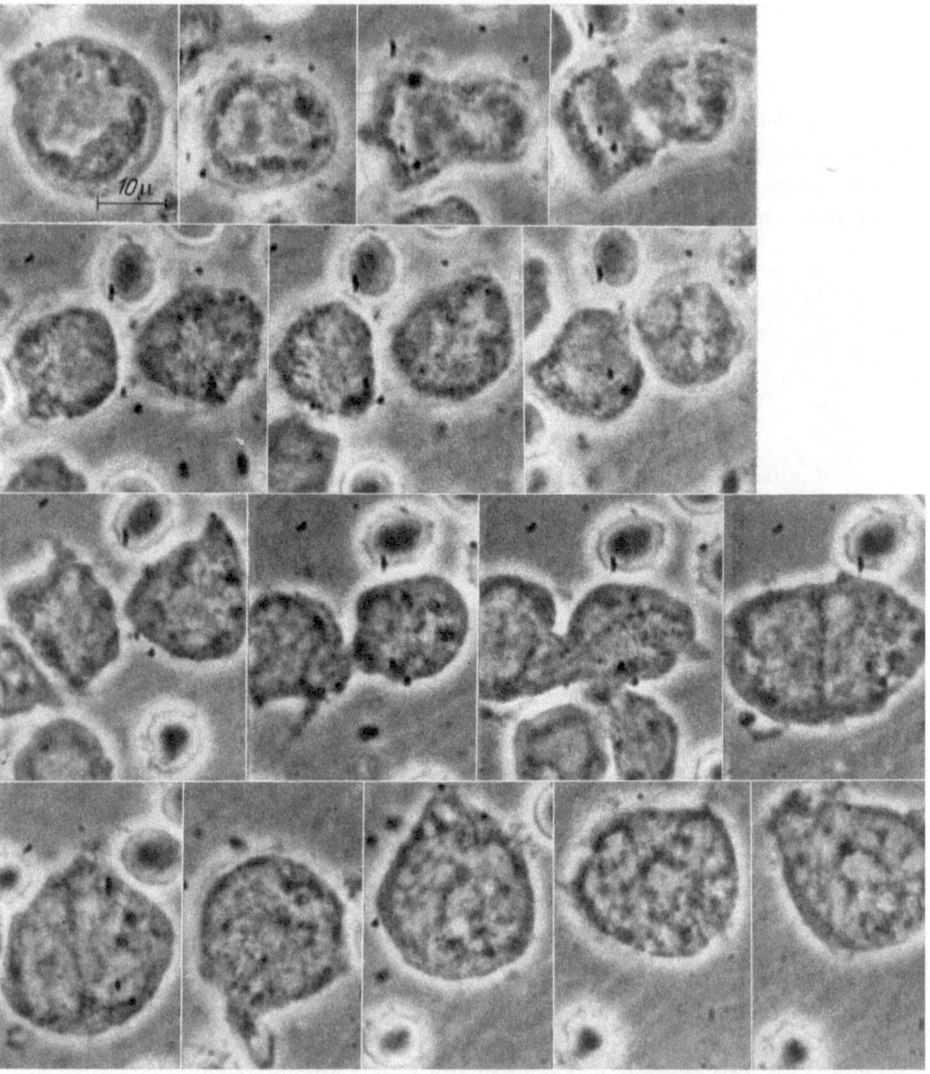

Abb. 30. Phasenkontrastfilmbilder aus 16-mm-Negativfilm

Abb. 30/31. 1. Reihe: Mitose eines reifen Myelocyten mit schiefer Telophase; 2. Reihe: Ausbildung von zwei Tochterzellen; 3. Reihe: Zusammenfluß des Cytoplasmas zu einer zweikernigen Zelle; 4. Reihe: Wiedervereinigung der beiden Kerne zu einem Riesenmetamyelocyten

Tochterzellen geschieht sehr schnell in höchstens einer Minute: Die Zellen berühren einander, und plötzlich entsteht — mit platzenden Seifenblasen vergleichbar — über ein kurzes ovales Zwischenstadium eine runde Zelle mit zwei Kernen (Abb. 30/31, 3. Reihe). Nur einmal entstand in einem postmortal entnommenen Knochenmark eine zweikernige Zelle während der Telophase ohne vorherige Kernrekonstruktion, also auch postmitotisch.

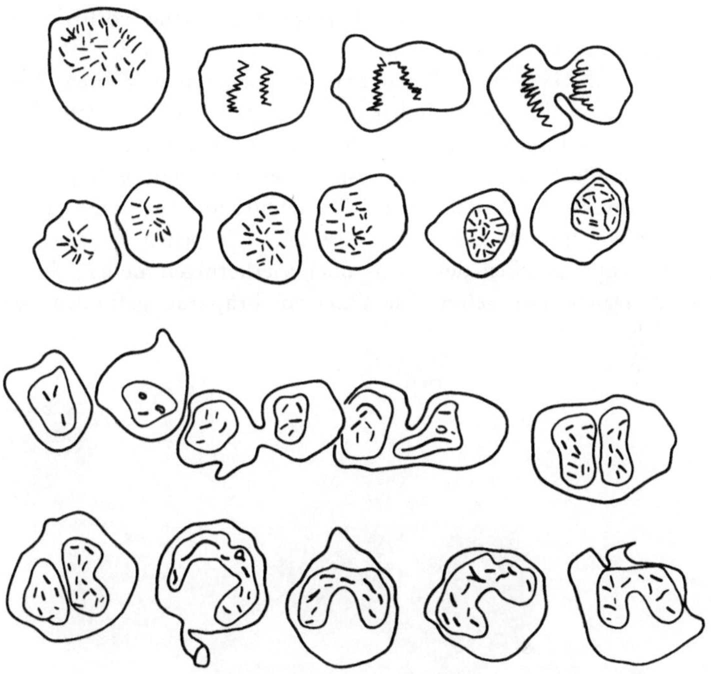

Abb. 31. Dasselbe gezeichnet

Die Cytoplasmateilung gehört zum Ablauf des mitotischen Vorganges. Da die Oberfläche zweier Kugeln zusammengenommen etwa ein viertelmal größer ist als die Oberfläche einer volumengleichen einzelnen Kugel, müssen bei der Mitose die Cytoplasmamembranen überdehnt werden oder teilweise aus anderen Cytoplasmabezirken neu entstehen (s. S. 49). In beiden Fällen haben sie keine große Stabilität. Bei der Wiedervereinigung der in Cytoplasma und Membran noch identischen Zellen wird die Oberflächenspannung unter Energiegewinnung herabgesetzt. Als Ursache für die leichte Häufung des Vorganges in vitro kommt die fehlende Strömung in Frage; das Cytoplasmafädchen kann nicht durchreißen, und die neuentstandenen Zellen haben in Kultur eher Gelegenheit, sich noch einmal zu berühren. Eine Förderung des Zusammenflusses neu gebildeter Geschwisterzellen durch die

Belichtung ist weniger wahrscheinlich, da in der nicht beobachteten Knochenmarkkultur die zweikernigen Zellen im Vergleich zum sofort angefertigten Knochenmarkausstrich gehäufter sind als die Mitosen.

Entsprechende Beobachtungen an Megaloblasten von Hühnerembryonal-Knochenmark in vitro und in vivo sind von RONDANELLI und BORGHESE veröffentlicht. Nach Schädigung mit geringen Adrenalindosen beobachten auch SCHLEICH und MAYER an Kulturen von Hühnerherzfibroblasten den Übergang einer Mitose in eine zweikernige Zelle ohne vorherige Cytoplasmadurchtrennung.

ROTHLIN und UNDRITZ nehmen nach Studien am gefärbten Ausstrich an, daß sich die zweikernigen Zellen mitotisch geteilt haben, daß aber eine Protoplasmadurchschnürung ausbleibt. Sie halten die amitotische Entstehung von Zwillingsmißbildungen bei den Blutzellen für „völlig hypothetisch". UNDRITZ beschreibt im Sandoz-Atlas Taillenbildung bei zwei- und vierkernigen Zellen, nimmt aber Artefakte an. Wir sehen in der Taillenbildung Entstehungsstadien der zwei- oder vierkernigen Zellen, die wegen der kurzen Dauer nur selten im fixierten Präparat gefunden werden

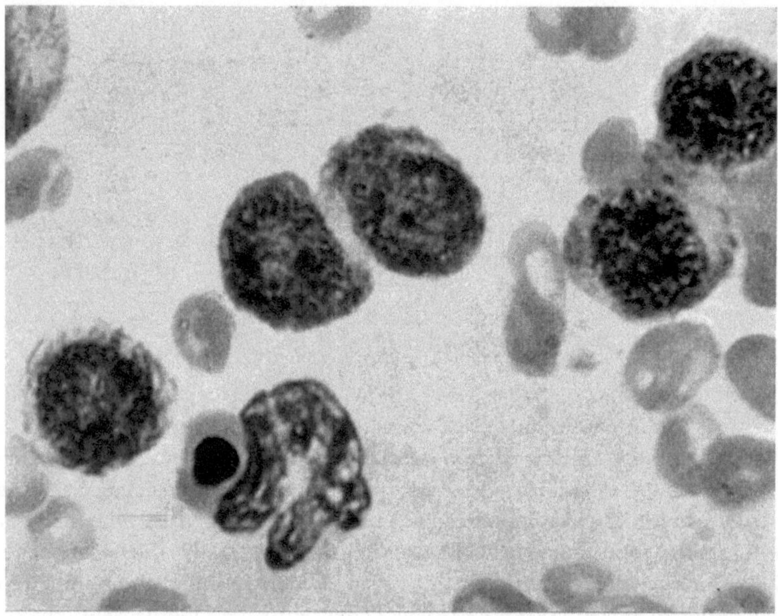

Abb. 32. Taillenbildung bei der Entstehung von zweikernigen Zellen im gefärbten Präparat

(Abb. 32). LETTRÉ zieht nach seinen Beobachtungen an Zellkulturen die amitotische Entstehung von zweikernigen Zellen sogar generell in Zweifel. LOPEZ-CARDOZO, ZACH und FEYRTER halten sie zumindest für bedeutungslos. FEYRTER warnt vor allem, aus postmortalen Präparaten Schlüsse zu ziehen. Wir wollen uns nicht in Diskussionen über amitotische Zellvermehrung einlassen, möchten aber mit RONDANELLI die mitotische Entstehung von zweikernigen tetraploiden Zellen, mit vorheriger, vorübergehender Cytoplasmadurchschnürung, im menschlichen Knochenmark für die übliche ansehen.

Zweimal konnten wir die weitere Entwicklung der Cytokonjunktion zur Nucleokonjunktion beobachten: In den postmitotisch entstandenen zweikernigen Myelocyten flossen 10 bis 20 min nach dem Cytoplasma auch die beiden Zellkerne zusammen (Abb. 30/31, 4. Reihe). Da sich die Kerne an der Schmalseite vereinigten, sahen die Zellen nun wie *Riesenmetamyelocyten* aus. Sie fingen, entsprechend diesem Reifestadium, auch gleich an zu wandern, wodurch der eine nach 2 Std verlorenging. Der andere starb eine Stunde nach seiner Entstehung.

Die Beobachtung ist bemerkenswert, weil WEICKER annimmt, daß die Riesenmetamyelocyten im Megaloblastenmark durch das Ausbleiben einer mitotischen Kernreifeteilung entstehen. In vitro war aber nun gerade das Gegenteil der Fall: Die Riesenmetamyelocyten sind tetraploide Zellen, die durch eine zusätzliche Mitose entstanden sind. Wir müssen dem Polyploidieschema von ROTHLIN und UNDRITZ deswegen eine weitere, für die Granulopoese vielleicht bedeutungsvolle Möglichkeit der Entstehung tetraploider Zellen hinzufügen: das Verschmelzen der beiden Kerne von mitotisch entstandenen zweikernigen Zellen zu einem Riesenmetamyelocytenkern.

Dreimal sahen wir auch mit Sicherheit eine Pseudo-Amitose (= Endomitose, GEITLER, BASSERMANN), die Verdoppelung der Chromosomen ohne mitotische Teilung. Aus der frühen Metaphase, einmal aus der Telophase, wurde nach längerer Zeit wieder ein — ausgesprochen großer — Ruhekern (Abb. 33). Die drei sicheren Endomitosen entstammen etwa normalem Knochenmark, vier fragliche dem Mark akuter Leukämien. Nach TSCHERMAK-WOESS ist der Endomitose eine DNS-Verdoppelung vorausgegangen, es handelt sich also um eine diploide Mitose mit Ausgang in einen tetraploiden Solitärkern. Auf diese Art entstehen sicher einkernige Gigantoblasten, die aber im nicht pathologischen Knochenmark so selten vorkommen, daß sie für die normale Granulopoese ohne Bedeutung bleiben.

Die Entstehung tetraploider Zellen wurde also bei myelopoetischen Vorstufen auf verschiedene Weise beobachtet: selten als Endomitose zu einem Kern, einmal als Kernzusammenfluß während der Rekonstruktionsphase, sonst immer nach unauffälliger Karyo- und Cytokinese durch Zusammenfluß der beiden neuentstandenen diploiden Tochterzellen zu zweikernigen tetraploiden Zellen. Zweimal entstanden daraus weiterhin einzelne Riesenkerne. Nie aber wurden Amitosen mit Durchschnürung des Ruhekernes gesehen! Für die Genese der neutrophilen Granulocyten sehen wir uns also mit UNDRITZ berechtigt, die amitotische Zellvermehrung im Gegensatz zur Tetraploidie auch bei Leukämien abzulehnen. Wir werden Amitosen deswegen im folgenden nicht berücksichtigen.

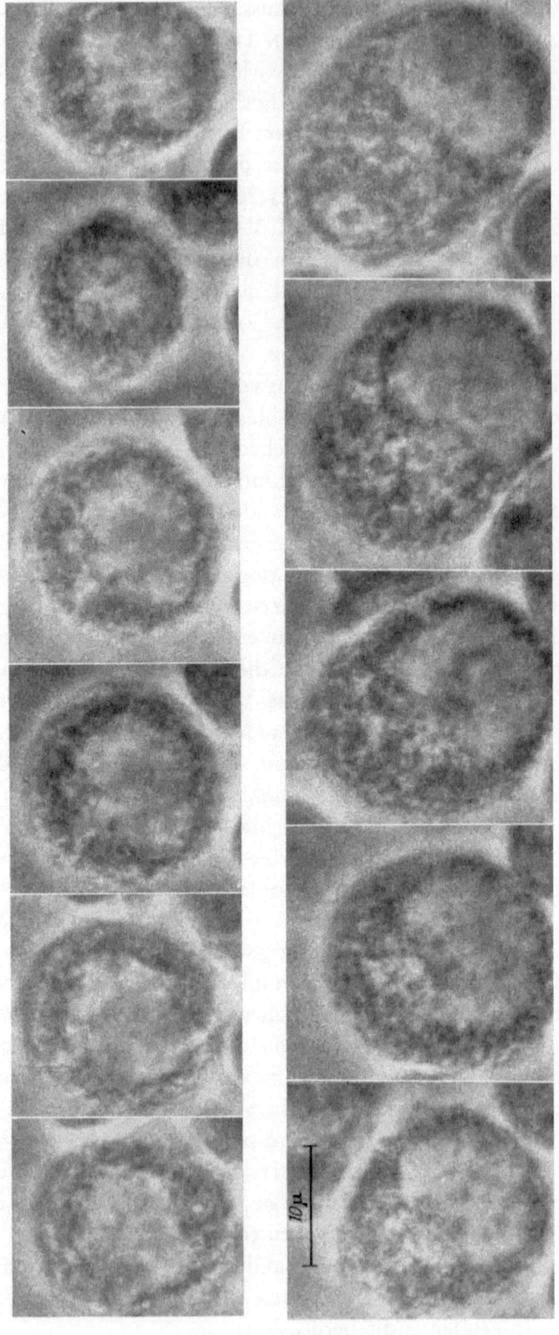

Abb. 33. Endomitose aus Knochenmark

d) Interkinesen der Granulocytopoese

Definition der Interkinese: Als Interkinese (t_i) wird die Zeit zwischen zwei Mitosen bezeichnet. Rechnet man ihr die Dauer der Mitose (t_m) zu, so erhält man den Wert der Generationszeit (t_G) (s. S. 22):

(8) $$t_G = t_i + t_m \,.$$

Da t_m nur einen Bruchteil von t_i ausmacht, ist es ohne wesentliche Bedeutung, ob man t_G oder t_i bestimmt. Bei schnell wachsenden tachytrophen Geweben sind Interkinese und Generationszeit kurz, bei langsam wachsenden bradytrophen Geweben lang. Ihre Dauer legt die Proliferationsaktivität eines Gewebes — bei der reifenden Granulopoese besser Regenerationsintensität — fest und sagt mehr aus als der Mitoseindex (*MI*), die Anhäufung der Mitosen im fixierten Präparat.

Wir haben oben (s. S. 19) die *Häufigkeit des Mitoseeintrittes* der Zelle als den wirklich für die Regeneration interessierenden Wert mit m bezeichnet, in Anlehnung an neuere englische Literatur kann man auch von *Mitoserate* sprechen. m ist aus dem Mitoseindex unter Eliminierung von t_m nach der Formel

(1) $$MI = m \cdot t_m \quad \text{oder} \quad m = \frac{MI}{t_m}$$

zu gewinnen. Weiter ist m nach der Formel

(7) $$MI = \frac{t_m}{t_i + t_m} \quad \text{oder} \quad MI = \frac{t_m}{t_G}$$

t_G umgekehrt proportional. Somit sagen die Werte m, t_G und t_i dasselbe über die Regenerationszeit eines Gewebes aus:

(10) und (8) $$m = \frac{1}{t_G} = \frac{1}{t_i + t_m}$$

Da die Dauer der Interkinese in vivo gar nicht, in vitro wegen der Länge der Zeit schwer direkt zu messen ist, wird sie u. a. aus dem Mitoseindex (*MI*) von fixierten Präparaten berechnet.

Der *Mitoseindex* ist die Zahl der Mitosen auf die Zahl der teilungsfähigen Zellen in ‰. Man kann deswegen einen Mitoseindex für alle Knochenmarkzellen, für alle Granuloblasten oder für eine Zellart der Granulopoese, z. B. Promyelocyten oder Myelocyten gesondert, bestimmen. Wir werden uns im Folgenden mit dem Mitoseindex der Granulopoese, auch kurz „weißer Mitoseindex“ genannt, befassen.

Über den Begriff „alle teilungsfähigen Granuloblasten“ herrschen noch Meinungsverschiedenheiten, da nicht geklärt ist, ob sich Metamyelocyten teilen können. Nach unseren Beobachtungen über den Wechsel der beiden Erscheinungsformen von reifem Myelocyt und Metamyelocyt im Leben der granulopoetischen Vorstufen (s. unter B 5 e) und nachdem wir, wenn auch vereinzelt, im Ausstrichpräparat Metamyelocyten in Prophase sahen (Abb. 34) — während spätere Mitosephasen wegen der Cytoplasmaidentität von reifen Myelocyten und Metamyelocyten keine Unterscheidung mehr zulassen —, müssen wir die Metamyelocyten zu den teilungsfähigen Granuloblasten rechnen, allerdings unter einer gewissen Einschränkung, die erst später erörtert werden kann. Der Mitoseindex der normalen Granulopoese beträgt nach ROHR, der auch die Metamyelocyten in die teilungsfähigen Granuloblasten einbezieht, 6 bis 11‰, nach GERHARTZ 23‰, nach eigenen Untersuchungen im Originalausstrich 14‰, in der Kultur 15‰. Die Orcein-Technik LALAS ergibt sicher zu hohe Werte (59‰). Die Mitoseindices der einzelnen granulopoetischen Vorstufen sind Seite 102 einzusehen.

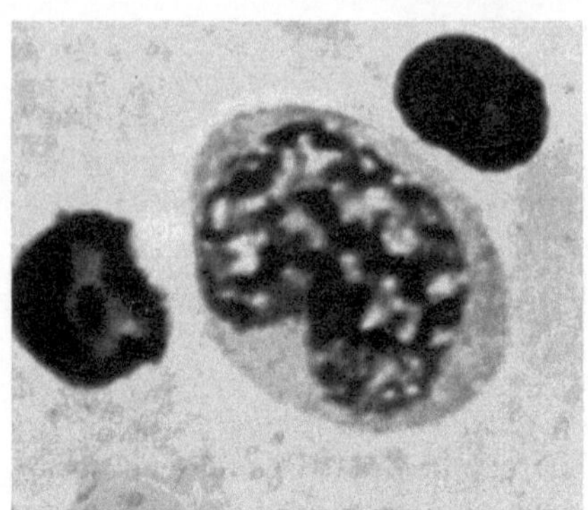

Abb. 34. Metamyelocyten-Prophase im gefärbten Ausstrich

Ist die *Mitosedauer* t_m bekannt, kann die Interkinese t_i ebenso wie die Generationszeit t_G und die Mitosehäufigkeit m nach den Formeln (1) und (7) leicht aus dem Mitoseindex MI berechnet werden. Deswegen ist die Mitosedauer der verschiedenen Zelltypen für die Berechnung der Regeneration aus dem im fixierten Präparat gezählten Mitoseindex wichtig.

Wie die Mitosedauer kann die *Zeit der DNS-Synthese* zur Generationszeit in Beziehung gesetzt werden, denn die Desoxyribonucleinsäure (DNS) verdoppelt sich nach PELC, LAJTHA u. a. in einem bestimmten Abschnitt der Interkinese (s. S. 31). Nach Zusatz von markierten DNS-Vorstufen läßt sich mit der Mikroautoradiographie die Generationszeit in ähnlicher Weise berechnen wie mit der Zählung des Mitoseindex. Das Verhältnis von markierten zu nicht markierten Zellen ergibt den Markierungsindex I_S (CRONKITE, BOND und FLIEDNER). Die DNS-Rate, die neugebildete DNS/Zeiteinheit, wird DNS-Synthesezeit (t_S) genannt. Die verschiedenen Autoren nehmen eine DNS-Synthesezeit von 5 bis 18 Std an. Ist der Zellumsatz im konstanten Fließgleichgewicht, läßt sich die Generationszeit aus der Formel (13) berechnen:

$$t_G = \frac{t_s}{I_s} \quad (13)$$

Auch aus dem *stathmokinetischen Index* nach ASTALDI kann man die Interkinese berechnen. Überträgt man in einem Koordinatensystem auf die

Abszisse die Zeit in Stunden, auf die Ordinate den Mitoseindex, so ist die Steilheit des Mitoseanstieges, ausgedrückt als tg α, der Generationszeit umgekehrt proportional [Formel (10)] und entspricht der Mitosehäufung pro Zeiteinheit m (s. S. 20 und Abb. 7).

Während der Interkinese sollen sich in einem Gewebe, das sich lediglich reproduziert,

1. die Zellsubstanz,
2. die Kernsubstanz,
3. das Chromatin

verdoppeln. Die Substanzzunahme ist nach den DNS-Markierungsversuchen nicht in allen Perioden zwischen den beiden Mitosen gleichmäßig. In der Granulopoese spielen weiterhin Reifungsvorgänge eine Rolle, in deren Verlauf sich der Kern und die Zelle verkleinern. Die granulopoetischen Vorstufen bilden sich womöglich schon während jeder Interkinese morphologisch erkennbar um. Weicker nimmt zusätzlich an, daß es zu hypoploiden Teilungen kommt.

Durch unsere *Beobachtungen im Phasenkontrastmikroskop* über Knochenmarkkulturen konnten nicht nur die ersten Interkinesezeiten von Granuloblasten gemessen werden, zum Teil wurden auch bisher gewonnene Erkenntnisse über die Generationsfolge der Granulopoese aus dem fixierten Präparat bestätigt und neue Ergebnisse erhalten.

Lushbaugh (zit. n. Yoffey) fand nach Terpentinreizung die Interkinesezeit der Myelocyten von 32,4 auf 24,9 Std verkürzt, Olivo beobachtete an Fibroblastenkulturen in der Auswanderungszone Interkinesezeiten zwischen 7 und 21 Std Dauer bei einem gezählten Mitoseindex von 20—30‰. Daraus errechnet er eine Mitosedauer von 20 min. Weitere Literaturangaben zum Vergleich konnten wir nicht finden.

Bei der wichtigsten Beobachtung handelte es sich um das Knochenmark einer 71jährigen Patientin, das durch einen tuberkulösen Prozeß entzündlich angeregt war. Nachdem das Knochenmark in der üblichen Coagulumkultur auf Eigenplasma, Hanks Lösung und Hühnerembryonalextrakt 6 Std lang kultiviert war, wurde es auf die „platte Kultur“ zur Phasenkontrastbeobachtung umgesetzt.

Kurze Zeit danach fand sich ein Promyelocyt im Stadium der Metaphase (Abb. 35 a, 1. Bild). Nach regelrechter Teilung in zwei, sich wie Zwillinge ähnelnde Myelocyten konnten die beiden Tochterzellen 3 Tage lang beobachtet werden. Die eine Tochterzelle teilte sich erneut nach 28 Std (Abb. 35, 4. und 5. Reihe), die andere nach $29^1/_4$ Std. Beide Teilungen dauerten etwa eine Stunde (Abb. 35, 6. und 7. Reihe). Eine der vier Enkelzellen machte nach weiteren $29^1/_4$ Std noch einmal eine einstündige Mitose durch. Alle fünf Nachkommenzellen des ersten Promyelocyten reiften während weiterer 2 Tage zu Jugendlichen bzw. Stabkernigen aus (Abb. 35 b).

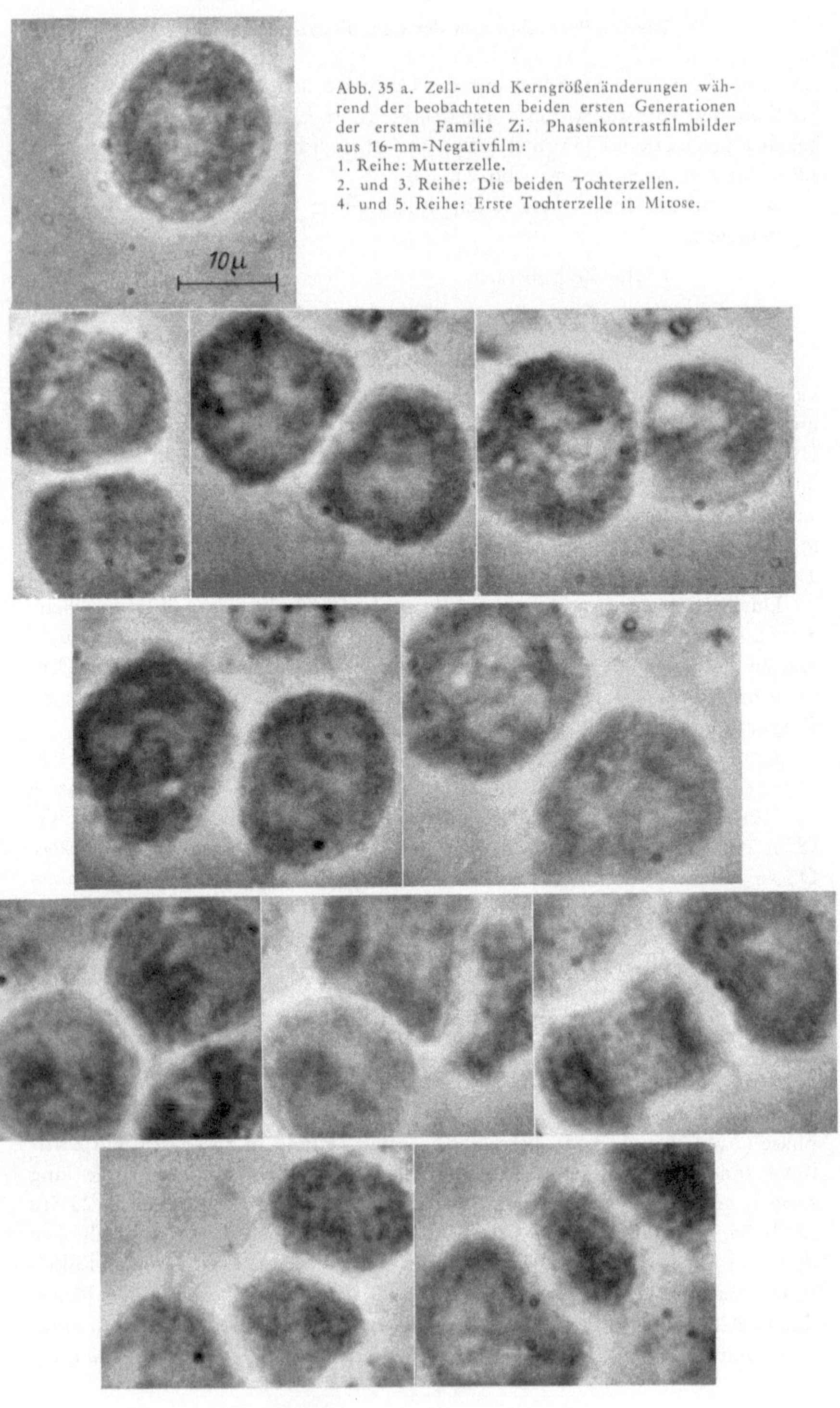

Abb. 35 a. Zell- und Kerngrößenänderungen während der beobachteten beiden ersten Generationen der ersten Familie Zi. Phasenkontrastfilmbilder aus 16-mm-Negativfilm:
1. Reihe: Mutterzelle.
2. und 3. Reihe: Die beiden Tochterzellen.
4. und 5. Reihe: Erste Tochterzelle in Mitose.

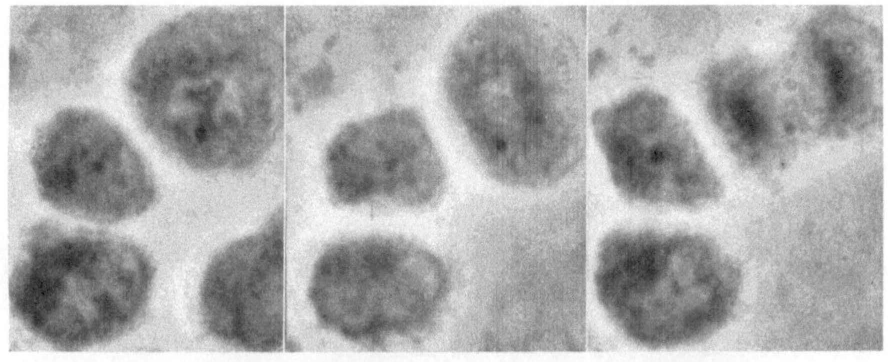

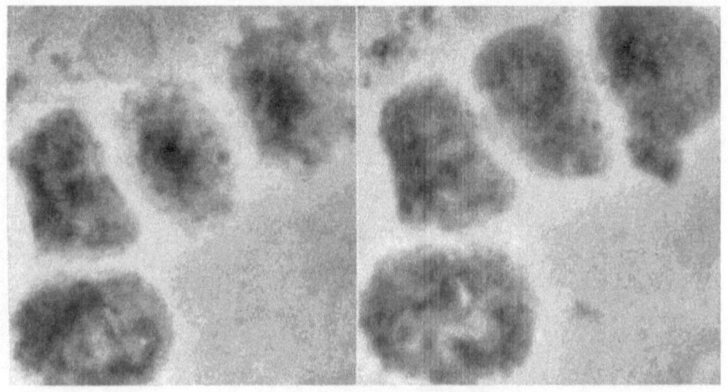

Abb 35 a. 6. und 7. Reihe: Zweite Tochterzelle in Mitose

Promyelocyt	Myelocyt	Myelocyt	— Metamyelocyt — Stabkerniger
		Myelocyt	— Metamyelocyt — Stabkerniger
	Myelocyt	Myelocyt	— Metamyelocyt — Stabkerniger
		Myelocyt	Metamyelocyt — Stabkerniger
			Metamyelocyt — Stabkerniger
	1 Mitose	2 Mitosen	1 Mitose

Wir haben also 3 Interkinesen von 28 und 29¹/₄ Std, im Schnitt 29 Std, vor uns. Da die vier Mitosen durchschnittlich eine Stunde dauerten, berechnet sich die Mitoserate aus dieser Beobachtung nach Formel (7) auf 33‰.

$$MI = \frac{t_m}{t_i + t_m} = \frac{1}{29+1} = \frac{1}{30} = 0{,}0333 = 33‰ . \tag{7}$$

Vergleicht man die Mitoserate oder den beobachteten Mitoseindex mit dem ausgezählten Mitoseindex der Granulopoese der Originalausstriche und den in Parallele angesetzten Kulturen derselben Patientin, ergibt sich folgendes:

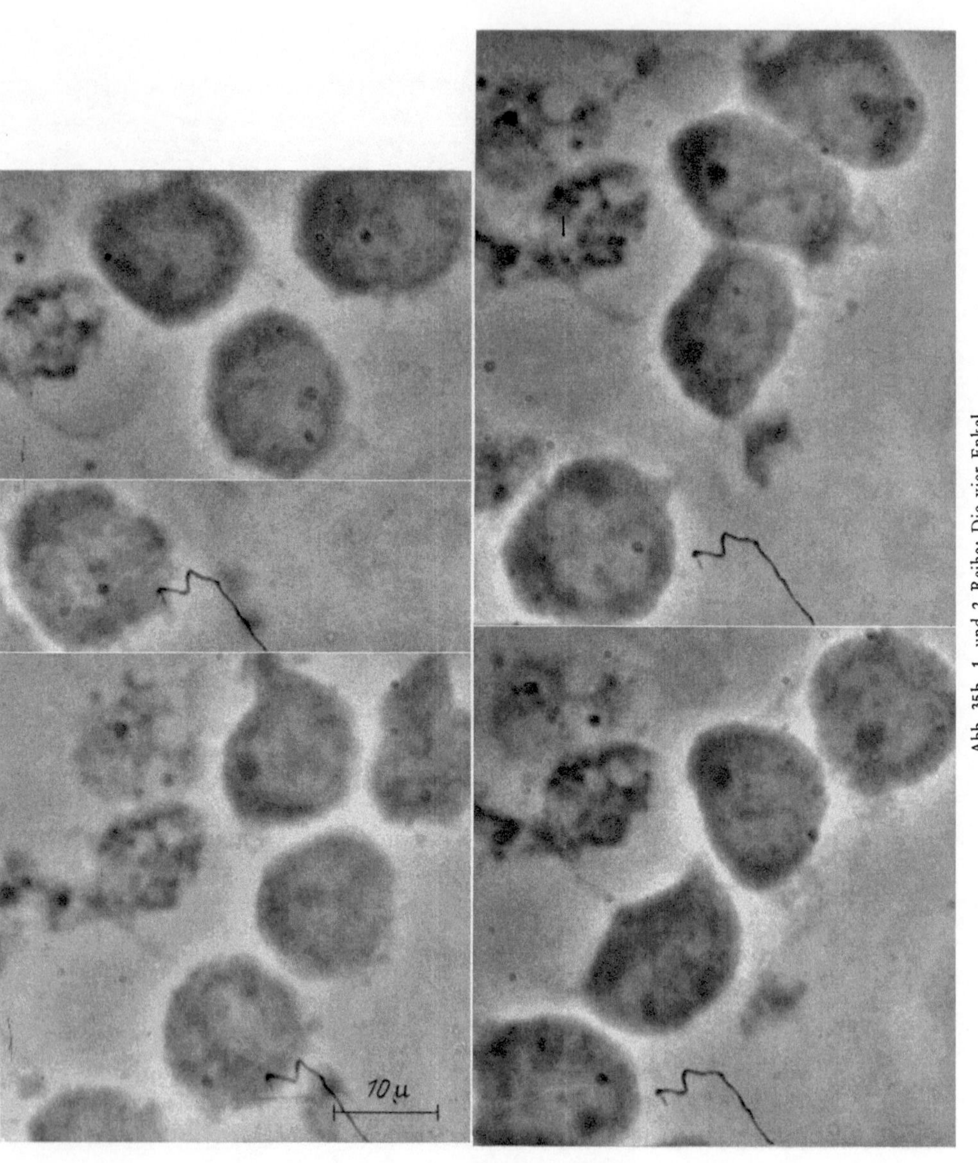

Abb. 35b. 1. und 2. Reihe: Die vier Enkel

Tabelle 4. *Mitoseindices der Granulopoese (Zi. v. 5. 8. 1961)*

Originalausstriche	9,0‰
Kultur nach 48 Std fixiert und gezählt	5,5‰
errechnet nach der Phasenkontrastbeobachtung (s. o.) .	33,3‰

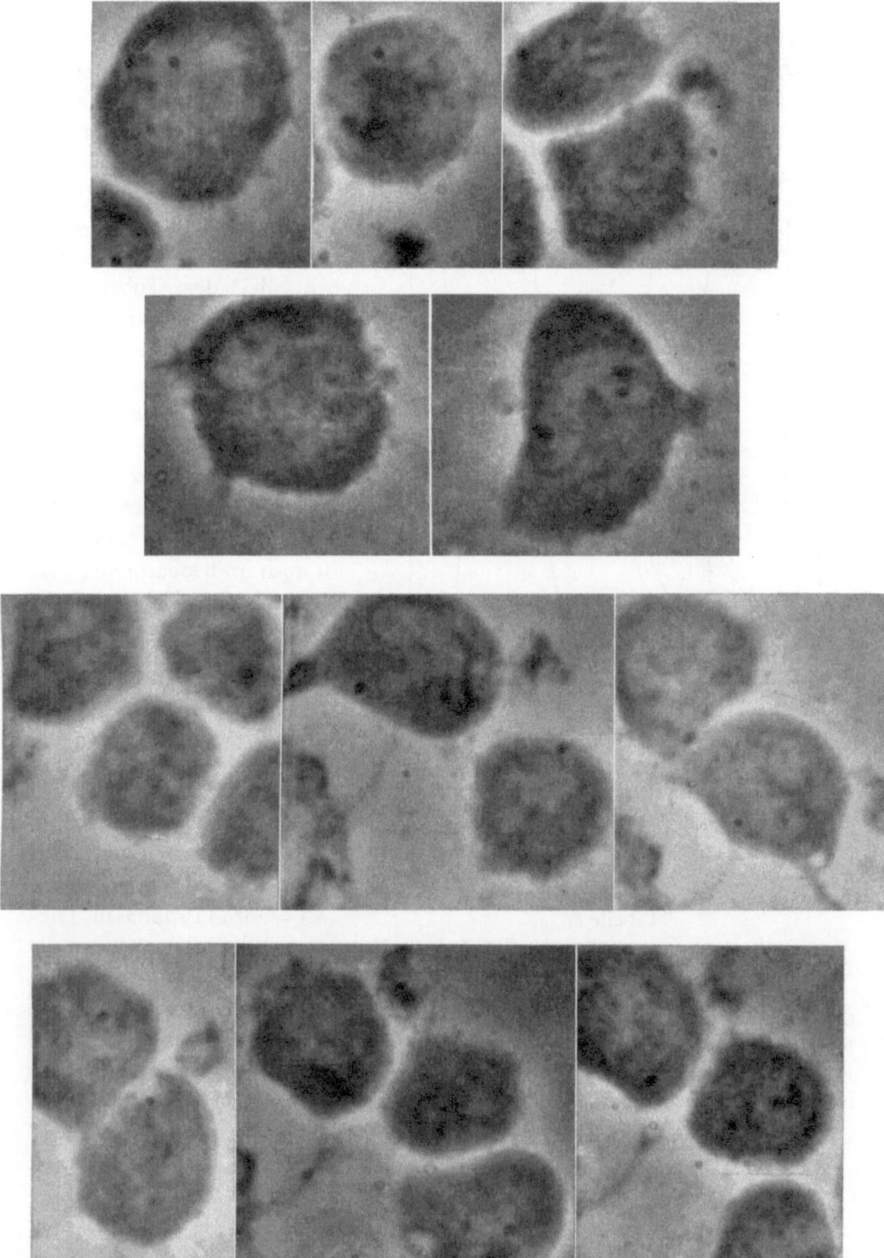

Abb. 35b. 3. Reihe: 1 Enkel in Mitose; 4. Reihe: 2 Enkel als Metamyelocyten; 5. und 6. Reihe: Die beiden Urenkel während der nächsten 7 Std

Da beim Sternalpunktat so wenig Material gewonnen worden war, daß nicht genügend Kulturen angelegt und zu anderen Zeiten fixiert und gezählt werden konnten, sollen die Zählergebnisse einer 4 Wochen vorher durchgeführten Sternalpunktion derselben Patientin zur Beurteilung mit herangezogen werden (Abb. 36 und Tab. 5). Das Krankheitsbild war in dieser Zeit stationär geblieben. Bei der Tuberkulose kommt in der Granulopoese eine besondere Anregung zur Reifung mit Überwiegen der Metamyelocyten und Mitosen vorwiegend bei den Myelocyten vor, ein reifes neutrophiles Mark nach ROHR, MEISSNER, LABENDZINSKI. So ist auch im beobachteten Fall Zi. nach dem Zellverhältnis der Abb. 36 das normale Gleichgewicht zugunsten der reiferen Vorstufen verschoben.

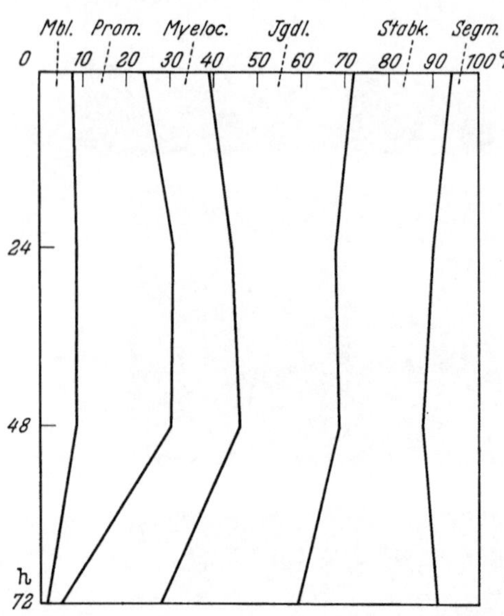

Abb. 36. Graphische Darstellung der Prozentzahlen der Reifungsstufen der Granulopoese in vitro, zeitgerecht aufgetragen, gezählt aus fixierten Kulturen Fall Zi. vom 4. 7. 1961, wenig angeregte Granulopoese. Mbl. = Myeloblasten, Prom. = Promyelocyten, Myel. = Myelocyten, Jgdl. = Jugendliche, Stab. = Stabkernige, Segm. = Segmentkernige

Sowohl im sofort fixierten Knochenmark als auch in den Kulturen wurden je 29 Mitosen differenziert, in beiden Fällen waren davon 14 (= 48%) Prophasen. Dieses spricht nach BEGEMANN und HEMMERLE für eine z. Z. in der Proliferation angeregte Granulopoese. Nach 24 Std und 48 Std handelte es sich vorwiegend um Myeloblasten- und Promyelocytenmitosen, nach 72 Std vorwiegend um Myelocytenmitosen, entsprechend auch der Verschiebung der Zellanteile zugunsten der reiferen Vorstufen (Abb. 36) im Sinne der Ausreifung in Kultur. Normalerweise verteilen sich die Mitosen der Granulopoese nach ROHR zu 25% auf Promyelocyten, 50% auf halbreife und 25% auf reife Myelo-

Tabelle 5.
Mitoseindices der Granulopoese (Zi. v. 4. 7. 1961) (je 1000 teilungsfähige Granuloblasten gezählt)

Originalausstriche	26,5‰
Kulturen nach 24 Std fixiert	10,5‰
Kulturen nach 48 Std fixiert	9,5‰
Kulturen nach 72 Std fixiert	9,0‰
Kulturen im Durchschnitt	9,7‰

cyten. Wir fanden im Originalknochenmark von den Granuloblastenmitosen durchschnittlich 26% bei der Reifungsstufe Myeloblasten, 26% bei den Promyelocyten und 48% bei den Myelocyten. In dem hier geschilderten Fall (Zi.) war das Verteilungsverhältnis der Mitosen 32,7 : 18,2 : 49,1%.

Durch die zeitlich vorhergehende Versuchsreihe der Tab. 5 wird der Unterschied zwischen dem gezählten und dem aus der Beobachtung in vitro errechneten Mitoseindex zwar abgeschwächt, weil sich der aus dem Sofortausstrich (26,5‰) gezählte Mitoseindex der beobachteten Mitoserate von 33‰ erheblich nähert, aber auch hier zeigen die Kulturen einen erniedrigten Mitoseindex. So liegt unter Kulturbedingungen in beiden Punktaten eine Erniedrigung des gezählten Mitoseindex (Tab. 4 und 5) vor, obgleich wir üblicherweise, besonders nach 24 bis 36 Std, eine Erhöhung des Granuloblasten-Mitoseindex feststellen (von 14 auf 15‰). Zum Vergleich mit den beobachteten Interkinesezeiten wird wohl am besten der gezählte Mitoseindex von 9 bzw. 9,7‰ wie im zugehörigen Orginalausstrich und in den gut zählbaren fixierten Kulturen von 4 Wochen zuvor, herangezogen. Wir legen also den gezählten Mitoseindex von 9,7‰ zugrunde und bedenken, daß (nach Abb. 36) von 72% teilungsfähigen Granuloblasten 24% Metamyelocyten sind, die sich nach den Ausführungen von S. 34 und S. 89 noch teilen können, da sie zu der vorherigen Myelocyten-Generation gehören. Weil sich aber die Stabkernigen aus Metamyelocyten entwickeln, deren Reifungsstadium nach der letzten Mitose mit 6 bis 20 Std zu veranschlagen ist, bleibt ein Rest von nicht mehr teilungsfähigen Metamyelocyten, den wir grob auf ein Drittel schätzen möchten (2 Interkinesen zu 29 Std, zur Hälfte als Erscheinungsbild Metamyelocyt und 13 Std nicht mehr teilungsfähig). So sind in dem Fall Zi. $\frac{24}{72} = \frac{1}{3}$ der sog. teilungsfähigen Granuloblasten Metamyelocyten und davon ein Drittel doch nicht teilungsfähig, damit erhöht sich der gezählte weiße Mitoseindex auf 10,9‰.

Die Diskrepanz zwischen der aus der Beobachtung errechneten Mitoserate von 33,3‰ und dem Mitoseindex der fixierten Kulturen von 10,9‰ beträgt das 3,05fache und wäre bei der zugehörigen Ansetzung noch doppelt so hoch. An KB-menschlichen Zellstämmen findet FETNER in vitro eine Verdoppelungszeit, die unserer Generationszeit entspricht, von 33 Std. Diese Diskrepanz läßt sich nicht mit einer durch die Beobachtung um das Dreifache verlängerten Mitosedauer erklären, die dann in vivo nicht — wie beobachtet — 60 (s. S. 69), sondern 20 min betragen müßte. Es ist zwar mit einer gewissen Verzögerung der Mitose durch die Belichtung zu rechnen, eine erhebliche Verlängerung erscheint aber bei regelrechter Beendigung der Mitose und andauernder Vitalität der Zellen unwahrscheinlich. Auch lief ein großer Teil der Mitosen weitgehend im Dunkeln ab, da wir wegen des gelegentlich beobachteten verzögerten Mitoseablaufes nur selten und kurz belichteten.

Auf die Kulturbedingungen, wie z. B. den zugesetzten Wuchsstoff Hühnerembryonalextrakt oder O_2-Mangel (LETTRÉ), läßt sich der Mitosereichtum obiger Beobachtung nicht zurückführen, da in den gezählten Parallel-Kulturen keine entsprechende Erhöhung des Mitoseindex, sondern, im

Gegensatz zur allgemein üblichen Mitosevermehrung in vitro, sogar eine Erniedrigung des Mitoseindex vorliegt. Nach den Ergebnissen des stathmokinetischen Tests wäre wahrscheinlicher, daß in vivo und in den dunkel aufbewahrten Kulturen die Generationszeit dreimal länger dauert, also 90 Std.

Durch *planimetrische Messungen* geht aus der Beobachtung Zi. hervor, daß das Zellvolumen durch jede Teilung halbiert wird und die Zellen während der nachfolgenden Interkinese nicht wieder die volle Größe der Mutterzelle erreichen. Um eine Volumenberechnung durchzu-

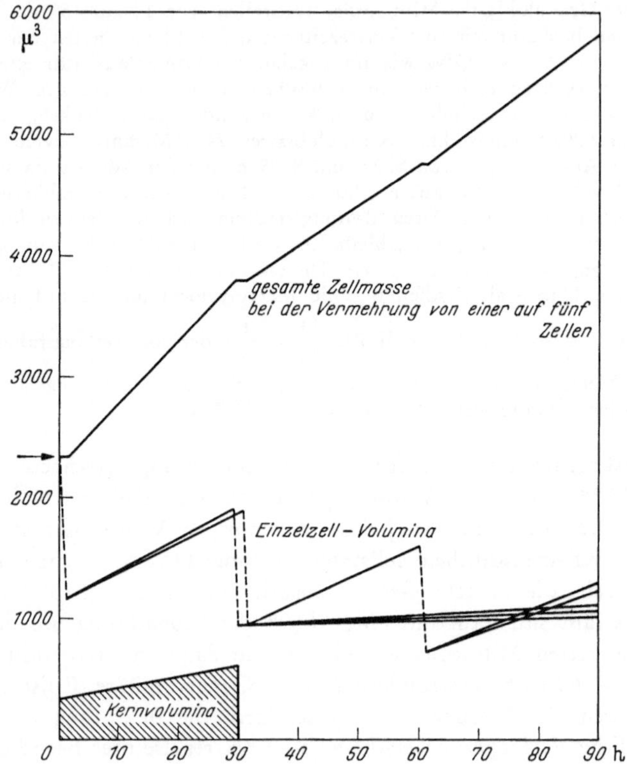

Abb. 37. Zellvolumina der beobachteten ersten Granuloblastenfamilie (Zi.). Graphisch zeitgerecht aufgetragen

führen, müssen die Zellen im möglichst abgerundeten Stadium gemessen werden, das ist nach unseren Beobachtungen das Stadium der Metaphase und der Rekonstruktionsphase und noch die erste Zeit nach der Kernrekonstruktion.

Tragen wir unsere planimetrisch errechneten Volumina — z. Z. der Abkugelung während der Mitose — zeitgerecht in ein Koordinatensystem ein (Abb. 37), dann können wir der Darstellung entnehmen, daß die Einzelzellvolumina von Generation zu Generation um ein Sechstel abnehmen, während jede Zelle im Verlauf der Interkinese um etwa zwei Drittel wächst, so daß sich in den 30 Std einer Generationsfolge auch die gesamte Zellmasse um zwei Drittel vermehrt hat. Innerhalb von 3 Tagen also ist in vitro die gesamte Zellmasse auf mehr als das Doppelte angewachsen. Die gemittelten planimetrierten Meßwerte der einzelnen Zellen sind unter „Flächen" der Tab. 6 aufgetragen. Die Volumina und Durchmesser sind daraus errechnet. Die Zellen sind jeweils von der Größe, die noch im abgerundeten Stadium während der Rekonstruktionsphase gemessen wurde, auf die Größe, die während der nächsten Metaphase gemessen werden konnte, angewachsen.

Tabelle 6. *Meßgrößen der Zellen der 1. Familie Zi.*

Granuloblasten-Generation	Volumina (μm^3)		Flächen (μm^2)		Durchmesser (μm)	
	Rekonstruktions-phase	Meta-phase	Rekonstruktions-phase	Meta-phase	Rekonstruktions-phase	Meta-phase
Promyelocyt	—	2400	—	220	—	16,5
unreifer Myelocyt	1200	2000	135	190	14	16
reifer Myelocyt	1000	1700	120	170	13	15
Metamyelocyt	850	—	110	—	12	—

So sind wir bei den Granuloblasten nicht berechtigt, von Reife- oder Succedanteilungen im Sinne WEICKERs zu sprechen, der Teilungen ohne Massenzunahme meint. Der Ausdruck *Reifeteilung* ist in anderem Sinne für die isoheteroplastischen Teilungen der Granulopoese verwendbar, da sich offensichtlich Reifung und Teilung immer abwechseln und im Colchicin-Versuch durch Hemmung der Teilungen auch die Reifung beeinträchtigt wird (Abb. 38).

Nach planimetrischen Messungen nehmen auch die Kerne während der ersten beiden Interkinesen volumenmäßig um etwa $^3/_4$ (Abb. 37), in der dritten Interkinese um das 3fache zu. Die letzte Kernzunahme scheint nicht real zu sein, da sie sich nicht mit den anderen Meßwerten in Einklang bringen läßt. Der Kern muß sich hier besonders flach ausgebreitet haben. Für die Berechnung der Kernvolumina muß sowieso eine Einschränkung gemacht werden, da die Kerne nicht in kugelähnlicher Form gemessen werden, vielmehr aus mehreren unregelmäßigen Begrenzungen Mittelwerte gebildet werden müssen. Während der ersten beiden Interkinesen bleibt aber die Kernplasmarelation dieselbe: Die Kerne vergrößerten sich planimetrisch von im Mittel 59 μm^2 auf 87 μm^2, also um 48%, entsprechend einer volumetrischen Vergrößerung um 79% (von 343 auf 610 μm^3). Der gleichzeitige Cytoplasmazuwachs betrug planimetrisch 49,6% (von 135 μm^2 auf 202 μm^2) und volumetrisch 79,8% (von 1190 auf 2140 μm^3).

Bei den beobachteten Granuloblasten-Generationen muß man von *heteroplastischen Teilungen* sprechen, da sich die Zellen verkleinern und mehr Reifungsmerkmale aufweisen. Aber man kann aus der verminderten

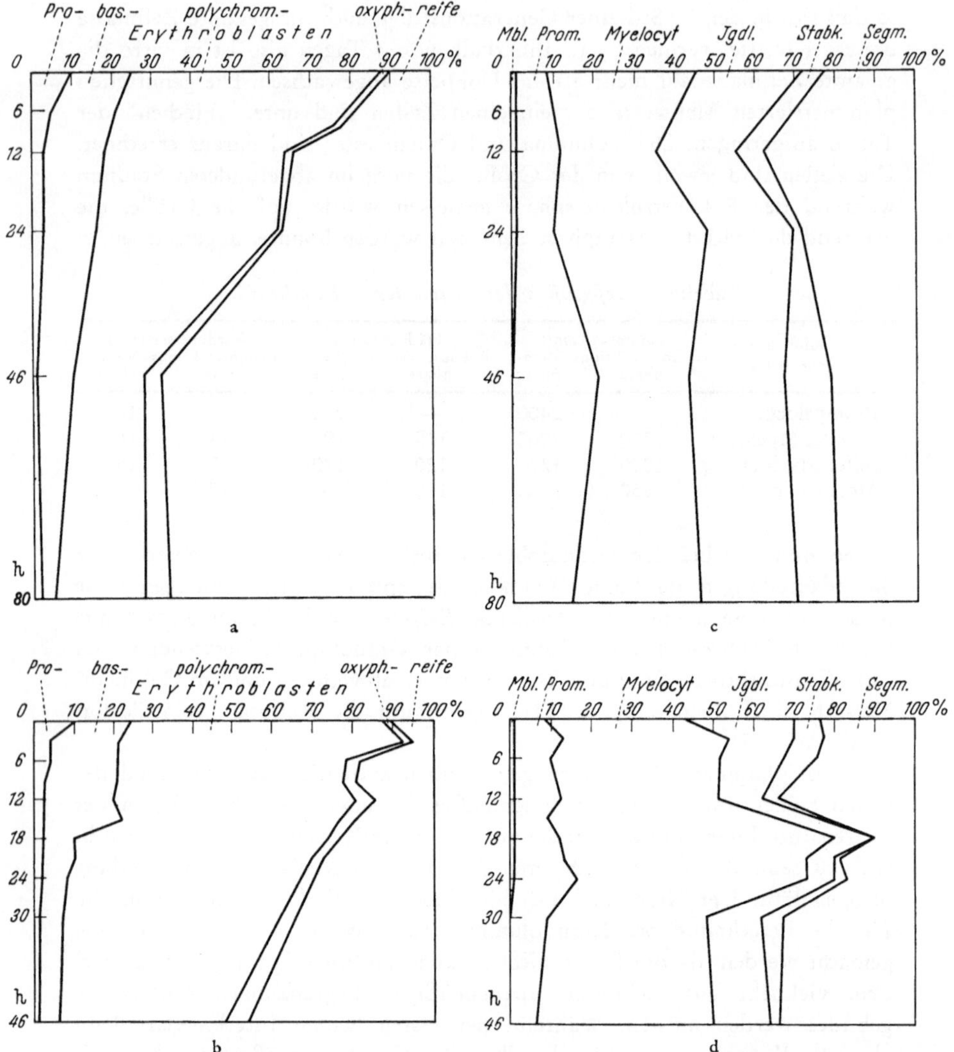

Abb. 38 a—d. Graphisch zeitgerecht aufgetragene Zählergebnisse der fixierten Kulturen eines Sternalpunktates bei Blutungsanämie (Li.) mit und ohne Colchicin-Zusatz. Proerythrobl. = Proerythroblasten, bas. Erthbl. = basophile Erythroblasten, polychr. Erythrobl. = polychrome Erythroblasten, oxyph. Erythrobl = oxyphile Erythroblasten, reife Erythrobl. = reife Erythroblasten. Granulopoese wie bei Abb. 36, S. 72. a) angeregte Erythropoese; b) angeregte Erythropoese unter Colchicin-Zusatz; c) normale Granulopoese; d) normale Granulopoese unter Colchicin-Zusatz

Kerngröße nicht wie WEICKER auf einen hypoploiden Chromosomensatz schließen, weil eine Verminderung des Heterochromatins ohne Veränderung des Chromosomenbestandes vorkommt. Selbst eine mangelnde DNS-Verdoppelung während der Interkinese erlaubt noch keine Rückschlüsse auf das Vorliegen einer Hypoploidie. Andererseits erreichen die Kerne während der Reifeteilung auch nicht wieder die volle Größe der Mutterkerne, was etwa dem von HALE festgestellten Abfall des DNS-Gehaltes um 10% vom teilungsfähigen Myelocyten zum Metamyelocyten entsprechen könnte. GONZALEZ-GUZMAN (in HEILMEYER-HITTMAIR) gibt eine hochgradigere Kernverkleinerung während der Granuloblastenreifung an (s. a. GARCIA).

Bezüglich der DNS-Verdoppelungsphase (S-Periode) ist von Interesse, daß keine Periode der Interkinese festgestellt werden kann, in der die Größenzunahme der Kerne besonders augenfällig ist, sie erscheint vielmehr kontinuierlich, wie es auch durch die UV-Absorptionsmessung des DNS-Gehaltes schon festgestellt wurde. Übrigens findet PRESCOTT bei Amöben keine Übereinstimmung von Kernwachstum und DNS-Verdoppelung; die Kerne wachsen in den ersten Stunden vor und nach der Mitose stark, dazwischen langsamer, während die Amöbe als Ganzes, außer während der letzten Stunden des Zellcyclus, gleichmäßig wächst.

Im Hinblick auf die Kern-Größenmessungen (LEIBETSEDER, WEICKER, LENNERT u. a.) sind die Kernveränderungen während der Interkinese von Bedeutung, da die aus den Messungen entwickelten Theorien auf einer Konstanz der Kerngrößen in jeder Generation fußen, die offensichtlich nicht vorliegt. Die Kurvengipfel der Häufigkeitsverteilung könnten höchstens mit den Kerngrößen vor der Mitose (G_2-Periode LAJTHAS) erklärt werden, das rhythmische Wachstum der Kerne entfällt.

Wohl das wichtigste Ergebnis aus unserer Beobachtung Zi., das nicht durch die experimentellen Bedingungen beeinflußt sein kann, ist die gleichförmige Weiterentwicklung aller aus einer Mitose hervorgegangenen Tochterzellen, die *Isoheteroplasie.* Während der ersten beiden Interkinesen erschienen die Tochterzellen je nach Lage des Kernes einmal wie reife Myelocyten, ein andermal wie Metamyelocyten (Abb. 35), beide reiften aber gleichmäßig weiter. Die Zell- und Kerngröße nahmen bei beiden Geschwisterzellen in gleicher Weise zu. Nach der zweiten Mitose erschienen die 4 Enkelzellen vorwiegend wie Metamyelocyten, bekamen nach mehreren Stunden Bewegungsform, später wandelten sich die Kerne stabförmig um. Eine der Zellen teilte sich noch einmal, es kann aber nicht ausgeschlossen werden, daß auch eine zweite der 4 Enkelzellen eine Teilung vollzog, da sie sich lebhaft fortbewegten (Bewegungstyp III nach RIND) und nicht mehr sicher von anderen Zellen zu unterscheiden waren.

Für die Beobachtung, daß die beiden Tochterzellen einer Mitose in gleicher Weise weiter reifen — *Isoplasie* —, haben wir außer der geschilderten Zellfamilie Zi. noch weitere Beweise. Bei derselben Beobachtung Zi. waren

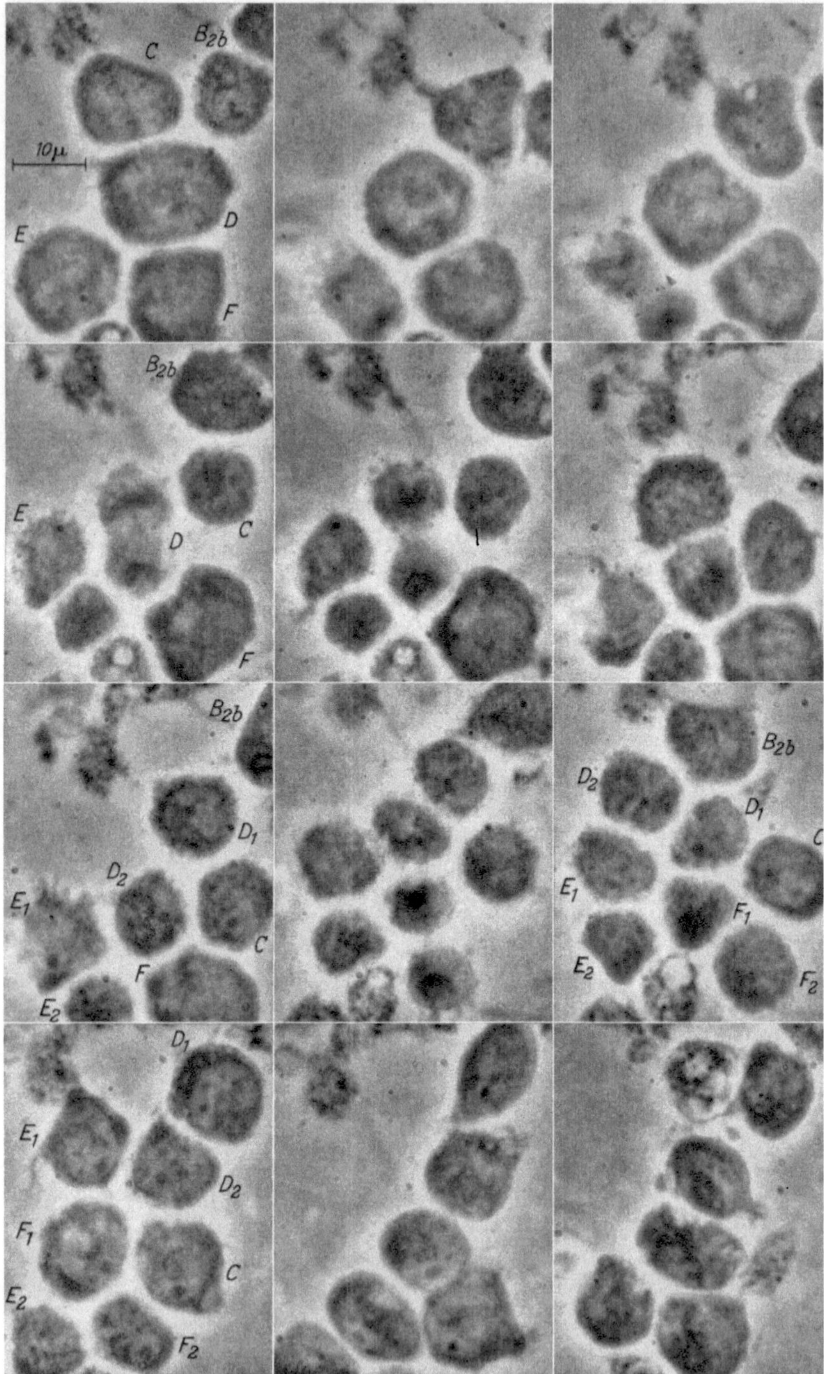

Abb. 39. Zweite Familie der Beobachtung Zi. vom 3.—5. Kulturtag. 1. Reihe: Die vier Enkelzellen sind auf der 1. Abb. mit C—F bezeichnet. Zuerst macht die Zelle E eine Teilung durch; 2. Reihe: Zelle D in Mitose; 3. Reihe: Zelle F in Mitose; 4. Reihe: Die 6 Urenkelzellen und die eine nicht mehr geteilte Enkelzelle C. Alle Zellen sind bis zu ihrer Lyse nach 48 Std weiter verfolgt. Phasenkontrastfilmbilder

neben der beschriebenen Familie 4 Enkelzellen einer anderen Familie vorhanden, von denen 3 in je 3stündigem Abstand Mitosen bildeten, wonach die 6 Urenkelzellen und die eine nicht mehr geteilte Zelle innerhalb der nächsten 2 Tage (dem 4. und 5. Kulturtag) zu Stabkernigen oder Segmentkernigen ausreiften (Abb. 39). Weiterhin sahen wir in einer Kultur, der Radiophosphor zugesetzt war, 2 Granuloblasten-Mitosen im Abstand von etwa einer halben Stunde nebeneinander ablaufen (Abb. 40). Es kamen auch in verschie-

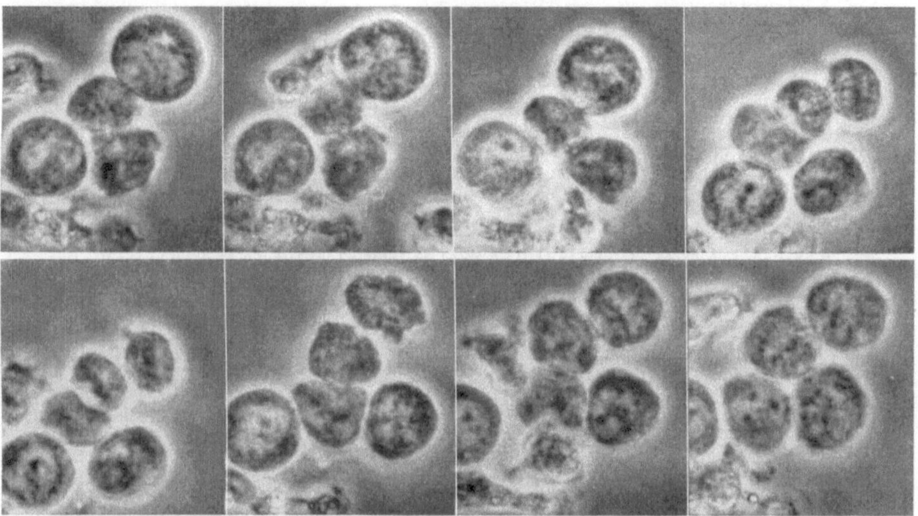

Abb. 40. Zwei nebeneinander im Abstand von 0,5 Std ablaufende Granuloblastenmitosen. Phasenkontrastfilmbilder

denen anderen Knochenmarkansätzen dicht nebeneinander ablaufende Mitosen bei isomorphen Zellen vor, die wegen ihrer Ähnlichkeit als Geschwister angesehen werden müssen. Diese Zellen hatten sich während der ganzen Interkinesezeit gleichermaßen entwickelt, eine isoheteroplastische Teilung durchgemacht. Die Weikersche Annahme, daß nach jeder Mitose eine Tochterzelle reift, eine im Stadium der Mutterzelle verharrt (hemiheterohemihomoplastische Teilung), bestätigte sich in der Granulopoese nicht. Auch die noch einmal in Mitose gehende Enkelzelle der ersten Familie Zi. (Abb. 35 b) kann nicht im Sinne einer hemihomo-hemiheteroplastischen Teilung verwertet werden.

Da nach unseren Beobachtungen die von den Statistikern (Osgood, Weicker, Patt u. a.) geforderte homo-heteroplastische Teilung abgelehnt werden muß, bietet sich zwangsläufig eine bessere Erklärung für die Diskrepanz von beobachteter Mitoserate zu gezähltem Mitoseindex an: neben der sich schnell teilenden und reifenden isoheteroplastischen Granuloblastenpopulation ist — wie beobachtet — noch eine langsam wachsende und nicht reifende isohomoplastische vorhanden. Unter dieser Voraussetzung ist die eben geschilderte Beobachtung in vitro auf die Vorgänge in vivo übertragbar. Im allgemeinen finden wir bei der Lebendbeobachtung auch keine Mitosehäufung, die einer Mitoserate von 33‰ entspricht; nämlich jeden 30. teilungsfähigen Granuloblasten in Mitose. Durch planimetrische Auswertung der Filmbilder von 6 Ruhegranuloblasten, die 6 bis 22 Std verfolgt worden waren, fanden wir auch nur einen davon wachsend, später noch phagocytierend, die anderen 5 ohne eindeutige Größenzunahme. Auch bei 12 Tochterzellen von 6 Mitosen, die 4—18 Std ausgewertet werden konnten, war kein Zellwachstum während der Beobachtungszeit festzustellen. So konnte mit derselben Untersuchungsmethode bewiesen werden, daß in vitro mehr ruhende als wachstumsfreudige Granuloblasten vorkommen.

Theoretisch ist vorstellbar, daß die ruhenden Granuloblasten mit isohomoplastischer Teilung eine ebenso geringe Wachstumsaktivität haben wie die besonders inaktiven Leberzellen. Die nicht regenerierende Leber des Erwachsenen hat sehr niedrige Mitose- und Markierungsindices [bei der Ratte *MI* 1,7‰ (Carriere), 0,3‰ (Daoust) und I_S 0,2% (Daoust), 4% (McDonald), 3—7,5% (Carriere), bei der Maus I_S 0,8% (Baserga)]. Nach einer Teilhepatektomie setzt schnell eine Zellvermehrung ein.

Bei der Annahme, daß der Mitoseindex der ruhenden isohomoplastischen Granuloblastenpopulation sich gegen unendlich nähert und vernachlässigt werden kann, kommen in dem beobachteten Punktat (Zi.) auf einen isoheteroplastisch reifenden Granuloblasten zwei ruhende (s. S. 73). Der Anteil der beiden morphologisch nicht zu unterscheidenden Zelltypen schwankt vermutlich ständig und wird je nach Bedarf humoral oder nerval gesteuert. Deswegen möchten wir für die Granulopoese die schematisch in Abb. 41 dargestellte Vermehrungsart postulieren: Es gibt ruhende, sich isohomoplastisch vermehrende Granuloblasten, die Cowdrys vegetative intermitotics und Osgoods α-2α-Zellen entsprechen; daneben reifende, sich isoheteroplastisch vermehrende Granuloblasten, die Cowdrys differentiating intermitotics und Osgoods n-2n-Zellen entsprechen, und von einem gewissen Stadium ab nur noch ausreifende Granulocyten, die sich nicht mehr teilen, Osgoods n-Zellen und Cowdrys postmitotics entsprechend.

Es ist anzunehmen, daß die ruhenden Granuloblasten nach der Teilung überhaupt nicht reifen, sondern weiterhin die gleichen Eigenschaften der Mutterzelle besitzen, also Myeloblasten, Promyelocyten oder Myelocyten bleiben (sog. isohomoplastische Mitosen). Für die unreifsten Zellen, die Myeloblasten, ist ja schon von Rohr u. a. vermutet worden, daß sie nur notfalls zur Bildung von Granulocyten herangezogen werden, und daß ohne besondere Anforderung an das Knochenmark die Ausreifung von Promyelocyten ausgeht. Auch mit dem „primitive progenitor pool" nimmt Cronkite die Ausreifung der Myeloblasten nur für den Notfall an. Fieschi und Sacchetti halten sogar erst den Myelocyten für die Vorstufe der meisten Granulocyten, somit auch die Promyelocyten für vorwiegend ruhend, sich isohomoplastisch teilend.

Die hypothetische „Stammzelle“ CRONKITES, LAJTHAS u. a. ist vermutlich mit unseren ruhenden Granuloblasten identisch, wie die „Stammzellen“

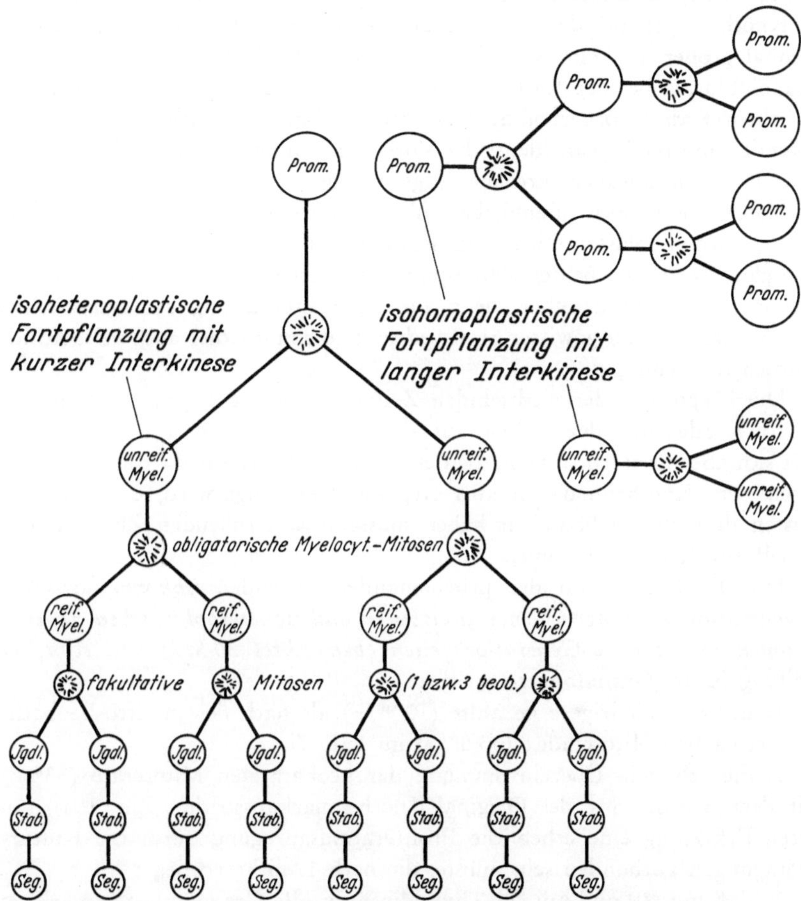

Abb. 41. Reifende isoheteroplastische und ruhende isohomoplastische Granulopoese (schematisch)

der Milzkolonien McCULLOCHS und LEWIS' auch u. a. Granuloblasten sind. Der ruhende Zellanteil kann durch wiederholte kleine Röntgenbestrahlungen zur Reifung und zur Erschöpfung gebracht werden (LAJTHA u. a.). Schon durch CRADDOCKS Leukophereseversuche an Hunden stellte sich die große Zellreserve heraus, die erst durch zusätzliche Bestrahlungen vermindert werden konnte. Die geringere Empfindlichkeit des Rattenknochenmarkes gegenüber einzeitiger subletaler Röntgenbestrahlung als das Knochenmark des Hundes und Menschen — von BOND als Ausdruck einer größeren „Stammzell"-Reserve angesehen — läßt sich durch einen größeren Anteil ruhender teilungsfähiger Granuloblasten im Ratten-Knochenmark (50%), gegen den Hund (16%) und Mensch (30%) erklären (HULSE, REKERS, ROHR, PATT). Darüber hinaus ist der Anteil der gesamten Granulopoese im Knochenmark bei der Ratte sogar viermal größer als beim Hund und dreimal größer als beim Menschen, wodurch sich die Reserve an ruhenden Granuloblasten bei der Ratte weiter erhöht. Die Annahme, daß es sich bei der theoretisch geforderten Stammzellenpopulation um ruhende, mit den reifenden morphologisch identische Vorstufen handelt, sollte noch mit weiteren Untersuchungsverfahren bestätigt werden.

Vorerst muß noch offenbleiben, ob die Reifungszeit bei allen reifungsaktiven Granuloblasten etwa gleich ist oder auch schwankt, ob also fließende Übergänge zwischen beiden Zellpopulationen bestehen. Ein völlig inaktiver Zellanteil ist nicht denkbar, denn zur Aufrechterhaltung der arttypischen Eigenschaften ist ein gewisser Stoffwechsel und somit sicher auch gelegentlich Mitosen notwendig.

Die Hypothese der wechselnden Zellpotenz wirkt wegen der morphologischen Identität der Zellen auf den Cytologen zunächst verwirrend, läßt sich aber insofern stützen, als der unterschiedlichste Bedarf an Granulocyten vom Knochenmark in kürzester Zeit befriedigt wird, die Granuloblasten deshalb die Fähigkeit haben müssen, vom ruhenden Zustand sehr schnell zur Reife zu kommen.

Für die Konzeption der nebeneinander laufenden *isohomoplastischen Regeneration mit langen Generationszeiten und isoheteroplastischen Regenerationen mit kurzen Generationszeiten (beobachtet 30 Std) und schneller Reifung in der Granulopoese* spricht:

1. der viel niedrigere gezählte (10,9‰) als nach der in vitro-Beobachtung erwartete Mitoseindex (33,3‰) im Fall Zi.;

2. die fehlende Übereinstimmung der beobachteten Mitoserate (33‰) mit dem Mitoseindex des Original-Knochenmarkausstriches Zi. (9‰), zu deren Erklärung eine erhebliche Proliferationsanregung durch die Kulturbedingungen vorhanden sein müßte, die nach 1. nicht vorliegt;

3. daß mit ^{32}P und mit ^{3}H-Thymidin nicht alle Granuloblasten markiert werden, demnach morphologisch identische, funktionell ruhende Zellen neben den aktiven vorkommen müssen, also nur die reifenden isoheteroplastischen Vorstufen markiert werden;

4. daß mit ^{3}H-Thymidin nicht mehr als 75% der granuloblastischen Mitosen markiert werden, während es am Darmepithel und bei Tumoren 100% sind, also ein Teil der Granuloblasten während der Markierungszeit keine DNS synthetisiert hat;

5. daß beim stathmokinetischen Test nicht alle teilungsfähigen Zellen, sondern nur die teilungsaktiven in der Mitose arretiert werden können. Da

die granuloblastischen Vorstufen nach Colchicin-Zusatz einen erheblich unter dem der Erythroblasten liegenden Mitoseindex (MI_C) — bis 200‰ gegenüber 300‰ — erreichen, muß der Übergang an inaktiven, nicht teilungsbereiten Zellen größer sein als in der Erythropoese. Auch durch Xanthopterin, das in der Granulopoese eine stärkere Mitoseanreicherung als Colchicin bewirkt, werden nicht mehr als ein Fünftel aller Granuloblasten gehemmt;

6. die fehlende Übereinstimmung unserer Beobachtung in vitro mit dem Weickerschen Schema, nach dem bei gleicher Generationsfolge (1 Promyelocyten- und 2 Myelocytenmitosen) die Interkinesezeit der Granuloblasten 48 Std, die Reifung der Myelocyten 96 bis 136 Std betragen soll. Da WEICKERS Berechnungen auf Zählungen fixierter Knochenmarkpräparate und dem vermutlichen Verbrauch an Granulocyten (s. a. S. 13) beruhen, ist die Diskrepanz zur in vitro beobachteten Generationszeit durch den inaktiven, ruhenden Granuloblastenanteil hervorgerufen;

7. nicht zuletzt die große biologische Reserve an granulopoetischen Vorstufen bei Entzündungen u. a.

Der Mitose-Index zeigt also in der Granulopoese nicht die Dauer der Interkinese oder der Generationszeit, sondern das Verhältnis der reifenden zu den ruhenden Granuloblasten an.

e) Reifung der Granulocytopoese

Während der Reifung, auch Differenzierung genannt, ändern sich in der Granulopoese

I. die Zellgröße,

II. die Kerne in Form, Struktur und Größe,

III. das Cytoplasma in der Grundsubstanz, den Mitochondrien, den Granula, im Golgiapparat, mit Einschlußkörperchen und Vacuolen u. a.,

IV. die Kinetik von Zellteilen und die Motilität der ganzen Zelle.

Die heute allgemein gültige Annahme (HEILMEYER, SCHULTEN, NAEGELI, TISCHENDORF, ROHR, LEITNER, WINTROBE, OSGOOD, STOBBE, RIND u. a.), daß die aufeinanderfolgenden Reifestadien des Myelons

Myeloblast
Promyelocyt
Myelocyt
Metamyelocyt = Jugendlicher
stabkerniger Neutrophiler und
segmentkerniger Neutrophiler

sind, läßt sich nach den obigen Gesichtspunkten betrachten, ist aber nach GROODT u. a. noch nicht bewiesen. Bei der Reifung vom *Myeloblasten* zum

Promyelocyten (Abb. 48, 2) vergrößert sich die Zelle mehr als der Kern — von 1 : 1,4 auf 1 : 3 —, der gröber strukturiert wird. Es entstehen azurophile und peroxydasepositive Granula, die eine lebhafte Kinetik zeigen. Eine nennenswerte Motilität besteht beim Promyelocyten noch nicht.

Bei der Reifung zum *Myelocyten* (Abb. 1 und 2) werden Zelle und Kern kleiner, das Cytoplasma verliert seine Basophilie, es entstehen neutrophile Granula. Die Zelle enthält nun auch gelegentlich phagocytierte Bestandteile oder Vacuolen. Die Mitochondrien sind im Phasenkontrastpräparat nicht mehr auszumachen. Die Zellmotilität nimmt deutlich zu, ist aber noch nicht zielgerichtet (Bewegungstyp I nach Rind). Das Kernplasmaverhältnis bleibt mit 1 : 3 planimetrisch dasselbe.

Beim Übergang zum *Metamyelocyten* (Abb. 1 und 2) wird der Kern eingebuchtet. Wie beim reifen Myelocyten ist kein Golgiapparat und kein Archoplasma, mit Sicherheit auch kein Nucleolus mehr zu erkennen. Die Motilität ist lebhafter und schon zielgerichtet (Lokomotion).

Die Reifung zum *Stabkernigen* (Abb. 1 und 2) ist an der Verschmälerung des Kernes, der Dichtezunahme seiner Struktur sowohl im Pappenheimgefärbten als auch im Phasenkontrastpräparat kenntlich, im letzteren vor allem an der geänderten Zellmotilität. Die Zelle bildet nunmehr granulafreie flottierende Membranen, in die nachträglich die Granula einströmen, auch der Kern ist sehr verformbar und ändert seine Gestalt äußerst schnell. Die Zelle bewegt sich in einer allerdings häufig wechselnden Richtung fort (Bewegungstyp II und III nach Rind) und schleppt meistens einen mit phasenpositiver Substanz gefüllten Cytoplasmabürzel nach. Der Stabkernige phagocytiert häufiger und hat öfter Vacuolen als die unreiferen Vorstufen.

Der *Segmentkernige* (Abb. 1) unterscheidet sich vom Stabkernigen nur noch durch die Kernsegmentierung. Er ist in der Knochenmarkkultur häufiger bisegmentiert als im Ausstrich. Da sich der Kern bei seiner Bewegung nicht nur im ganzen streckt und zusammenzieht, sondern auch seine Masse innerhalb der Membran wie in einem Sack fortwährend anders verteilt, gleichen sich die fadenförmigen Brücken immerfort wieder aus und entstehen an anderer Stelle neu. Deshalb fällt an der vitalen Zelle die Unterscheidung, ob ein Stab- oder Segmentkerniger vorliegt, oft schwer. Erst bei der Fixierung scheiden sich die Segmente voneinander ab.

Im Laufe seiner Reifung verliert der Granulocyt — ähnlich wie der Erythrocyt — einige wichtige zellspezifische Eigenschaften: die Nucleolen, die Mitochondrien und den Golgiapparat und damit seine Teilungsfähigkeit, der Kern wird dichter und kleiner. Das Cytoplasma erwirbt typische neue Eigenschaften: die spezifische Granulation, die Fortbewegungs- und Phagocytose-Fähigkeit (Metschnikoff). Die phagocytierten Fremdstoffe können offensichtlich verdaut werden. Die Reifung läßt sich in eine solche zwischen den Mitosen und solche nach der letzten Mitose einteilen (α- bzw. n-Zellen Osgoods).

Es bleibt zu erörtern, insbesondere nachdem wir die homoheteroplastische Fortpflanzung ablehnen müssen, ob die Reifung wirklich nach bisherigen Vorstellungen abläuft, wie sie u. a. das Weickersche Schema zeigt. Schon im fixierten Präparat sowie elektronenmikroskopisch (CAPONE) finden sich Übergänge zwischen den einzelnen Zellvorstufen und gelegentlich eine Dissoziation der Kern-Plasma-Reifung. Nach Ausstrichen von in der Regenerationsphase häufig Knochenmark-punktierten Agranulocytosen ist die Differenzierung in großen Zügen wohl dieserart anzunehmen. Auch die Cytogenese des Embryos zeigt zuerst die unreiferen Formen und einen Monat später (Mens III) die reifen Neutrophilen auf (KNOLL). Die Angaben, die mit verschiedenen experimentellen Verfahren, einschließlich der Kernstoffwechselmarkierung mit Isotopen, gewonnen wurden, haben keine abweichende Konzeption von dem obigen Reifungsschema der Granulopoese gebracht. Nur geht die Leukopoese in der Norm nicht vom Myelocyten, sondern nach ROHR u. a. vom Promyelocyten, nach FIESCHI u. SACCHETTI vom Myelocyten aus.

Die Beobachtung von Knochenmark-Kurzkulturen mit dem Phasenkontrast-Wärme-Mikroskop ist ein zweckmäßiges Verfahren, um die Umwandlung der Zellen von einer Reifungsstufe zur anderen zu verfolgen, auch wenn die generelle Einschränkung gemacht werden muß, daß die Lebensvorgänge in vitro nicht wie in vivo abzulaufen brauchen. Z. B. nimmt nach 24 Std in vitro in den Granuloblasten und Granulocyten der Gehalt an Glykogen und Lipoiden erheblich ab, der pyroninfärbbare RNS- und Proteingehalt der segmentkernigen Neutrophilen zu (HERTL). Immerhin kann die direkte Betrachtung gegebenenfalls mehr Klarheit bringen als die indirekten Schlüsse aus nacheinander fixierten Präparaten.

Da die Reifungsbeobachtung mehrere Tage erfordert, ist sie technisch viel schwieriger als die Mitosebeobachtung, für die die Zelle nur wenige Stunden im Gesichtsfeld zu bleiben braucht. Deswegen verfügen wir bisher nur über einzelne Ergebnisse, die wir allerdings durch Schlüsse aus kürzeren Beobachtungen untermauern können.

Bei der ersten Beobachtung handelt es sich um das Knochenmark eines 65jährigen Mannes mit M. Bechterew (Ko.), das auf Hühnerplasma, Hühnerembryonalextrakt und Eigenserum kultiviert wurde. Eine granulierte Zelle, die als Myelocyt imponierte, konnte von der 26. Kulturstunde an 4 Tage lang verfolgt werden.

Die Kernform ändert sich in der lebhaften Zelle so, daß sie mehrfach abwechselnd wie ein Myelocyt und ein Metamyelocyt imponierte (Abb. 42, 1. und 2. Reihe). Nach 21 bis 40 Std war ein Stabkerniger entstanden (Abb. 42, 3. Reihe), nach weiteren 15 bis 24 Std ein segmentkerniger Neutrophiler (Abb. 42, 4. Reihe). Der Segmentkernige starb nach 18 Std (insgesamt nach 82 Std) durch lytischen Zerfall, nachdem seine Motilität schwächer geworden war.

Die Beobachtung ergibt, daß die Stadien des Myelocyten und Metamyelocyten keine streng aufeinanderfolgenden sind, daß das Entwicklungsstadium mindestens 21 Std dauerte, daß dieses Stadium des Stabkernigen 24 bis 37 Std anhielt, und daß der Segmentkernige 18 Std lebte, bevor er lytisch zerfiel.

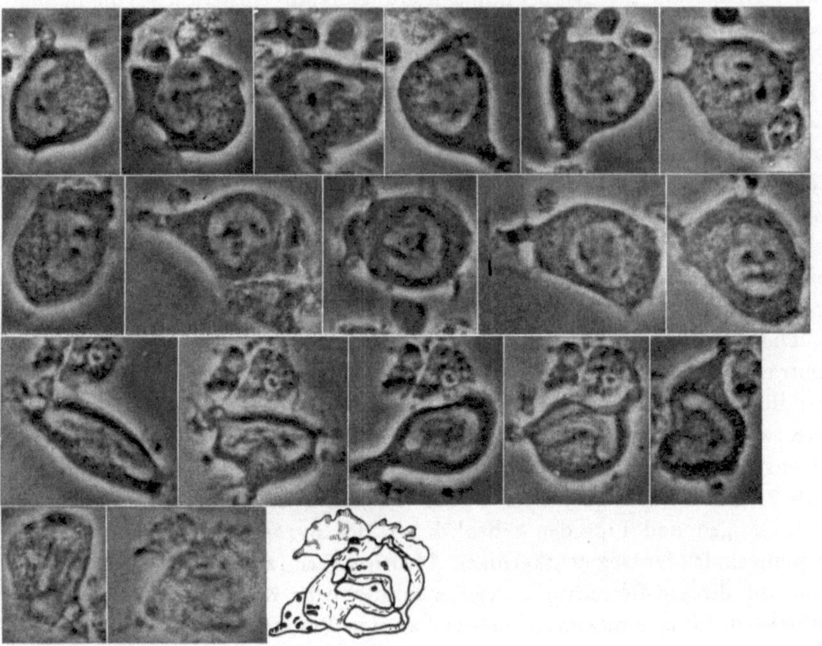

Abb. 42. Reifung eines Granuloblasten nach der letzten Teilung während 4 Tage (Ko.). 1. und 2. Reihe: Myelocyten-Metamyelocyten-Stadium; 3. Reihe: Stadium des Stabkernigen; 4. Reihe: das des Segmentkernigen. Phasenkontrastfilmbilder auf 16-mm-Umkehrfilm

Bei der zweiten Beobachtung handelt es sich um die schon unter „Interkinese" ausführlich beschriebene Knochenmark-Ansetzung einer 71jährigen Frau mit einem tuberkulösen Infekt (Zi.). Das Knochenmark-Punktat wuchs auf einem Medium aus Eigenplasma, Hühnerembryonalextrakt und Hanks-Lösung. Drei Tage lang konnte die Nachkommenschaft eines Promyelocyten verfolgt werden, weitere zwei Tage die einer Nachbarzelle.

Bezüglich der Reifung in der Granulopoese sind der zweiten Beobachtung, die ja nicht nur, wie die erste, eine Reifung nach der letzten Zellteilung, sondern die Reifung schon während des mitotischen Stadiums umfaßt, folgende Tatsachen zu entnehmen:

Der Promyelocytenmitose folgten noch drei Zellgenerationen; jedenfalls war in einem Viertel der Enkelzellen noch eine dritte Mitose vorhanden. In den beiden Zellgenerationen fand auch während der Interkinesen, wie im Anfang der ersten Beobachtung (Ko.), ein Wechsel zwischen dem Myelocyten- und Metamyelocyten-Erscheinungsbild statt (Abb. 35, 2. und 5. Reihe). Wir nehmen deswegen an, daß der „Metamyelocyt" und der reife „Myelocyt" im fixierten Präparat nur zwei Erscheinungsbilder derselben Zelle sind. Der Kern zeigt sich einmal von der stärker, einmal von der schwächer eingebuchteten Seite und formt sich außerdem im Supravitalpräparat schnell um. Die Größen- und Cytoplasmaidentität des Myelocyten und Metamyelocyten im gefärbten Präparat hätten schon längst auf die Möglichkeit hinweisen müssen, daß es sich in Wirklichkeit um dieselbe Zelle handelt.

Die Zellen der zweiten Generationsfolge waren in Cytoplasma und Kern um ein Sechstel kleiner als die der ersten (Tab. 6, Abb. 37). Zell- und Kerngröße nehmen also nach der Beobachtung in vitro — wie es nach fixierten Präparaten angenommen wurde — während der Reifung im teilungsfähigen Stadium ab. Man kann aber von der Zell- und Kerngröße beim Myelocyten nicht auf das Reifestadium, die Generation, in der er sich befindet, schließen, ist die Zelle doch kurz nach der Mitose wesentlich kleiner und während der späteren Interkinese wieder größer. Man kann der Zelle infolgedessen auch nicht ansehen, ob sie sich noch einmal teilen oder nur noch reifen wird.

Nach der letzten Mitose sahen die Zellen nur wie Jugendliche aus und reiften innerhalb von 6 bis 20 Std zu Stabkernigen. Als Stabkernige wurden die Zellen noch einige Stunden beobachtet, bis sie sich infolge des neuerworbenen, zielgerichteten Bewegungsablaufes nach verschiedenen Seiten aus dem Gesichtsfeld entfernten. Einwandfreie Übergänge in Segmentkernige konnten bei dieser Nachkommenschaft bis zum dritten Beobachtungstag nicht festgestellt werden.

Außerdem wurde bei der Beobachtung Zi. eine zweite Zellfamilie von vier Enkelzellen verfolgt, von denen sich drei noch einmal teilten und alle zu Stabkernigen, einige zu Segmentkernigen ausreiften (Abb. 39). Nach den drei Mitosen, die am dritten Kulturtag in 3stündigem Abstand stattfanden, konnten die sechs Urenkelzellen und die eine nicht mehr geteilte Enkelzelle noch 48 Std beobachtet werden, bevor sie lytisch zerfielen (s. S. 79). Bis zur Ausbildung von Stabkernigen vergingen etwa 7 Std nach der letzten Teilung; mindestens 2 Stabkernige wandelten sich nach 30 Std zum Segmentkernigen um, die anderen blieben bis zum Zerfall Stabkernige.

Faßt man beide Beobachtungen (Ko. und Zi.) zusammen, so handelt es sich bei der ersten (Ko.) offensichtlich um eine Zelle, die, ohne sich noch einmal zu teilen, ausreift und damit einer der drei sich nicht mehr teilenden Enkelzellen der ersten Familie der zweiten Beobachtung (Zi.) entspricht. In der zweiten Beochachtung erlangten die Zellen der ersten Familie 30 Std nach der zweiten Mitose eine solche Beweglichkeit, daß sie aus dem Gesichtsfeld wanderten und nicht mehr mit Sicherheit von ähnlichen wandernden

Zellen unterschieden werden konnten. Nur die eine sich noch einmal teilende Enkelzelle wurde mit ihren Nachkommen weitere 8 Std beobachtet. In der zweiten Familie der Beobachtung Zi. konnten sechs Zellen von der mitotischen Entstehung bis zur Ausbildung zum Stab- und Segmentkernigen und eine Geschwisterzelle ohne Mitose über 2 Tage reifend, entsprechend der Beobachtung Ko., verfolgt werden.

Die erste Beobachtung war besonders günstig, da die Zelle — offensichtlich von Gerinnsel eingehüllt — liegenblieb, obgleich sie die für die Reifung charakteristische Motilität aufwies. Welche Zeit zwischen der letzten Mitose und dem Beginn dieser Beobachtung verstrichen ist, muß offenbleiben. Nach dem anfänglichen Aussehen der Zelle ist anzunehmen, daß es einige Stunden waren. Nehmen wir 8 Std an, da wir das wechselnde Myelocyten-Metamyelocyten-Stadium mindestens 21 Std lang beobachteten und dieses Stadium bei der ersten Familie der zweiten Beobachtung über 30 Std dauerte, kommen wir unter Zusammenfassung aller drei Zellfamilien überschlagsmäßig zu einer *Reifungszeit* nach der letzten Promyelocytenmitose einschließlich Lebensdauer des Granulocyten, von

82 Std Reifung (1. Beobachtung und 2. Familie der 2. Beobachtung)
\+ 8 Std (geschätzt nach 2. Beobachtung)
\+ 30 Std erste Interkinese (1. Familie der 2. Beobachtung)

120 Std = 5 Tage.

Dabei wäre anzusetzen:

für das Myelocyten-Metamyelocyten-Stadium mit einer	
obligaten Mitose	30 Std
und einer fakultativen Mitose	30—43 Std
das Stadium des Stabkernigen	24—36 Std
das Stadium des Segmentkernigen	18 Std
zusammen	102—127 Std

Es ist selbstverständlich, daß nach diesen Einzelbeobachtungen von 13 Zellen aus drei Zellfamilien noch keine bindenden Schlüsse über die Zeitverhältnisse aufgestellt werden können, um so weniger, als die Übergänge zwischen den einzelnen Zellvorstufen fließend sind.

Vor allem kann die *Lebensdauer des reifen Granulocyten* von 18 Std in vitro als Einzelbeobachtung — bei den anderen Zeitfixierungen liegen jeweils mehrere Beobachtungen zugrunde — nicht ohne weiteres mit der Überlebenszeit in vivo verglichen werden. In der Kultur bleibt die Zelle am Ort der Entstehung, während sie in vivo vom Knochenmark in den Blutstrom und von da ins Gewebe wandert, wo sie vermutlich eine je nach der Umgebung verschiedene Zeit bis zu ihrem Tode zubringt. Auch in vivo kann man nur von einer mittleren Lebensdauer der Granulocyten mit regelmäßig weiten Streuungen sprechen. FLIEDNER fand im Mittel 15 Std. Stoffwechselstörungen durch die Kulturbedingungen sind bei der erheblichen Motilität der Segmentkernigen sicher von besonderer Bedeutung und beeinträchtigen das Ergebnis der Beobachtungen in vitro bei der Überlebenszeitbestimmung des Segmentkernigen (FREI, ENGEL). In Blutkulturen fand McKINNEY allerdings den mit unseren Angaben übereinstimmenden Wert von einem Tag Überlebenszeit der Segmentkernigen. Setzt man Leukocytenkulturen aus dem peripheren Blut mit Phytohämagglutinin an, verschwinden innerhalb von einem Tag die segmentkernigen Leukocyten aus der Kultur und sind nur bei den Myeloblasten-Leukämien nach drei Tagen noch vorhanden (LÜERS). Auffallend ist, daß in Knochenmarkkulturen nach längerer Überlebenderhaltung in vitro die segmentkernigen Leukocyten nicht zunehmen. Sie müssen also kurze Zeit nach ihrer Entstehung wieder zugrunde gehen. Eine schädigende Beeinflussung durch die Kultur kann nicht ausgeschlossen werden. Immerhin ist erstaunlich, daß wir einige Beobachtungen über Granuloblasten-Reifung von 4 bis 5 Tagen vorliegen haben, obgleich die Kultur oft nach 3 bis 4 Tagen schon einen erheblichen Anteil an zerstörten Zellen hat und später im Ausstrich kaum noch differenziert werden kann.

Die Feststellung der *Reifung vom Promyelocyten zum Segmentkernigen* in 84 bis 109, im Mittel 96 Std = *4 Tage in vitro*, ist besser fundiert, weil sie auf mehreren Beobachtungen beruht. Wir können zwar nicht ausschließen, daß noch eine Promyelocyten-Mitose und gewiß noch einige Lebenszeit des Promyelocyten zur obligaten Granulopoese gehören, sehen hier aber einen Vorgang in vitro ablaufen, der sich teilweise mit Beobachtungen an mehrfach punktierten Patienten (s. Tab. 1, S. 14) und in vielen Punkten mit den Versuchen der Kernstoffwechsel-Markierung (OSGOOD, PATT u. a.) deckt. Nur das logisch-kombinatorische Schema WEICKERS gibt längere Zeiten (164 Std) an, weil in die Berechnungen die ruhende Granulopoese mit eingeht.

Die Reifung der Granulopoese in vitro ist in allen Einzelheiten in unseren Zeitrafferfilmen (Europ. Hämatologen-Kongreß Kopenhagen 1957 und Intern. Hämatologen-Kongreß Mexico City 1962) dargestellt, die auch folgende interessante morphologische Einzelheiten zeigen:

Die azurophile *Granulation* des Promyelocyten der zweiten Beobachtung (Zi.), die sehr dichte und grobe phasennegative Granulation der Mutterzelle, ist bereits nach 2 Std bei den beiden Tochterzellen nicht mehr festzustellen. Glanzkörner und gröbere Granulationen, die als toxisch angesehen werden könnten, treten erst am 5. Tage in vitro in den Segmentkernigen auf (Abb. 39 und 42). Mitochondrien konnten bei den Granuloblasten nie neben der Granulation ausgemacht werden, aber das Cytozentrum fiel durch seine Granulafreiheit häufig phasennegativ auf.

Die Feststellung, daß die *Erscheinungsbilder reifer Myelocyt und Metamyelocyt* abwechseln, ist von besonderem Interesse, wenn auch die Reifung zum Stabkernigen vom Metamyelocyten ausgeht. Der reife Myelocyt und der Metamyelocyt des gefärbten Ausstriches sind nicht verschiedene Zellen, sondern verschiedene Erscheinungsformen derselben Zelle, je nach Fixierung des Kernes. Die Reife des Cytoplasmas entscheidet das Stadium des Myelocyten, daneben sind Kern- und Zellgröße weniger bedeutungsvoll, denn sie ändern sich beide im Verlaufe jeder Interkinese. Die Frage, ob Metamyelocyten in Mitose gehen, dürfte sich dahingehend entschieden haben, daß Metamyelocyten-Mitosen möglich sind. Wir haben gelegentlich solche Prophasen im Ausstrich beobachtet (Abb. 34). In späteren Mitosephasen ist die Entscheidung, ob es sich um einen Metamyelocyten oder einen Myelocyten in Mitose handelt, wegen der Gleichheit des Cytoplasmas nicht mehr möglich. Auf Grund ihrer ^{3}H-Thymidin-Versuche am Kaninchen hält auch HARRIS die Metamyelocyten für teilungsfähig.

Das Stadium Stabkerniger dauerte 24—36 Std; der Segmentkernige lebte 18 Std. Wenn die Korrelation der beiden letzten Lebenszeiten stimmt, dürften nur im äußersten Notfall Stabkernige ausgeschwemmt werden bzw. aus dem Knochenmark ins Blut wandern. Aber nicht nur die Umwandlung vom reifen Myelocyten zum Metamyelocyten ist fließend, sondern auch die Umwandlung vom Metamyelocyten zum Stabkernigen, so daß sich ein genauer Zeitpunkt schlecht fixieren läßt. Der Übergang vom stabkernigen zum segmentkernigen Neutrophilen ist ebenfalls schwer festzulegen, da sich die Zellen bei der Bewegung des Kernes manchmal als Stabkernige, manchmal als Segmentkernige darstellen. Es fragt sich, ob man als Beginn des Stabkernigen-Stadiums das erste Erscheinen einer fadenförmigen Brücke oder einer Kernschnürfurche angeben soll, auch wenn der Kern später wieder wurstförmig erscheint. Klar konturierte Kernsegmente haben wir bei den in vitro ausgereiften Zellen nicht gesehen.

Die Stab- und Segmentkernigen zeigen beide gerichtete Fortbewegung, Lokomotion (den Bewegungstyp II oder III nach RIND), wodurch ein weiteres Unterscheidungsmerkmal für diese Reifungstypen entfällt. Sogar die reiferen Metamyelocyten zeigen schon diese gerichtete Bewegung (Abb. 35, 6. Reihe, und Abb. 42). Die Promyelocyten und unreifen Myelocyten haben gelegentlich kleine Cytoplasmafortsätze, senden sie aber unregelmäßig nach verschiedenen Seiten aus (Bewegungstyp I nach RIND) und bilden keine pseudopodienartigen flottierenden Membranen wie die reiferen Zellen. Es bleibt zu diskutieren, wieweit die Fortbewegungsfähigkeit der Granulocyten als ein Reifungsmerkmal anzusehen ist, das sich mit der Ausschwemmungsfähigkeit der Zellen aus dem Knochenmark deckt.

Kleine *Vacuolen* und phagocytiertes Material beobachten wir in den reifen Zellen häufiger, in den Promyelocyten so gut wie gar nicht (s. a. BENSCH). Schon die beiden Myelocyten der ersten Interkinese (Fall Zi.) bekommen vorübergehend je eine Vacuole, die durch Wanderung in den Zellen manchmal sichtbar, manchmal unsichtbar wird, verlieren sie vor der nächsten Mitose aber wieder (Abb. 35, 2. Reihe).

Zusammenfassend läßt sich sagen, daß durch die Beobachtung in vitro die bisher angenommene Reifung des Myelons vom Promyelocyten bis zum Segmentkernigen bestätigt wird, daß sich aber die Übergänge der einzelnen Reifungsstufen als fließend erweisen, sogar die Anzahl der Zellgenerationen innerhalb einer Zellfamilie schwankt (2 bis 3). Aus den bisher vorliegenden langfristigen Beobachtungen ergibt sich eine Reifungszeit vom Promyelocyten bis zum Segmentkernigen von 4 Tagen. Erst der nicht mehr teilungsfähige Granulocyt erwirbt die Fähigkeit zur gerichteten Fortbewegung, indem er flottierende Cytoplasmamembranen aussendet.

6. Mathematische Berechnungen der Generations- und Reifungszeiten aus den Veränderungen der Zellzusammensetzung in der Knochenmarkkultur

Die Schwierigkeit, am lebenden Organismus die Leistung des Knochenmarkorganes zu bestimmen, liegt an dem Fließgleichgewicht mit unkontrollierbarem Zufluß, die Umwandlung aus lymphoiden Reticulumzellen, und Abfluß, die Ausschwemmung reifer Zellen ins Blut. Sie fällt bei der in Kultur gesetzten Knochenmarkpopulation ohne Mutterboden und ohne Abwanderungsmöglichkeiten ins periphere Blut fort. Die Zellzusammensetzung kann sich in der Knochenmarkkultur nur durch die Eigenschaften der aus dem Organismus herausgelösten Zellen ändern: Die drei Größen Reifung, Teilung und Zelltod. Zelldichtes Knochenmark ergibt besser auswertbare Kulturen als fettreiches, wobei nicht ohne weiteres entschieden werden kann, ob es sich dabei nur um die schlechter zählbare Zelldichte im Präparat handelt. Nach mehreren Tagen wachsen aus den Knochenmarkkulturen fibroblastoide Zellen und Makrophagen aus, und die spezifischen hämatopoetischen Zellen verschwinden (Erdmann, Meier), Lymphocyten und Eosinophile bleiben am längsten erhalten. Man hat bisher die sog. „Entdifferenzierung", die auch durch Wechsel des Nährmediums nicht aufzuhalten ist, als eine pathologische Veränderung durch die Kulturbedingungen angesehen. Das Verschwinden hämatopoetischer Vorstufen ist aber vorwiegend durch ihre Reifungstendenz bedingt. Lediglich die lymphoiden Reticulumzellen scheinen in vitro nicht mehr in der Lage zu sein, sich zu hämatopoetischen Zellen zu differenzieren. Sie brauchen dazu offenbar die Anregung durch den Organismus, ohne die sie phylogenetisch zurückfallen und wenig differenzierte, fibroblastoide Zellen bilden. Da sich unter verschiedenen Kultivierungsbedingungen sehr ähnliche Verschiebungen der Zellzusammensetzung ergeben (Albrecht, Astaldi, Bernadelli, Bierman, Fieschi, Hertl, Osgood, Thomas u. a.), meinen wir, daß die Veränderungen mehr auf die Eigengesetzlichkeit der hämatopoetischen Zellen als auf die Kulturbedingungen zurückzuführen sind. Wir sehen uns deswegen

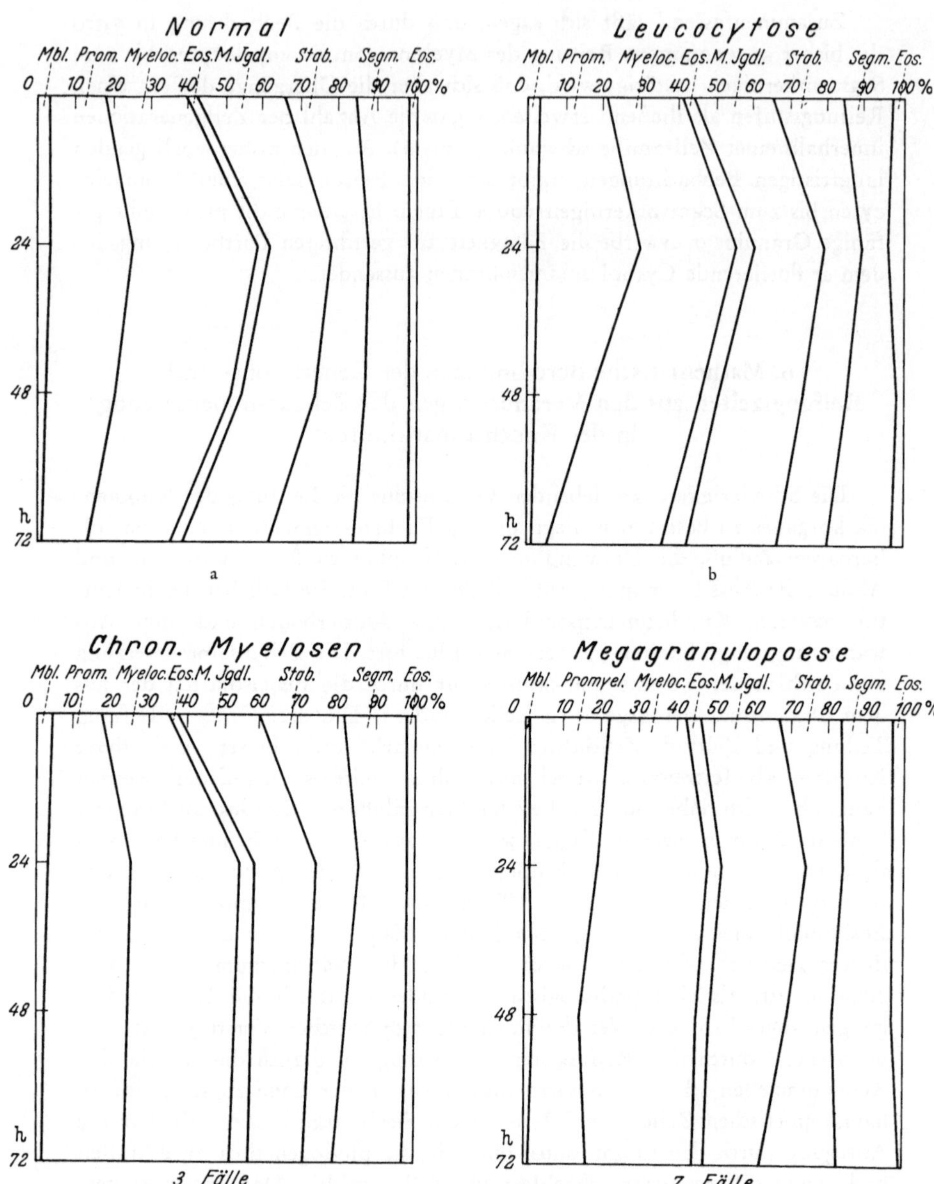

Abb. 43. Graphische Darstellung der Prozentverteilung der Granulopoese während der ersten 72 Std in vitro, in Prozentzahlen zeitgerecht aufgetragen, gezählt aus fixierten Kulturen. a) Mittelwert von 10 Pat., die im Knochenmark und Blut bzgl. der Granulopoese unauffällig waren. b) Mittelwerte von 7 Pat., die eine Leukocytose hatten. c) Mittelwerte von 3 Pat. mit chronisch myeloischer Leukämie. d) Mittelwerte von 7 Pat. mit Megaloblastenmark. Legende wie Abb. 36

berechtigt, die Zählergebnisse der Zellkultivierung mit zur Beurteilung der granulopoetischen Aktivität heranzuziehen.

Betrachtet man die Zellverschiebung in unseren Kulturen während der ersten 3 Tage, fällt in der Granulopoese (Abb. 43) das Überwiegen der teilungsfähigen Myelocyten und Promyelocyten nach 24 bis 48 Std auf. Hochgradige, akut oder chronisch entzündlich bedingte, periphere Leukocytosen zeigen in der Kultur — wie schon im Originalausstrich (s. a. FIESCHI) — keine Abweichung der Zellverteilung von nicht angeregter Granulopoese. Nach längerer Bebrütungszeit tendieren sie zur beschleunigten Ausreifung. Sowohl im direkten Knochenmarkausstrich als auch in der Kultur ist der „weiße Mitoseindex" bei den Leukocytosen sogar im Durchschnitt niedriger als bei den Normalfällen.

Tabelle 7. *Mitoseindices der Granulopoese in vitro*
(Mitosen auf alle teilungsfähigen Vorstufen einschließlich Metamyelocyten)

	0	24	48	72 Std
10 Normalfälle	14‰	15‰	10‰	5‰
8 Leukocytosen	13‰	10‰	8‰	4‰
5 chron. Myelosen	8‰	11‰	7‰	—
7 dekompensierte perniziöse Anämien	10‰	15‰	16‰	6‰

FIESCHI und SACCHETTI (Hdb. ges. Haemat., Bd. I) schildern bei ihren Deckglaskulturen ähnliche Ergebnisse wie wir: Die Myeloblasten verschwinden nach 24—36 Std, die Promyelocyten nach 72—84 Std und die Myelocyten nach 96 Std in vitro. Auch OSGOOD und KRIPPAEHNE haben in ihren flüssigen Kulturen trotz des niedrigen Mitoseindexes sehr ähnliche Verhältnisse beobachtet. Auf Grund des flüssigen Mediums können sie die absolute Zellzahl in der Kultur bestimmen, nicht nur Prozentverhältnisse wie wir auf den Coagulumkulturen. Nach 2 Tagen ist der Zellgehalt auf die Hälfte vermindert, und die unreifsten Vorstufen haben sich wie auf der Coagulumkultur vermehrt. Für unsere Coagulumkulturen möchte man eher an eine Zellvermehrung denken, finden wir doch meist eine zunehmende Fahne ausgewanderter Zellen um das in Kultur gesetzte Knochenmarkbröckchen und viel mehr Mitosen als im flüssigen Medium.

In der Erythropoese (Abb. 44) fällt die schnelle Reifung auf, die in der graphischen Aufzeichnung des Differentialausstriches nicht im ganzen Umfang zum Ausdruck kommt, da die Verminderung der Erythroblasten im Verhältnis zu den granulopoetischen Zellen bei dieser Art der Darstellung unberücksichtigt bleibt. Die Veränderungen sind durch das verschiedene biologische Verhalten der beiden myelopoetischen Reihen zu erklären. Trotz der von WEICKER errechneten 4-Tage-Reifung in der Erythropoese differenzieren sich die Erythroblasten in Kultur schon viel schneller, so auch bei

Fieschi, Astaldi und Myhre. Stohlmann jr. beobachtet am Versuchstier unter Erythropoetin, Odartschenko mit der Isotopenmarkierung nur 7—8 Std Verweildauer in jeder Reifungsstufe. Nach der Berechnung von

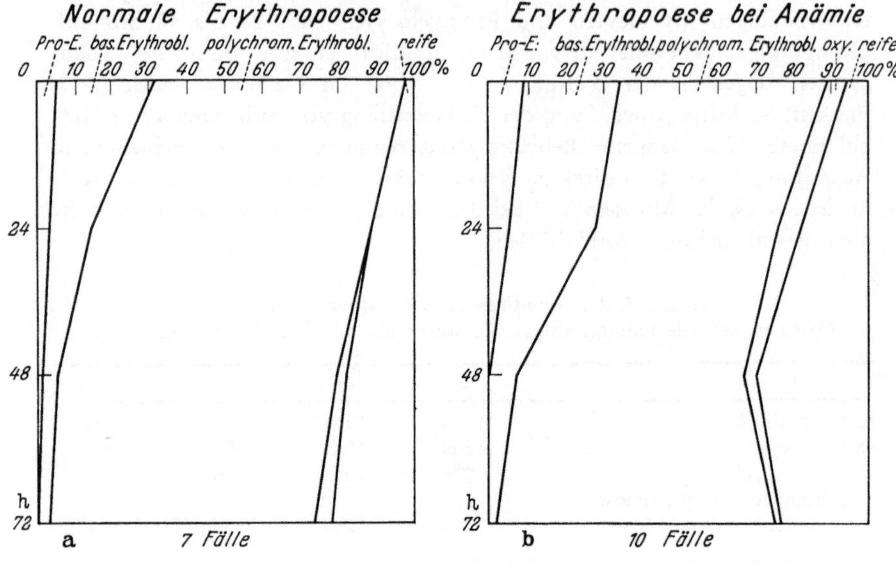

Abb. 44. Graphische Darstellung der normalen, der angeregten Erythropoese und der Megalopoese während der ersten 72 Std in vitro in Prozentzahlen zeitgerecht aufgetragen, gezählt aus fixierten Kulturen. Legende wie bei Abb. 38

Fuchs entspricht aber die in Kultur beobachtete Reifung der 4-Tage-Reifung Weickers.

Eine wichtige Bestätigung für die Richtigkeit unserer Berechnung und die Sicherheit der Aussage — obgleich bei dem Differenzierungsverfahren im Ausstrich die absolute Zellverschiebung unberücksichtigt bleiben muß — ist das Ausbleiben der in vitro vorkommenden Reifung bei der Mitoseblockierung durch Colchicin (eigene Zählung [Abb. 38] und Cardinali). Auch die Reifung der noch teilungsfähigen Vorstufen kann demnach durch Blockierung der Mitose unterbrochen werden, und die isoheteroplastischen Mitosen sind mit Recht als Reifeteilungen zu bezeichnen. — Nach verschieden dosierter Röntgenbestrahlung haben wir allerdings trotz Verminderung der Mitosehäufigkeit keine Beeinträchtigung der Reifung gesehen, die demnach notfalls ohne Mitosen vonstatten gehen kann.

FUCHS berechnete analog den Methoden zur Bevölkerungsstatistik für die normale Granulopoese aus unseren Daten über die Reifungszeit (s. S. 88) die Generationszeit (30 Std) und die Differentialzählung im direkten Knochenmarkausstrich einmal für die Mitosehäufigkeit $m = 0{,}033/\text{h}$, einmal für $m = 0{,}010/\text{h}$ die Änderung der Zellverteilung in einer geschlossenen Population ohne Zu- und Abwanderungsmöglichkeit, wie sie unsere Kultur darstellt. Bis zur 24. Kulturstunde deckte sich das aus $m = 0{,}033/\text{h}$ errechnete Diagramm mit dem empirisch gewonnenen, nach 48 Std kam das aus $m = 0{,}01/\text{h}$ errechnete Diagramm mit den empirischen Werten fast zur Deckung. Daraus läßt sich entnehmen, daß das Einbringen in die Kultur für die Granuloblasten einen beträchtlichen, aber kurzen Wachstumsimpuls darstellt. Nach 48 Std ist das Gleichgewicht zwischen ruhender und reifender Granulopoese wiederhergestellt.

Zusammenfassend ist festzustellen, daß die mathematische Berechnung der Zellverschiebung in Kultur die Theorien über die Reifung und die isohomoplastische neben der isoheteroplastischen Regeneration in der Granulopoese stützt.

7. Zusammenfassung aller Ergebnisse über die normale Granulocytopoese

Stellt man alle Daten über die Entstehung des segmentkernigen neutrophilen Granulocyten zusammen, erhält man Angaben durch:

1. wiederholte Sternalpunktate bei Patienten,
2. Leukopherese, Knochenmarktransfusion, Parabioseversuche u. a. beim Versuchstier,
3. den stathmokinetischen Test,
4. die Isotopenmarkierung des DNS-Stoffwechsels,
5. Generationszeitberechnungen aus dem Mitoseindex unter Einbeziehung der Mitosedauerbestimmung in vitro,
6. Beobachtung von Interkinesen und Reifung in vitro,
7. Berechnung der Mitosehäufigkeit,
8. Berechnungen aus der Verschiebung der Zellzusammensetzung der Knochenmarkkultur des Menschen.

Keine der obigen Untersuchungsmethoden ist ohne Fehlerquellen, die bei den detaillierten Schilderungen schon gewürdigt sind.

ad 1. Kontrollen am Patienten: Die verschiedenen Autoren (s. S. 13, Tab. 1) kommen zu Reifungszeiten von 3—9 Tagen. Bei Angaben vom

Menschen haben wir es allerdings immer mit einem durch eine Erkrankung gestörten Gleichgewicht zu tun, so daß eine Änderung der Proliferation — in der Regenerationsphase nach Agranulocytosen z. B. eine Beschleunigung der Reifung — vorliegen kann. Eine Altersabhängigkeit im Sinne der Regenerationsverminderung sowohl der Mitosen als auch des DNS-Stoffwechsels (Lesher bei Mäusen) im höheren Alter muß berücksichtigt werden.

ad 2. Tierversuche: Die Lebensdauer der Granulocyten beträgt mit Granuloblastenentwicklung durchschnittlich 6—7 Tage, ohne Granulopoese 1,7 Tage (s. Tab. 1). Der Rückschluß vom Versuchstier auf den Menschen ist bei der fein regulierten Granulopoese nicht ohne weiteres erlaubt, denn Patt errechnete mit der DNS-Markierung für die Ratte 39, den Hund 50, den Menschen 75 Std Reifungsdauer, Widner mit Hilfe der Mitosedauerbestimmung nach Röntgenbestrahlung eine Generationszeit der Granulopoese bei der Ratte von 32, bei der Maus von 155 Std.

ad 3. Stathmokinetischer Test: Nach Astaldi-Journoud beträgt beim Menschen die

Generationszeit	bei Myeloblasten und Promyelocyten	233 Std = 10 Tage
	bei Myelocyten	457 Std = 19 Tage
die Mitosedauer	bei Myeloblasten und Promyelocyten	1 Std 10 min
	bei Myelocyten	2 Std 20 min

Nach den Salera-Tamburinoschen Zahlen beträgt die

				korrigiert
Generationszeit	bei Myeloblasten	140,5 Std =	6 Tage	(4 Tage)
	bei Promyelocyten	342,0 Std =	14 Tage	(9,5 Tage)
	bei Myelocyten	669,0 Std =	28 Tage	(19 Tage)
die Mitosedauer	bei Myeloblasten		4,4 Std	(2,9 Std)
	bei Promyelocyten		4,7 Std	(3,0 Std)
	bei Myelocyten		5,9 Std	(5,0 Std)

Nach unseren Zählungen (Fall Li.) war die Generationszeit für alle teilungsfähigen Granuloblasten 124 Std = 5 Tage und die Mitosedauer 1,24 Std.

Aus diesen Beispielen sieht man, daß die Berechnungen aus dem stathmokinetischen Test zwar richtungsweisend, aber nicht exakt sein können. Abgesehen von den differierenden Ergebnissen der verschiedenen Autoren und im Vergleich mit unseren Xanthopterinversuchen, sind die Zeiten nach den Beobachtungen in vitro und in vivo offensichtlich zu lang. Zu besonders hohen Werten für die Myelocyten kommt man, weil nur reifende, nicht mehr regenerierende Myelocyten mitgezählt werden.

ad 4. Isotopenmarkierung: Durch die Markierung des DNS-Stoffwechsels mit ^{32}P in vitro und Umrechnung des Markierungsindexes pro Zeiteinheit, entsprechend dem stathmokinetischen Test, erhält man nach Salera und

Tamburino eine Generationszeit der Granuloblasten von 38,5 Std. Fliedner vermutet nach den ^{3}H-Thymidin-Markierungsversuchen am menschlichen Knochenmark in vitro eine Generationszeit von 48—59 Std, eine Reifungszeit des Metamyelocyten von 12—25 Std, des Stabkernigen von ner vermutet nach den ^{3}H-Thymidin-Markierungsversuchen am mensch- 24—48 und des Segmentkernigen von 15 Std. Craddock nimmt in der Granulopoese während des Teilungsstadiums 4, nach der letzten Teilung noch weitere 5 Tage Reifungszeit an.

Wieweit die Thymidin-Markierung durch das Angebot beeinflußbar ist, wird z. Z. noch diskutiert. Die wichtigste Fehlerquelle für die Berechnungen aus der Markierung in vitro (auch die Lajthasche) ist das Sistieren der Lebensvorgänge in der Kultur während der ersten Stunden durch den Transplantationsschock. Im Grunde erhält man mit dem Markierungsindex (I_S) keine genaueren Aussagen als mit dem Mitoseindex, denn welche Zeit des Zellcyclus man mit der Gesamtdauer in Relation setzt, bleibt gleichgültig, wenn nicht feststeht, ob der Bezugsteil in allen vergleichbaren Fällen konstant ist. Das ist für die DNS-synthetisierende Periode aber weniger der Fall als für die Mitosedauer und schmälert auch die Ergebnisse der Markierungsversuche in vivo.

ad 5. Generationszeitberechnungen aus der beobachteten Mitosedauer und dem Mitoseindex: Legt man die in vitro bestimmte mittlere Mitosedauer der Granuloblasten von 80 min (93 Beobachtungen) und den durchschnittlichen Mitoseindex von 14‰ (nach unseren Zählungen an 10 Normalfällen oder nach Killmann, der für Myelocyten 11, Promyelocyten 15‰ angibt) zugrunde bzw. die Myelocytenmitosedauer von 60 min und den Granuloblasten-Mitoseindex der Beobachtung Zi. von 9,7‰, korrigiert auf 10,9‰, so kann man nach Formel (7) die Generationszeit berechnen:

$$t_G = \frac{t_m}{MI} = \frac{1{,}3}{0{,}014} = 93 \text{ Std bzw.} \frac{1{,}0}{0{,}011} = 91 \text{ Std.} \qquad (7)$$

Die mittlere Generationszeit beträgt demnach 92 Std, etwa 4 Tage, eine sehr lange Zeit, verglichen mit Beobachtungen an Patienten und in Kultur. Es ist kaum anzunehmen, daß durch die Kultur- und Belichtungsbedingungen der Ablauf der Mitose entsprechend verlängert wird, was die einzige Möglichkeit wäre, eine kürzere Generationszeit in vivo zu erhalten. Daß der im fixierten Präparat gezählte Mitoseindex zu niedrig ist, weil die Mitosen während der Lufttrocknung zu Ende laufen (Undritz), kann nicht ernsthaft diskutiert werden, da es nicht viele nebeneinanderliegende, sich wie Zwillinge ähnelnde Zellen im Ausstrich gibt.

ad 6. Lebendbeobachtungen in vitro: Nach unseren Phasenkontrast-Beobachtungen unterscheiden wir in der normalen neutrophilen Granulopoese die aufeinanderfolgenden Reifungsstufen derselben Zellen:

1. Promyelocyt	2. unreifer Myelocyt
3. reifer Myelocyt	4. Metamyelocyt
5. Stabkerniger	6. Segmentkerniger

Zwischen den ersten drei Zellabteilungen (compartments) finden sich jeweils Mitosen, von denen die erste wahrscheinlich länger dauert als die zweite. Vor der vierten Zellabteilung findet (in $^{1}/_{4}$ und $^{3}/_{4}$ der Fälle) eine fakultative Mitose statt, die in der Dauer der vorhergehenden entspricht. Dann kommt es nur noch zur Reifung. Durch die Mitosen wird jeweils die Zell- und Kernmasse halbiert, beide Zellanteile wachsen während der Interkinese um $^{2}/_{3}$ an (Abb. 37). Die Geschwisterzellen ähneln sich immer in Größe und Morphologie, es handelt sich in allen Fällen um isoplastische Teilungen. Amitotische Zellvermehrungen meinen wir für die normale Granulopoese ablehnen zu können.

Die Beobachtung in vitro von drei Interkinesen einer Zellfamilie ergab eine Generationszeit von 30 Std, die mit der errechneten Generationszeit aus dem gezählten Mitoseindex und den beobachteten Mitosezeiten von 91 Std unvereinbar ist. Aus dieser Unstimmigkeit, der noch stärkeren Diskrepanz zu den Ergebnissen des stathmokinetischen Tests und der nie alle Zellen und Mitosen erreichenden DNS-Markierung schließen wir, daß neben der ausreifenden, teilungsaktiven, isoheteroplastischen Granuloblasten-Population (wie beobachtet) teilungsaktive, morphologisch identische Zellen im Knochenmark vorhanden sind, die als Reserve dienen. Sie haben vermutlich eine sehr lange Generationszeit und teilen sich isohomoplastisch, können aber humoral, nerval oder auch nur angeregt durch vermehrte Ausschwemmung reifer Zellen ins Blut jederzeit zur Reifung mit isoheteroplastischer Teilung umwechseln. Isomorphie braucht eben nicht mit Isogenie gleichbedeutend zu sein. Bei der Beobachtungskultur Zi. kamen zwei ruhende auf einen reifenden Granuloblasten. Die ruhende Population entspricht OSGOODs α-2 α-Zellen und COWDRYs „vegetative intermitotics". LAJTHA sieht in den Stammzellen beim normalen Fließgleichgewicht (steady state) „schlafende Zellen" mit isohomoplastischer Fortpflanzung, die bei entsprechendem Bedarf über einen Rückkoppelungsmechanismus jederzeit in die isoheteroplastische Reifung überführt werden können. Unsere Annahme erweitert LAJTHAs Konzeption für die Granulopoese bis zu den Myelocyten. Als Parallele kann die regenerierende Rattenleber dienen, bei der sich kurz nach der Teilresektion die ruhenden Leberzellen zum großen Prozentsatz teilen. Selbst bei Mäusetumoren meint MENDELSOHN, daß mit der DNS-Markierung nicht die Generationszeit, sondern das Verhältnis der regenerierenden zu den nichtregenerierenden Zellen bestimmt wird.

Für die Konzeption der isoheteroplastischen neben der isohomoplastischen Vermehrungsweise in der Granulopoese spricht, abgesehen von dem vorerst einzigen Fall mit drei Interkinesebeobachtungen in vitro, neben der

Mitosedauer-Bestimmung in vitro die immer wieder beobachtete Isomorphie beider Tochterzellen nach der Mitose, die wir in vielen Fällen bis zu 17 Std verfolgen konnten. Die in vitro beobachtete Reifungszeit der gesamten Granulopoese von ca. 96 Std ist ein weiterer Gegenbeweis gegen eine Generationszeit von 91 Std.

Das Modell der Granulopoese ist dahingehend zu vervollständigen, daß neben den reifenden auch ruhende Promyelocyten und Myelocyten mit isohomoplastischer Teilung vorhanden sind (Abb. 41). Anderenfalls müßten wir im fixierten Präparat und bei der Lebendbeobachtung viel mehr Promyelocyten und Myelocyten in Mitose antreffen. Auch die von OSGOOD errechnete und ihm selbst unverständlich hohe Produktionsquote — eine 40fach größere Granulocytenausschüttung, als sie im Blut vorkommt — wird durch diese Annahme erheblich reduziert. Berücksichtigt man, daß die Promyelocyten nach der Lebendbeobachtung vermutlich eine längere Mitosedauer haben als die Myelocyten und einen nicht erheblich höheren Mitoseindex (13,7‰ gegen 8,9 ‰), so ist der Überhang an ruhenden Zellen bei den Promyelocyten größer als bei den Myelocyten.

ad 7. Berechnung der Mitosehäufigkeit: Nach dem Ergebnis der Lebendbeobachtung und dem Vorliegen der zwei nebeneinander bestehenden Granuloblasten-Populationen scheint es in der Tat zweckmäßiger, wie wir schon früher dargetan haben, in der Granulopoese nicht die Generationszeit (t_G) oder die Interkinese (t_i), sondern die *Mitosehäufigkeit* (m) der Mitosedauer (t_m) gegenüberzustellen:

$$(1) \qquad m = \frac{MI}{t_m}$$

In unserem Beispiel Zi. gehen bei $t_m = 1$ Std und $MI = 0{,}0109$ auf 1000 Zellen 11 pro Stunde in Mitose, obgleich die Generationszeit (t_G), wie beobachtet, 30 Std, nicht nach (10) $\frac{1}{0{,}011} = 91$ Std dauert.

Die Formel (10) $\quad t_G = \frac{1}{m} \quad$ ist demnach falsch.

In der Granulopoese ist die Mitosehäufigkeit der Generationszeit nicht umgekehrt proportional, vielmehr kommen bei der reifenden Granulopoese (isoheteroplastische nach WEICKER, n-$2n$ nach OSGOOD, differentiating intermitotics nach COWDRY) kurze Generationszeiten (in unserem beobachteten Fall 30 Std) und in der ruhenden (isohomoplastischen nach WEICKER, α-2α nach OSGOOD, vegetative intermitotics nach COWDRY) extrem lange Generationszeiten vor. Eine mittlere Generationszeit für die gesamte Granulopoese, die allein aus dem gezählten Mitoseindex und der beobachteten Mitosedauer berechnet werden kann, ist wertlos. Aus der beobachteten Generationszeit und der beobachteten Mitosedauer läßt sich eine Mitoserate der reifenden Granulopoese errechnen (für Zi. 33,3‰) und der Mitosehäufigkeit aus dem gezählten Mitoseindex gegenüberstellen. Diese hat die größere Aussagekraft, indem sie das Verhältnis der reifenden zur ruhenden Granulopoese widerspiegelt. Bei einer Mitosedauer von 1 Std entspricht der Mitoseindex direkt der Mitosehäufigkeit der gesamten, also reifenden und ruhenden Granulopoese. Berechnen wir die Mitosehäufigkeit für die normale Granulopoese aus unseren Daten $t_m = 1{,}3$ Std (Mittelwert aus 93 beobachteten Mitosen) $MI = 14‰$ (nach 10 gezählten Fällen), ergibt sich nach Formel

$$(1) \qquad m = \frac{MI}{t_m} = \frac{0{,}014}{1{,}3} = 0{,}0108/\text{h oder}$$

auf 1000 Zellen gehen 11 pro Stunde in Mitose.

Bei unserem Colchicinversuch (Li.) (s. S. 23) erhielten wir den sehr ähnlichen Wert von 0,008/h. Die Berechnungen der ^{32}P-Versuche von TAMBURINO ergeben eine Markierunghäufigkeit $\frac{k}{100} = 0{,}026/\text{h}$ (s. S. 29), also einen viel höheren Wert, der offenbar durch die längere und konstante DNS-Synthesezeit in der Granulopoese bedingt wird.

ad 8. Fixierte Knochenmarkkulturen von Menschen: Die mathematische Berechnung der Verschiebung der Zellzusammensetzung des aus der Matrix gelösten Myelons nach den lebend beobachteten Reifungs- und Interkinesezeiten, der Differentialzählung und dem Mitoseindex deckt sich 48 Std mit den empirisch gewonnenen Zählergebnissen, so daß die anfängliche Vermehrung von teilungsfähigen Granuloblasten in der Kultur ebenso wenig wie ihr späteres Verschwinden als Kunstprodukt angesehen werden kann. So stützt auch die Berechnung der Zellverschiebung in der Kultur nach den Proliferationsmerkmalen der Granulopoese die Theorie der beiden Granuloblasten-Populationen.

Zusammenfassend wird man bei vorsichtiger Schätzung für die Ausreifung der Granulopoese — nicht nur nach der Beobachtung in vitro (ad 6), sondern auch nach Beobachtungen an Patienten mit Hilfe von wiederholten Knochenmarkuntersuchungen oder Isotopenmarkierungen (ad 1, 2 und 4) — eine Dauer von 4 Tagen zugrunde legen können. Die Lebensdauer der segmentkernigen neutrophilen Granulocyten beträgt in vitro fast einen Tag, variiert in vivo sehr je nach der ausgeübten Leistung. Nur die Ergebnisse des stathmokinetischen Tests (ad 3) sind wie die Generationszeit-Berechnungen aus dem Mitoseindex und der beobachteten Mitosedauer (ad 5) nicht mit den anderen Ergebnissen in Einklang zu bringen. Da in diese Generationszeit-Bestimmungen fälschlicherweise die ruhende teilungsinaktive Population eingeht, stützt sie ebenso wie die mathematische Berechnung der Differentialzählungen aus der Knochenmarkkultur (ad 8) die Theorie der ruhenden neben der reifenden Granulopoese. Die Ausschwemmung reifer Zellen aus dem Knochenmark ist für isohomoplastische Zellen womöglich der Reiz, zur Reifung mit den dazu erforderlichen 2 bis 3 Reifeteilungen anzusetzen. Wegen der inaktiven Zellreserve ist für die Granulopoese eine Bestimmung der mittleren Generationszeit ohne Wert. Angaben über die mittlere Mitosehäufigkeit (ad 7) geben dagegen wichtige Hinweise auf das Verhältnis der ruhenden zu der reifenden Granulopoese. Die Berechnung der Mitosedauer nach der Formel (6) aus dem stathmokinetischen Test ist auf Grund obiger Ausführungen nicht statthaft.

Selbstverständlich handelt es sich in dieser Abhandlung nur um die rein vegetativen Funktionen der Vermehrung und Reifung in der Granulopoese. Beeinflussungen durch andere Organe, sei es nerval, sei es humoral, entfallen bei den Versuchen in vitro, wenn man von den Stoffen absieht, die zusammen mit dem Plasma der Versuchsperson der Kultur beigefügt wurden.

C. Die pathologische Granulocytopoese

1. Die Proliferation bei der chronischen myeloischen Leukämie

Versuchen wir zu beantworten, wie die Proliferation bei der chronisch myeloischen und bei der Myeloblastenleukämie geändert ist, kommen wir zu folgenden detaillierten Fragestellungen:

1. Was kann bezüglich der Lebensdauer der leukämischen Leukocyten ausgesagt werden?
2. Wie sind Mitoseindex und Mitosephasenverteilung im fixierten Präparat gegenüber der Norm geändert?
3. Welche Ergebnisse liefert der stathmokinetische Test?
4. Welche Schlüsse erlaubt die DNS-Markierung mit ^{32}P oder ^{3}H-Thymidin?
5. Was ist über die Mitosedauer bei der Lebendbeobachtung in vitro, was über die Mitosehäufigkeit zu erfahren?
6. Wie verhalten sich Interkinese und Reifung?
7. Was läßt sich durch die Änderung der Differentialzählung während der Kultivierung von Knochenmark und Blut feststellen?
8. Was können wir zusammenfassend über die Proliferation der Leukämien sagen?
9. Wie kommt es zur pathologischen Besiedelung des Knochenmarkes mit leukämischen Zellen und zur Verdrängung der normalen Myelopoese, wie zur extramedullären Zellwucherung?

Nach diesem Schema soll zuerst die chronische myeloische Leukämie abgehandelt werden.

ad 1. Die segmentkernigen Granulocyten unterscheiden sich bei der chronischen Myelose nach Remy von den normalen durch einen geringeren Zelldurchmesser, eine verminderte Phagocytosefähigkeit, erniedrigten Gehalt an alkalischer Phosphatase und verminderte Wanderungsgeschwindigkeit im elektrischen Feld. Inwieweit es sich bei den erhöhten Ribonucleinsäuren (VILLA u. a.) nur um einen Ausdruck der Linksverschiebung im peripheren Blut handelt, möchten wir offen lassen. PETRAKIS sieht bei chronischen Myelosen die abgestorbenen Zellen in der Peripherie vermindert.

Vergleichende biochemische Untersuchungen mit DNS-Vorstufen an normalen und leukämischen Leukocyten (WILLIAMS und dort zit.) sind für unsere Fragestellung ohne Interesse, da sich die Ergebnisse vorwiegend auf den Unterschied von Granulocyten und Granuloblasten beziehen. MÜLLER konnte mit Hilfe der DNS-Messung an Feulgen-gefärbten Präparaten von chronischen Myelosen keinen Unterschied zur normalen Granulopoese aufzeigen.

Die Granulocyten leben nach Markierungsversuchen SACCHETTIS, MAUERS und CARTWRIGHTS (T 1/2 von 6,6 auf durchschnittlich 12,6 Std bzw. 57 Std verlängert) bei chronisch myeloischer Leukämie länger als normal, nach Berechnungen BIERMANS gering verlängert. Die gesamte Lebensdauer einschließlich der Granulopoese gibt LALA mit nur 3,6 Tagen an, während wir für die normale Granulopoese schon 5 Tage finden (s. S. 88). Nach ^{32}P-Applikation bei Patienten finden PERRY und LALA bei chronischer Myelose ein beschleunigtes Auftreten von markierten Zellen in der Peripherie, also eine verkürzte Aufenthaltszeit im Knochenmark; allerdings sind die ausgeschwemmten Zellen morphologisch unreifer. Beim Pyrexaltest® kommt es nicht zur Leukocytose (I. HEILMEYER, REMY, MARSH).

ad 2. ROHR gibt einen Mitoseindex für die chronisch myeloische Leukämie von 7,5‰ an, FLIEDNER von 1—5‰, GERHARTZ 8,3‰. Sehr ähnliche Angaben macht MAURI. Auch ROSIN findet bei leukämischen Myelocyten der Ratte einen niedrigeren Mitoseindex als bei normalen. Wir zählten bei 5 chronischen Myelosen einen weißen Gesamt-Mitoseindex im Knochenmark von 9,0‰ (bei 24 000 gezählten Zellen), MAUBACH (Diss.) in 11 Fällen einen weißen Mitoseindex von durchschnittlich 9,3‰. SALERA findet für alle drei teilungsfähigen Reifungsstufen der Granulopoese einen niedrigeren Mitoseindex als die Norm. Wir erhalten auch deutlich erniedrigte Werte gegenüber der Norm:

Mitoseindex	normal	chron. Myelose
Myeloblasten	45,3‰	18,9‰
Promyelocyten	14,8‰	10,7‰
Myelocyten ohne Metamyelocyten	17,2‰	12,7‰

Nach allen Autoren liegt also bei chronischen Myelosen eine leichte Erniedrigung des weißen Mitoseindex vor.

In der Knochenmarkkultur fanden wir nach 24 Std bei 8 chronischen Myelosen (20 700 teilungsfähigen Granuloblasten) einen Granuloblasten-

Mitoseindex von 11‰, bei 11 Normalfällen (20 400 teilungsfähigen Granuloblasten) von 15‰, also auch in vitro keine wesentlichen Unterschiede. Anders verhalten sich virogene S-Mäuse-Leukämien, die nach AMANO bei jahrelangen Kulturpassagen einen hohen Mitoseindex aufweisen.

Karyologische Kurven aus Sternalpunktaten chronischer Myelosen wurden mit der Normalverteilung verglichen. Wir kamen mit KURSAWE (Diss., 429 Mitosen aus 9 Sternalpunktaten bei 2 Patienten ausgewertet) zu keiner Abweichung des Kurvenverlaufes. MAUBACH (Diss.) fand an 500 Mitosen von 5 Patienten eine Prophasenvermehrung, die aber vor allem bei den Myeloblasten in Erscheinung trat, bei denen wir auch an den Normalfällen eine erhebliche Prophasenvermehrung nachweisen können. FIESCHI und GERHARTZ fanden die Prophasen bei den chronischen Myelosen vermehrt, aber ebenso bei entzündlichen Leukocytosen. Wir sahen bei 7 Leukocytosen im Originalpräparat und in der Kultur keine Änderung der Mitoseverteilung gegenüber der Norm. Auch bei der chronischen Myelose war in der Kultur keine Prophasenvermehrung festzustellen (Abb. 45). Entsprechend

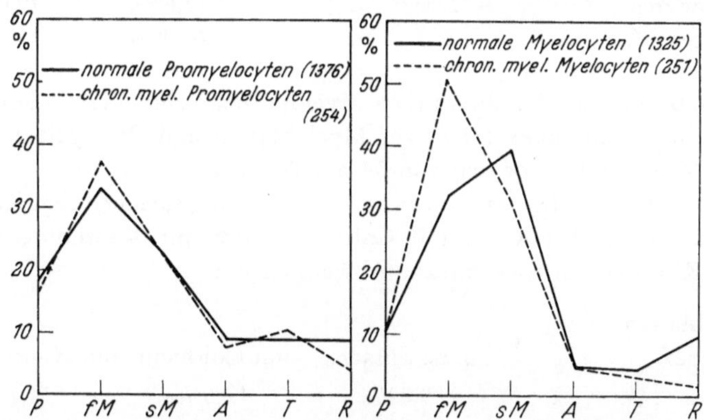

Abb. 45. Karyologische Kurven von 6 chronischen Myelosen mit der Normalverteilung verglichen aus Knochenmark-Kulturen. P = Prophase, fM = frühe Metaphase, sM = späte Metaphase, A = Anaphase, T = Telophase, R = Rekonstruktionsphase

Tabelle 8. *Mitoseverteilung auf die einzelnen Reifungsstufen in %*

Kultivierungsdauer in Std.	Normale (10 Fälle)			chron. Myelosen (5 Fälle)		
	Myeloblasten	Promyelocyten	Myelocyten	Myeloblasten	Promyelocyten	Myelocyten
0	26	26	48	32	26	42
24	6	34	60	9	46	45
48	7	46	47	12	34	54

der etwa normalen Differentialausstriche (Abb. 43 c) und der wenig veränderten Mitoseindices verschiebt sich der Mitoseanteil der einzelnen Reifungsstufen wie bei ROHR weder im Original noch in der Kultur wesentlich

(Tab. 8). Die Mitoseindices liegen auch bei der Aufschlüsselung in die einzelnen Reifungsstufen unter den normalen (Tab. 9, vgl. auch Tab. 7, S. 93).

Tabelle 9. *Mitoseindices der einzelnen Vorstufen der Granulopoese in ‰*

Kultivierungsdauer in Std.	Normale (10 Fälle)				chron. Myelosen (5 Fälle)			
	Myeloblasten	Promyelocyten	Myelocyten	Ges. ohne Metamyel.	Myeloblasten	Promyelocyten	Myelocyten	Ges. ohne Metamyel.
0	45,3	14,8	17,2	20,3	18,9	10,8	12,7	12,5
24	35,6	16,8	22,1	20,3	23,9	11,7	13,3	13,1
48	24,3	13,7	9,9	11,8	25,4	13,9	11,2	12,6

ad 3. Mit dem stathmokinetischen Test finden SALERA und TAMBURINO nach 18 Kulturstunden etwas niedrigere Werte als in der Norm:

Colchicin-gehemmter Mitoseindex MI_C	normal	chron. Myelose
Myeloblasten	128,1‰	120,5‰
Promyelocyten	52,6‰	49,0‰
Myelocyten	26,9‰	11,8‰

ASTALDI gibt bei der chronischen Myelose sogar eine Verminderung des stathmokinetischen Index (MI_C) für Myeloblasten und Promyelocyten von 77 auf 38‰, für Myelocyten von 34 auf 20‰ an.

Wir selbst finden bei zwei chronischen Myelosen gegenüber dem Knochenmark eines Gesunden weder mit Colchicin- noch mit Xanthopterinzusatz nach 24 Kulturstunden wesentliche Abweichungen:

Granuloblasten-Mitoseindex	ohne Zusatz	mit Colchicin	mit Xanthopterin
Normal	9,8‰	17,5‰	34,1‰
chron. Myelose . . .	6,0‰	11,0‰	37,7‰

Berechnet man aus den Saleraschen Werten, die die stärkste Stathmokinese aufweisen, nach Formel (2) die Mitosehäufigkeit (m), so erhält man bei Korrektion von $t\,m_C$ auf 12 Std folgende, der Norm (s. S. 23) sehr ähnliche Werte:

	Mitosehäufigkeit pro Stunde normal	chron. Myelose
Myeloblasten	0,0107	0,0100
Promyelocyten	0,0044	0,0041
Myelocyten	0,0022	0,0010

Die Regeneration nimmt mit fortschreitender Reifung bei der chronischen myeloischen Leukämie noch etwas stärker ab als in der Norm.

ad 4. TAMBURINO untersucht bei der chronischen Myelose die DNS-Synthese mit der ^{32}P-Markierung und erzielt in drei Fällen von der 4. bis zur 24. Kulturstunde gegenüber der Norm (s. S. 29) vermindert markierte Granuloblasten:

	Mittelwerte	
	nach 4 Std	nach 24 Std
leuk. Granuloblasten mit Nucleolen . . .	25,0% pos.	64,7% pos.
leuk. Granuloblasten ohne Nucleolen . . .	1,7% pos.	2,3% pos.

Bei der Berechnung nach den Formeln (11) und (12) erhält man für die Generationszeit (t_G), die DNS-Synthesezeit (t_s) und die Mitosehäufigkeit (m) bei leukämischen Granuloblasten:

	k	t_G	t_s	m
mit Nucleolen	1,98	50,5 Std	12,6 Std	0,02/h
ohne Nucleolen . . .	0,03	3300 Std	20,0 Std	0,0003/h

Die Mitosehäufigkeit (m) ist auch nach der DNS-Markierung gegenüber der Norm von 0,026/h erniedrigt. Bei den säurehydrolysierten Zellkernen ohne Nucleolen kommt kaum noch eine Mitose vor.

MAURI bestätigte kürzlich die verminderte Markierung des DNS-Stoffwechsels auch mit ^{3}H-Thymidin:

Markierungsindex I_s	Myeloblasten	Promyelocyten	Myelocyten
normal	42%	34%	13%
chron. Myelose	11%	9%	3%

Nur im peripheren Blut gibt FLIEDNER bei zwei chronischen Myelosen die teilungsfähigen Granuloblasten mit ^{3}H-Thymidin gut markiert an. Er findet in vivo eine fast normale Granulopoese-Reifungszeit von 7 Tagen, nur einmal bei einer aleukämischen Form eine leichte Verlängerung auf 9 Tage.

Mit der ^{32}P-Markierung in vitro erhält OSGOOD bei der chronischen Myelose eine gegen die Norm von 126 auf 90 Std verringerte Leukocyten-Lebensdauer. LALA errechnet aus der ^{32}P-Markierung am Patienten eine 4tägige Lebensdauer inklusive Reifungszeit leukämischer Granulocyten. Beim Vergleich der spezifischen Aktivität nach ^{32}P- bzw. ^{3}H-Thymidin-Markierung in vitro findet CRADDOCK, daß die Zellen der chronischen Myelose wie der akuten Myeloblastenleukämie im Gegensatz zur lymphatischen und Monoblastenleukämie mehr Phosphat als Thymidin aufnehmen.

Wir haben in den Knochenmarkkulturen von 6 chronischen Myelosen keine bemerkenswerte Abweichung der ^{32}P-Markierung von der Norm erhalten. Bei entsprechend langer Beobachtung (3 Tage) sehen wir eine Markierung von Myeloblasten über Promyelocyten zu den Myelocyten wandern, was im Sinne einer normalen Ausreifung gewertet werden muß. Auch in vivo findet KILLMANN mit ^{3}H-Thymidin eine nicht von der Norm abweichende Generationszeit.

ad 5. Wir verfügen bisher erst über 5 auswertbar beobachtete Granuloblasten-Mitosen bei chronischen Myelosen, deren Mitosezeiten sich im Streubereich der normalen Granuloblasten-Mitosen mit einer AT-Zeit von 7,5 min befinden. Wegen der kleinen Anzahl können wir noch keine bindende Aussage über eine nicht vorhandene Änderung der Mitosedauer durch die Erkrankung machen. ASTALDI berichtet über Mitosezeiten bei chronischer Myelose von 123 min, die man vermutlich mit dem Normalwert RONDANELLIS von 112 min korrelieren muß, also ebenfalls eine etwa normale Dauer haben. Die aus dem Mitoseindex und der Mitosedauer berechnete Mitosehäufigkeit dürfte danach kaum von der Norm abweichen, wegen des etwas erniedrigten Mitoseindex eher vermindert sein.

ad 6. Eine amitotische Zellvermehrung bei der chronischen Myelose meinen wir, wie schon FIESCHI, ablehnen zu können (s. S. 59). Beobachtungen über Interkinesen und Reifung überlebender Knochenmarkzellen in der Kultur liegen für die chronische Myelose nicht vor.

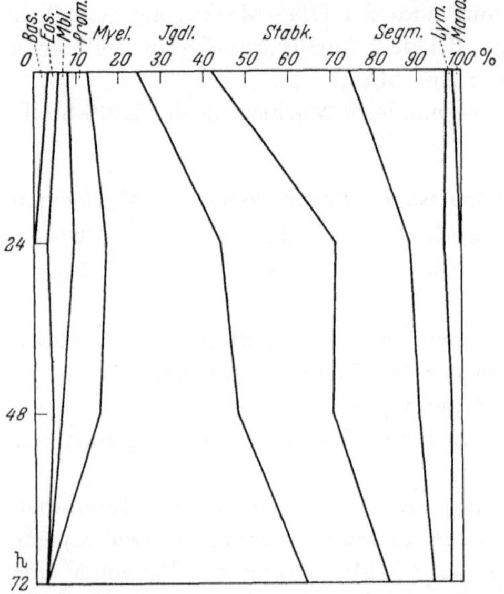

Abb. 46. Verhalten der prozentualen Zellverteilung bei Leukocytenkulturen von chronischer Myelose (Co.). Gezählt aus fixierten Kulturen. Legende wie Abb. 36. Bas. = Basophile, Eos. = Eosinophile, Lym. = Lymphocyten, Mono. = Monocyten

ad 7. In Knochenmarkkulturen von 3 chronischen myeloischen Leukämien (Abb. 43 c) und sogar in Kulturen von peripherem Blut (6 ausgewertete Ansätze) reifen die Granuloblasten wie bei der normalen und angeregten Granulopoese. Bei den Blutkulturen fällt lediglich nach 3 Tagen ein Schwund der Promyelocyten auf (Abb. 46), die offenbar in der Peripherie nur noch reifen und sich nicht mehr teilen können. FIESCHI und ASTALDI finden auch keine eindeutigen Proliferationsänderungen der chronischen Myelose in Kultur.

Bei drei anderen Knochenmarkansätzen von chronischen Myelosen fehlt allerdings die Vermehrung der teilungsfähigen Vorstufen bei unverändert hohem weißem Mitoseindex nach 24 Std (Abb. 47). Der eine Patient war 6 Tage vor der Sternalpunktion mit 2 mC ^{32}P i. v. behandelt worden, der zweite befand sich in einer kompletten Remission 1½ Jahre nach ^{32}P-Behandlung und litt seit vielen Jahren an einem Lungenabsceß, der dritte bot einen schweren akuten Infekt des Gesichts mit plötzlichem Anstieg der Leukocytenzahlen von 18 000 auf 56 000/mm³ bei Verlust jeder Linksverschiebung. Der erste isotopenbehandelte Patient wies ebenfalls eine transistorische Leukocytose auf. Bei diesen drei durch Behandlung bzw. Sekundärinfektion komplizierten Fällen ist eine solche Beschleunigung der Ausreifung anzunehmen, daß sie sich bereits innerhalb der ersten Kulturtage auswirkte.

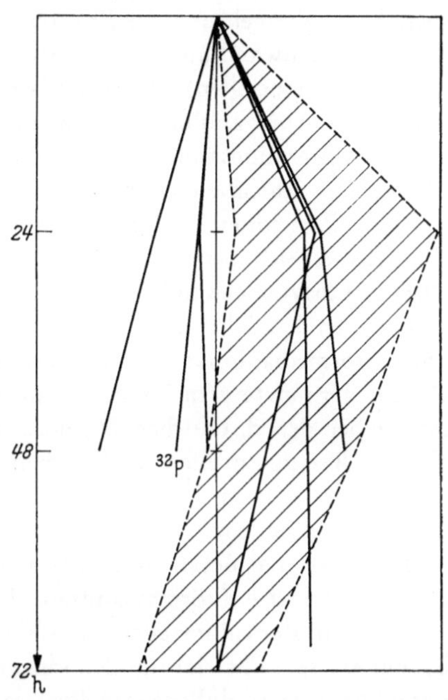

Abb. 47. Leukämien. Hier wurde nicht, wie bei den vorhergehenden Darstellungen der Reifungsveränderungen in vitro, die Differentialauszählungen, sondern lediglich das Verhältnis der teilungsfähigen zu den nicht teilungsfähigen weißen Vorstufen im Verlauf von 72 Kulturstunden aufgetragen. Das Feld zwischen den schraffierten Linien gibt den Streubereich der normalen und der angeregten Granulopoese wieder. Die 6 ausdifferenzierten chronischen Myelosen sind einzeln dargestellt. Außerhalb des Normbereiches liegen zwei mit ^{32}P behandelte Patienten und einer, der kurz vorher zusätzlich einen akuten Infekt acquirierte (siehe Text)

ad 8. Faßt man das heutige Wissen um die Proliferationsänderung bei chronischen myeloischen Leukämien zusammen, so ergibt sich keine erhebliche Abweichung von der Norm. Vorhanden ist eine Tendenz zur Proliferationsverminderung, ganz gleich, ob man die Lebensdauer der Leukocyten bestimmt, den Mitoseindex oder stathmokinetischen Index zählt, die Markierung des Kernstoffwechsels verwendet, oder ob man in verschiedenen Abständen Knochenmarkkulturen zählt. Deswegen können wir dem Craddockschen Schema nicht zustimmen, das auf einer Regenerationsvermehrung fußt.

ad 9. Im gefärbten Sternalpunktat ist das Bild der chronischen Myelose dem der Norm sehr ähnlich. Die Diagnose aus dem Knochenmarkausstrich fällt oft schwer, wenn man sich nicht auf den Zellreichtum und auf die sekundäre Veränderung, wie die relative Verminderung der retikulären Elemente und die auffälligen kleinen, oft nacktkernigen Megakaryocyten (Trautmann, Franzén), verläßt. Extreme Zellvermehrung und Linksverschiebung in der weißen Reihe auch mit Zurückdrängung der Erythropoese bis auf 10% kommen als myeloide Reaktion ebenso bei akuten Entzündungen vor (Fieschi, v. Kress u. a.), sogar meistens mit höherem Mitoseindex als bei der Leukämie. Die Zellvermehrung und die Zurückdrängung des Fettanteiles im Knochenmark müssen wie die metaplastische Besiedelung der parenchymatösen Organe, da bei der Leukämie innerhalb der Granulopoese keine Vermehrung der Proliferation aufgezeigt werden kann, auf eine vermehrte Umwandlung der großen lymphoiden Reticulumzellen (myelopoetische Stammzellen) in Myeloblasten und Promyelocyten zurückgeführt werden. Die Umwandlung der Stammzellen verursacht bei fehlender wesentlicher Proliferationsänderung innerhalb der granulopoetischen Reihe womöglich den schleichenden Beginn der Erkrankung. Dameshek u. a. weisen in letzter Zeit schon infolge klinischer Beobachtungen immer wieder darauf hin, daß es sich bei Leukämien, Erythroleukämien, Polycythämien und Megakarytocytenleukämien um wesensverwandte und austauschbare Erkrankungen handeln muß. Erst nach der Rückverlegung des pathogenetischen Störmechanismus auf die myelopoetische Stammzelle erscheint die klinisch vermutete gemeinsame Ätiologie verständlich. Es irritiert nur, daß gerade bei der chronischen Myelose und bei der Polycythämie die lymphoiden Reticulumzellen im Knochenmark vermindert sind. Vielleicht sind sie es nur relativ, und der Grund für ihre Verminderung liegt in ihrer Differenzierungstendenz.

Der exzessive Befall von Milz und Leber deutet ebenfalls darauf hin, daß der primäre Störmechanismus bei der chronischen Myelose in den lymphoiden Reticulumzellen zu suchen ist, die ihre Reifungsneigung zur Granulopoese nicht nur im Knochenmark dokumentieren, sondern gleichzeitig die extramedulläre Myelopoese hervorrufen. Auch ließe sich durch die primäre Erkrankung der lymphoiden Reticulumzellen die anfängliche Vermehrung der Erythrocyten (Fieschi u. a.) und die Megakaryocytose bei der chronischen Myelose leicht erklären. Da es sich bei diesen Überlegungen nur um einen pathogenetischen, nicht um einen ätiologischen Beitrag zur Leukämie-Entstehung handelt, ist nichts gegen die Tumor-Theorie der chronischen Myelose (Engelbreth-Holm, zit. n. Rohr u. a.) gesagt. Die Erkrankung wird lediglich in die lymphoide Reticulumzelle, die myelopoetische Stammzelle, zurückverlegt.

2. Die Proliferation bei der akuten Leukose

Wenden wir nun dasselbe Schema auf die akute Myeloblasten- und Promyelocyten-Leukämie an. Die Unterscheidung von Mikro- und Parablasten soll hier außer acht gelassen werden, sehen wir doch unter hohen Prednisondosen normal große Myeloblasten und Parablasten in Mikromyeloblasten übergehen (Rind, Leiber). Häufig liegt sowieso im selben

Sternalpunktat eine Anisonucleose (Gross, Müller u. a.) mit einem großen Prozentsatz an tetraploiden Kernen (Hale) vor.

ad 1. Im peripheren Blut unterscheiden sich die pathologischen Myeloblasten der akuten Leukämie von den Segmentkernigen nicht nur morphologisch (Abb. 48 a und b), sondern auch in ihrem Fermentgehalt, der bis auf

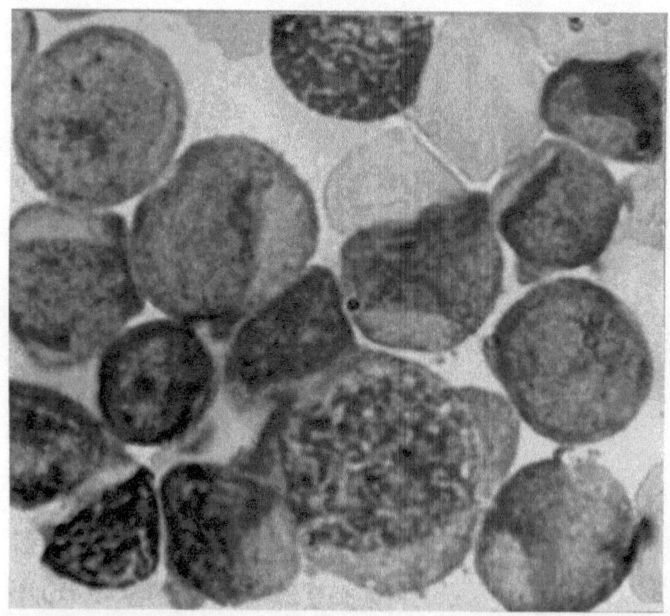

a

Abb. 48. a) Myeloblasten im Giemsa-gefärbten Ausstrichpräparat einer akuten Leukämie. Unten eine Zelle in Prophase. b) Myeloblast mit Auerstäbchen, das in der Zelle hin und her wandert, aus dem Sternalpunkt einer akuten Leukämie. Phasenkontrastfilmbilder aus 16-mm-Negativ-Film. 3 Std Beobachtungsdauer. c) Myeloblast mit Auerstäbchen und Lipchondrien, die sich innerhalb 24 Beobachtungsstunden vermehren. Aus dem Knochenmark einer akuten Myeloblasten-Leukämie. Phasenkontrast-Filmbilder

die ATP-ase (Fieschi, Remy, Vetter u. a.) und die Transaminasen (Löhr) vermindert ist. Der Gehalt an Thymidin und insgesamt der Ribonucleinsäure ist dagegen vermehrt (Otto, Ellison, Scott). Die Beweglichkeit ist im elektrischen Feld wie in der Kultur gegenüber Segmentkernigen vermindert. Immerhin ist beachtlich, daß sich die Myeloblasten der akuten Leukosen häufig fortbewegen (Bewegungstyp II und III nach Rind), während normale Myeloblasten nicht einmal Cytoplasmafortsätze (Bewegungstyp I) aussenden. Es werden offensichtlich Fähigkeiten der reifsten ausschwemmfähigen Formen erworben, obgleich die Teilungsfähigkeit nicht erlischt. Petrakis findet bis 100fach vermehrt tote, anfärbbare Leukocyten ohne Korrelation zu den beschädigten Zellen (Kernschatten).

Über die Lebensdauer der Leukocyten bei den akuten Leukämien ist wenig bekannt. Bierman sieht bei Leucaphereseversuchen an Patienten, daß die Leukocytenproduktion und -zerstörung verlangsamt ist. PERRY beobachtet eine beschleunigte Ausschwemmung ^{32}P-markierter Zellen aus dem Knochenmark, ROSIN aber findet bei normalen und leukämischen Ratten zur gleichen Zeit die Ankunft ^{3}H-Thymidin-markierter Leukocyten in den Lungen.

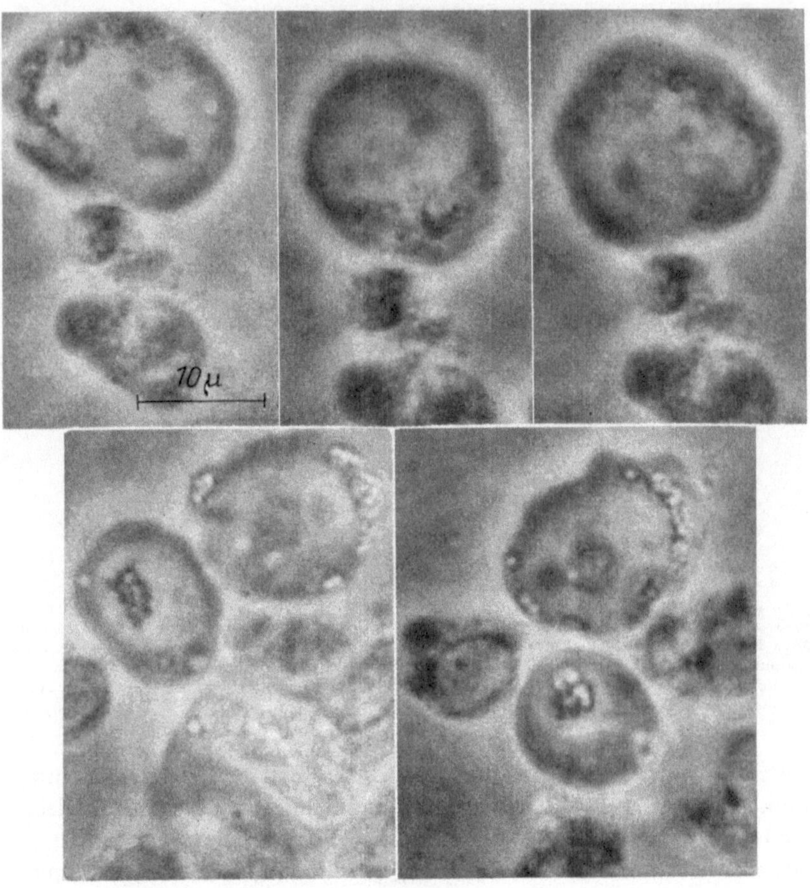

Abb. 48 b

ad 2. Nach ROHR, HEILMEYER, INTROZZI, NORDENSON, FIESCHI, ASTALDI, CARDINALI, SALERA, SACCHETTI, FLIEDNER, MAURI, ALBRECHT u. a. ist der „weiße Mitoseindex“ bei der akuten Leukämie vermindert. Auch wir finden meist herabgesetzte Werte: bei 19 Fällen 6 (0—23) ‰ (Diss. SCHULZ, GANSSEN). Häufig sind die Mitoseindices niedriger, gelegentlich aber auch über der Norm liegend, bis 23‰, GERHARTZ gibt 28,2‰ an. Wir nehmen trotz enormer Vermehrung der pathologischen Zellen im Knochenmark bei

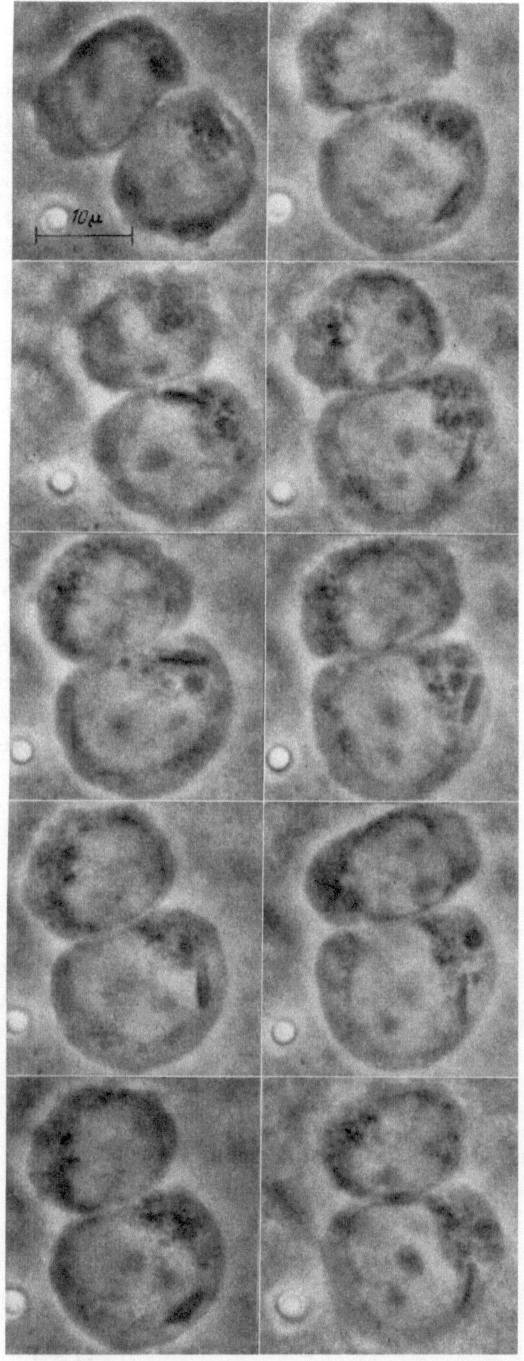

Abb. 48 c (Linke Reihe senkrecht lesen, dann rechte Reihe)

der Leukose einen normalen oder erniedrigten Granuloblasten-Mitoseindex an, da die hohen Werte in Anstiegsphasen der peripheren Leukocytenzahlen gewonnen werden. Vergleicht man den Mitoseindex der pathologischen mit dem der normalen Myeloblasten (wir fanden 45‰) statt mit dem „weißen Mitoseindex“ von 14‰, wird der Unterschied noch größer. Auch SALERA (31,3‰), GERHARTZ, MAURI und KILLMANN (25‰) haben den normalen Mitoseindex für die drei teilungsfähigen Reifungsstufen der Granulopoese gesondert angegeben und finden höhere Werte für Myeloblasten als für die gesamte Granulopoese.

In der Knochenmarkkultur fanden wir nach 24 Std bei 14 akuten Myelosen (53 000 gezählte Zellen) einen durchschnittlichen Granuloblasten-Mitoseindex von 6,6‰ (Diss. ELSÄSSER) gegen 15‰ bei 10 Normalfällen, also auch in vitro eine deutliche Erniedrigung.

Eine amitotische Zellvermehrung halten UNDRITZ, MOESCHLIN, SCHOEN u. a. selbst bei der akuten Leukose nicht für ausschlaggebend.

Die Ausdifferenzierung der 6 Mitosephasen ergibt nach FUCHS eine signifikante Vermehrung der Prophasen und frühen Metaphasen von 3 bzw. 2 σ in allen Fällen (eigene, Diss. SCHUZ, GANSSEN) (Abb. 49). Bei Unterscheidung von nur 3 Mitosephasen (Prophase, Metaphase und Ana-Telophase) (ROHR, ASTALDI, SALERA) stellen sich keine deutlichen Abweichungen von den normalen Granuloblasten-Mitosen dar (SCHULZ).

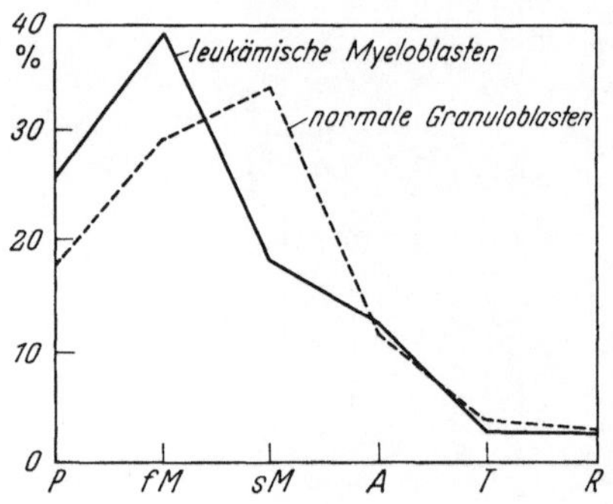

Abb. 49. Karyologische Kurven von leukämischen Myeloblasten (1044 Mitosen) und normalen Promyelocyten und Myelocyten (1065 Mitosen). Legende wie Abb. 26

ad 3. ASTALDI und SALERA finden bei akuten Leukämien einen extrem niedrigen stathmokinetischen Index. Der Mitoseindex beträgt bei ihren 4 Fällen im Mittel 1,9‰, der stathmokinetische Index nach 16 Std 15,4‰, bei einer früheren Untersuchung in 5 Fällen mit MAURI sogar nur 8‰. Sie errechnen daraus eine Mitosedauer von 53 min. Die Mitosehäufigkeit *m* beträgt nach Formel (2) bei einer korrigierten Colchicin-Mitosedauer von 10 Std:

$$m = \frac{0{,}0154}{10} = 0{,}0015/\text{h (statt normal } 0{,}008/\text{h)},$$

die Generationszeit:

$$t_G = \frac{10}{0{,}0154} = 650 \text{ Std} = 27 \text{ Tage, statt normal } 124 \text{ Std} = 5 \text{ Tage.}$$

ad. 4. Mit der Kernstoffwechselmarkierung erzielen alle Autoren (Fliedner, Bond, Cronkite, Lajtha, Gavosto, Craddock, Pogo, Mauri, Mauer, Salera, Hale, Polli u. a.) nur ganze wenige markierte Myeloblasten. Mit ^{3}H-Thymidin gibt Gavosto einen Markierungsindex in vitro für Myeloblasten akuter Leukämien von 3—5% (bei normalen Myeloblasten 41%) an, Mauri für Myeloblasten- von 2,5%, für Promyelocytenleukämien 5—9%. Killmann findet in vitro bei einer akuten Myeloblastenkrise 15%. Mauer und Killmann erhalten sowohl in vitro wie in vivo im Knochenmark einen höheren Markierungsindex als im Blut. Craddock gibt die verminderte Markierung bei Leukosen im Gegensatz zur Verminderung in der normalen Granulopoese über Wochen in gleicher Stärke fortbestehend an.

Wir sehen bei einer Myeloblastenleukämie einen Markierungsindex mit ^{3}H-Thymidin von 3,6%, bei 4 Versuchen mit ^{32}P (ohne Herauslösung der markierten RNS) eine gegen die Norm stark reduzierte Markierung.

Tamburino findet mit ^{32}P bei 2 akuten Leukosen einen durchschnittlichen Anstieg des Markierungsindex von der 4. bis zur 20. Std von 5 auf nur

Tabelle 10. *Phasenkontrastbeobachtungen von Mitosen aus Sternalmarkkulturen*
a) Myeloblasten bei akuten Leukämien

Fälle	P[1]	fM	sM	A	T	Rek	Ges.Zt.
L., A.	—	> 14′	132′	4′	5′	36′	> 191′
D., U.	—	> 6′	79′	3′	5′	29′	> 122′
	—	—	—	> 3′	6′	20′	≫ 29′
P., M.	—	—	42′	3′	4′	11′	> 60′
	—	—	42′	3′	7′	16′	> 68′
W., Z.	—	—	—	5′	7′	18′	≫ 30′
	—		> 165′	4′	6′	15′	> 190′
	3′		71′	2′	4′	30′	> 111′
S., M.	—		> 64′	> 3′	3′	12′	> 82′
P., F.	—		> 107′	3′	3′	22′	> 135′
	—		> 60′	12′	10′	38′	> 120′
E., E.	38′	61′	> 3′		<206′		102′—308′
	—	—		> 18′		34′	> 52′
H., E.	—		> 133′	> 2′	11′	30′	> 166′
durchschnittl.	20,5′		89′	3,9′	6′	24′	> 139,6′

[1] P = Prophase
fM = frühe Metaphase
sM = späte Metaphase
A = Anaphase
T = Telophase
Rek = Rekonstruktionsphase
Ges.Zt. = Gesamt-Mitosedauer

Tabelle 10. *Phasenkontrastbeobachtungen von Mitosen aus Sternalmarkkulturen*
b) Normale Granuloblasten

Fälle	P	fM	sM	A	T	Rek	Ges.Zt.
H., W.	—	—	> 30′	2′	3′	9′	> 43′
F., P.	—	> 93′		4′	5′	21′	> 123′
W., W.	—	—	> 7′	2′	4′	14′	≫ 27′
D., A.	> 6′	22′		2′	4′	17′	> 51′
	—	—	> 31′	3′	4′	10′	> 48′
	—	> 65′		6′	7′	18′	> 96′
	—	> 25′	43′	2′	3′	8′	> 81′
	—	> 90′		3′	5′	18′	> 116′
S., E.	—	—	> 49′	2′	4′	19′	> 74′
	> 10′	27′		3′	> 3′	14′	> 57′
Z., H.	—	> 67′		4′	4′	11′	> 86′
durchschnittlich	> 8′	50′		3′	4,2′	14,5′	> 73′

9,5% (nach der 24. Std war er wieder auf 5% abgesunken). Bei einer Berechnung für die Generationszeit nach der Formel (11), für die DNS-Synthesezeit nach der Formel (12) und für die Mitosehäufigkeit ($^1/_{100}\,k$) bekommt man für die Myeloblasten akuter Leukosen eine k von 0,28,

eine Generationszeit (t_G) von 357 Std (= 15 Tage),
eine DNS-Synthesezeit (t_s) von 16,1 Std und
eine Mitosehäufigkeit (m) von 0,0028/h (statt normal 0,0108/h),

also eine ähnlich verlängerte Generationszeit (gegenüber 38,5 Std der Norm) wie durch den stathmokinetischen Test.

Im Knochenmark von Myelose-Ratten ist der ^{32}P-Anteil szintigraphisch um 43% gegenüber normalem Rattenknochenmark vermindert (Ruhenstroth-Bauer).

ad 5. Trotz erheblich verminderter Mitosen in den Beobachtungskulturen gelang es, aus 22 Knochenmarkansetzungen bei Durchmusterung von etwa 20 000 Zellen, 14 Mitosen in ihrem Ablauf zu beobachten, zu filmen und die Zeiten zu stoppen. Wir fanden gegenüber den unter gleichen Kultur- und Beobachtungsbedingungen gefilmten Granuloblastenmitosen (11) trotz erheblicher Streuwerte signifikant verlängerte Zeiten für die Metaphase (3 σ) und die Mitose im ganzen (2 σ) von 75 auf 140 min (Tab. 10). Astaldi berichtete kürzlich auch von sehr langen Beobachtungszeiten für Parablastenmitosen (193 min), die vermutlich mit den Normalwerten von Rondanelli (112 min) verglichen werden müssen.

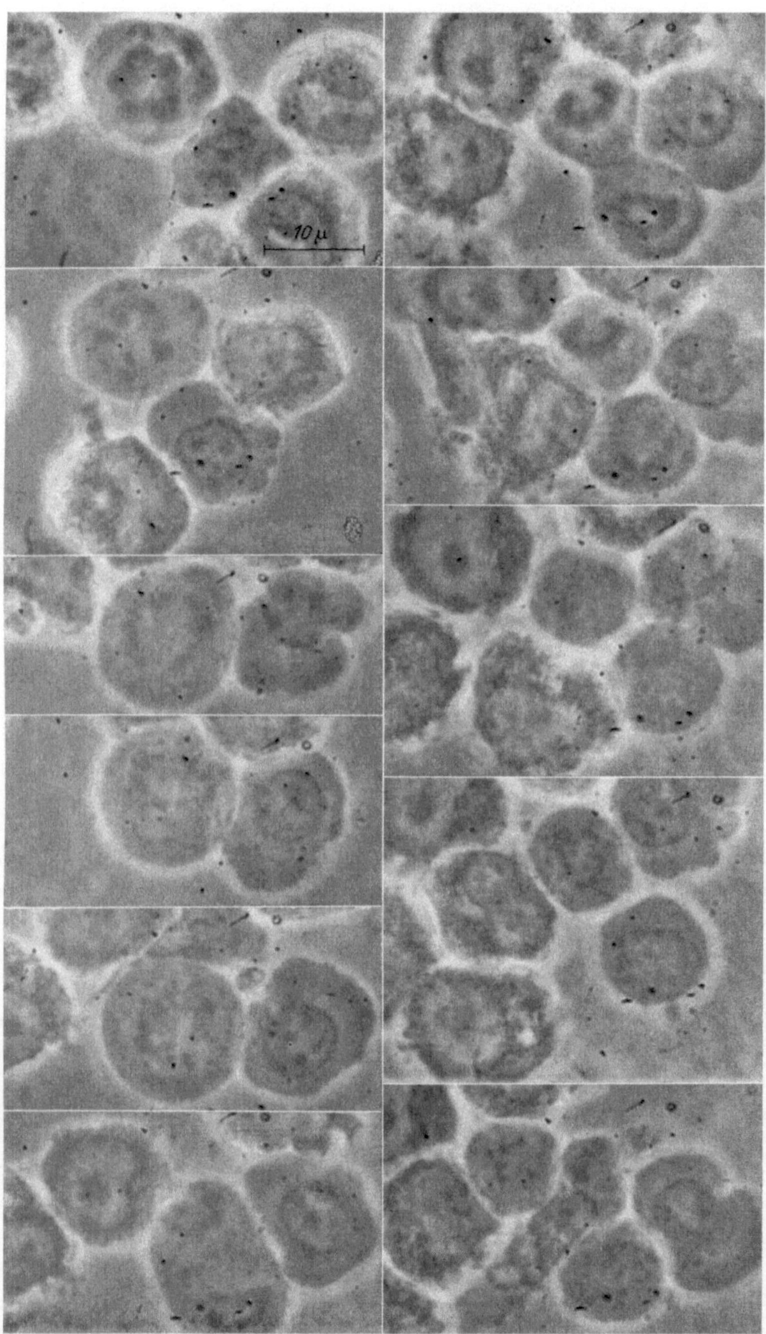

Abb. 50. Mitose eines Myeloblasten bis zur Ausbildung von 2 neuen Myeloblasten. — Phasenkontrastfilmbilder aus dem Knochenmark einer akuten Leukämie. Linke Senkrechte: Metaphase bis Anaphase. Rechte Senkrechte: Telophase bis 2 Tochterzellen

Trotz berechtigter Bedenken, Beobachtungen in vitro mit Lebensabläufen in vivo zu vergleichen, lassen sich hier bindende Aussagen machen, da es sich um leukämisches und normales Knochenmark unter gleichen Versuchsbedingungen handelt. Der Einwand, daß wir leukämische Myeloblasten mit normalen Promyelocyten- und Myelocytenmitosen verglichen haben, dürfte gegenstandslos werden, wenn man berücksichtigt, daß auch im gefärbten Präparat die obigen Autoren den Mitoseindex nicht mit dem der normalen Myeloblasten in Beziehung gesetzt haben. Eine beobachtete normale Myeloblastenmitose wies übrigens eine normale Mitosedauer von 89 min auf (s. S. 52). Morphologisch fanden sich im Ablauf der pathologischen Mitosen keine Besonderheiten (Abb. 50), abgesehen von einer Chromosomenabsprengung, die wir bei einer atypischen aleukämischen Leukämie beobachten konnten; sie trat während der Metaphase auf, hielt sich aber bis zur Telophase und verzögerte den Mitoseablauf, führte aber zu keinem Nebenkern.

Berechnet man die Regeneration aus dem Mitoseindex und der Mitosedauer, erhält man folgende sehr niedrige Werte für die Mitosehäufigkeit:

(1) $$m = \frac{MI}{t_m} = \frac{0{,}006}{2{,}3} = 0{,}0026/\text{h}$$

oder auf 1000 Zellen 2,6/h (statt normal 10,8/h).

Die Generationszeit t_G wäre nach Formel

(7) $$t_G = \frac{t_m}{MI} = \frac{2{,}3}{0{,}006} = 374\ \text{Std} = 16\ \text{Tage}$$

(statt normal 91 Std = 4 Tage)

Bei der akuten Leukämie muß man eine isohomoplastische Regeneration annehmen, da die Reifung fehlt. Die Generationszeit von 374 Std ist bei dieser Erkrankung also reell, wenn keine Zellen ihre regenerativen Potenzen einbüßen, wie es z. B. bei wandernden Parablasten und Mikroblasten denkbar ist.

Obgleich wir gelapptkernige Parablasten häufig und lange verfolgten, konnten wir keine amitotische Zelldurchschnürung beobachten, im Gegenteil: auch die gelappten Kerne wurden häufig wieder rund (Abb. 29). Eine Zellvermehrung nach Amitosen möchten wir deswegen auch bei akuten Leukosen ablehnen. — Andererseits hatten wir gelegentlich den Eindruck, Myeloblasten im Stadium der Pro- oder frühen Metaphase vor uns zu haben, die später wieder Ruhekerne aufwiesen. Bei der häufigen Anisonucleose der Parablasten ist eine endomitotische Entstehung der Riesenkerne vorstellbar. Die signifikante Vermehrung der ersten Mitosephasen bei Parablasten (Abb. 49) deutet ebenfalls auf ein vermehrtes Auftreten von Endomitosen aus der frühen Metaphase. Ließe sich das gehäufte Vorkommen von Endomitosen durch weitere Ergebnisse sichern, läge die Zellvermehrung bei den akuten Leukämien noch unter der Mitosehäufigkeit.

ad 6. Interkinesen konnten wir bei 23 verschiedenen Knochenmarkkulturen, die wir bis zum Absterben in vitro 6 bis 95, im Durchschnitt 33 Std beobachteten, mit dem Zeitrafferfilm nicht dokumentieren. Da eine ganze Reihe von Parablasten über die Interkinesezeit der normalen, reifenden Granulopoese von 30 Std hinaus unter Kontrolle gehalten wurde, kann die Beobachtung bedingt im Sinne einer Interkineseverlängerung verwertet werden. Gelegentlich tritt eine Zellverkleinerung ein, und das Cytoplasma bekommt grobe, doppelt lichtbrechende Granula, die wir bei normalen Granuloblasten nicht sehen und die RIND als Lipochondrien oder Glanzkörner bezeichnet (Abb. 48 c). Auch die Kerne schrumpfen etwas, lassen aber ebenso wie das Cytoplasma die typischen Reifezeichen der Granuloblasten vermissen.

ad 7. Von 16 Knochenmarkversuchen in vitro reiften 4 (2 Para- und 2 Mikroblastenleukämien) überhaupt nicht aus, die reifen Granulocyten gingen in 48 Std von 9 auf 1% zurück, und die Myeloblasten nahmen zu. Bei 11 Myeloblasten- bzw. Promyelocytenleukämien war eine Reifung in vitro festzustellen: Die Myeloblasten gingen in 72 Std von durchschnittlich 52 auf 26% zurück, während nach 24 Std die Promyelocyten, später die Myelocyten entsprechend zugenommen hatten (Diss. KELLER). Auf die nicht mehr teilungsfähigen Vorstufen konnte sich die Reifung innerhalb der 72 Versuchsstunden nicht auswirken (Abb. 51). Bei zunehmender Bebrütungszeit kamen Mitosen trotz absoluter Verminderung häufiger bei ausgereiften Vorstufen als bei den pathologischen Myeloblasten vor (Diss. ELSÄSSER). Eine Förderung der Ausreifung, wie sie THOMAS an Kinderleukosen nach Prednisonbehandlung beschrieb, war in unserem Untersuchungsgut

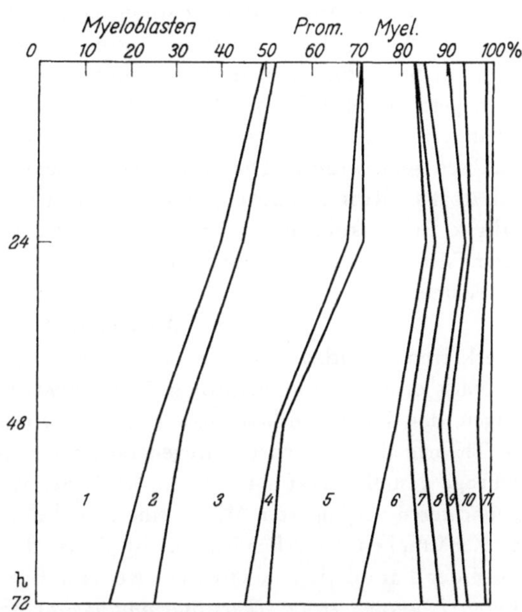

Abb. 51. Graphische Darstellung der Prozentverteilung der Granulopoese bei akuten Leukämien während der ersten 72 Std in vitro gezählt aus fixierten Kulturen

1 = Myeloblasten
2 = Mikromyeloblasten
3 = Promyelocyten
4 = Mikro-Promyelocyten
5 = Myelocyten
6 = Mikromyelocyten
7 = Eosinophile Myelocyten
8 = Jugendliche
9 = Stabkernige
10 = Neutrophile Segmentkernige
11 = Eosinophile Segmentkernige

nicht nachzuweisen; im Gegenteil, nach Prednisonapplikation nahmen die Mikroformen zu, und die Reifung war eingeschränkt.

Bei Blutkulturen fanden wir keine Ausreifung der Myeloblasten akuter Leukosen. In den Blutkulturen mit Phytohämagglutininzusatz zur Einzelchromosomendarstellung konnten wir allerdings Anhaltspunkte für eine Ausreifung gewinnen (LÜERS). In Zweifelsfällen kann die Kultivierung sicher zur Entscheidung herangezogen werden, welche Form der Stammzellenleukämien vorliegt, wie OSGOOD und NOWELL nach der Dauerkultivierung die Monocyten-, Lymphocyten- und Myeloblastenleukämien typisieren. HIRAKI und FUJITA unterscheiden die Leukämieformen an der Art ihrer Auswanderung schon nach 6 Std in vitro.

ad 8. Wegen des von vielen Autoren festgestellten niedrigen Mitoseindex im Sternalmarkausstrich der akuten Leukämie und der in vitro nur selten gefundenen Mitosen (14 auf 20 000 Zellen) ist die Beobachtung der verlängerten Mitosedauer für den Pathogenesemechanismus der akuten Leukosen sehr wichtig. Die Autoren der Lehr- und Handbücher (FIESCHI, HEILMEYER, ROHR, SCHOEN, WEICKER u. a.) haben bisher den für eine maligne Erkrankung mit vermehrtem Zellwachstum unverständlich erniedrigten Mitoseindex (MI) durch eine Verkürzung der Mitosedauer (t_m) nach der Formel

$$MI = m \cdot t_m \tag{1}$$

zu erklären versucht.

Nach dem stathmokinetischen Test ASTALDIs und den Isotopenmarkierungen der DNS-Synthese von LAJTHA, KILLMANN, GAVOSTO u. a. war die Theorie der vermehrten Regeneration bei akuten Leukosen schon sehr in Frage gestellt. Jetzt sind wir in der Lage, aus dem Mitoseindex und der beobachteten verlängerten Mitose eine erheblich gegen die Norm verminderte Mitosehäufigkeit zu erkennen. So ist durch die Verlängerung der Mitosedauer der Parablasten in vitro ein weiterer Beweis dafür erbracht, *daß bei akuten Leukosen trotz Überschwemmung des Knochenmarkes mit pathologischen Zellen die Regeneration gegenüber der Norm nicht vermehrt, sondern vermindert ist.* MÜLLER konnte mit der Feulgenreaktion eine verlängerte Generationszeit bei Parablasten bestätigen. Eine amitotische Zellvermehrung meinen wir nach der Beobachtung in vitro wie GROSS ablehnen zu können. Aus den gelegentlich vorkommenden endomitotischen Kernverdoppelungen resultieren trotz Mitose einkernige Zellen mit vergrößerten Kernen, wie sie auch im gefärbten Ausstrich bei Parablastenleukämien öfter zu sehen sind, also entstehen weniger neue Zellen als Mitosen vorkommen. Die therapeutische Anwendung von Mitosegiften wird damit der theoretischen Voraussetzung beraubt.

ad 9. Die Besiedlung des Knochenmarkes mit Parablasten beruht auf der viel längeren Lebensdauer der pathologischen Zellen (nach verschiedenen Methoden bis zum Zehnfachen der normalen). Vermutlich ist die Ausschwemmung ins Blut herabgesetzt, und die Zellen häufen sich auch in der Peripherie nur wegen ihrer Überalterung. Es liegt hier ein ähnliches Verhalten vor wie bei der chronischen lymphatischen Leukämie (CHRISTENSEN, OTTESEN), bei der die Lebensdauer der Lymphocyten, die nach der ^{32}P-Markierung normal schon 100 Tage beträgt, auf 300 Tage verlängert ist. Der Ansicht, daß die aukte Leukämie durch vermehrte Regeneration entsteht, sollte ein Ende gesetzt werden. Vielmehr muß eine Reifungsstörung die Ursache der Erkrankung sein (HITTMAIR, BIERMAN). Mit der fehlenden Differenzierungstendenz fehlen auch die isoheteroplastischen Reifeteilungen, und es kommt zu Verminderung der Mitosehäufigkeit gegenüber der Norm. Durch den Reifungsstop überwiegt die isohomoplastische, ruhende Granulopoese, und die Generationszeitbestimmung gewinnt hier wieder an Wert. Nach dem stathmokinetischen Index und ASTALDIs Zahlen beträgt sie 27 Tage, nach der ^{32}P-Markierung und TAMBURINOs Zahlen 15 Tage, nach unseren Werten aus der Lebendbeobachtung von Mitoseabläufen in vitro und den gezählten Mitoseindices 16 Tage gegen normal 30 Std. Die erhebliche Verlängerung der Interkinesen bleibt neben der Reifungssperre die Ursache der Überschwemmung des Knochenmarkes mit Parablasten.

In der Granulopoese entspricht die isohomoplastische Vermehrung der Myeloblasten oder der Promyelocyten dem unbeschränkten Wachstum des malignen Tumors. So wie der epitheliale Tumor nicht den ganzen Mutterboden vernichtet, bleibt nebenbei eine normale Granulopoese mehr oder weniger ausgedehnt erhalten. Im peripheren Blut resultiert daraus der Hiatus leucaemicus. Im Blutstrom erscheinen die Parablasten durch ihre Beweglichkeit und überwiegen durch ihre längere Lebensdauer die Segmentkernigen. Da sie ziemlich groß und noch teilungsfähig sind, ist denkbar, daß sie in den Capillaren parenchymatöser Organe hängenbleiben und zu extramedullären Blutbildungsherden Anlaß geben.

Warum es nach sehr intensiver Behandlung mit Cytostatica gelegentlich doch zu echten hämatologischen Remissionen mit Ausreifung kommt (s. b. GROSS, ZUELZER), ist unklar. Vielleicht können die Zellen durch die Verhinderung der Mitosen eher ausreifen, wie wir es in vitro sehen. Immerhin sterben 50% der Patienten im ersten Monat nach Stellung der Diagnose, nur 3% überleben 1 Jahr (Statistik 1943—1952 McMAHON, 1954—1962 SWAN, HAUT, WALTER, RHEINGOLD, MEYERS), und nach der cytostatischen Therapie sind die Ergebnisse bei Erwachsenen nicht viel günstiger.

3. Die Proliferation bei der dekompensierten perniziösen Anämie

Der Vitamin B_{12}-Mangel verursacht eine Kernreifungsstörung aller Körperzellen, die sich in den meisten Fällen zuerst als Anämie manifestiert, da die Erythropoese zu den am stärksten proliferierenden Geweben des ausgewachsenen Organismus gehört. Die Granulopoese hat offensichtlich eine größere Reserve an Kernreifungsfaktoren als die Erythropoese, da erst bei schwer dekompensierten Anämien eine Leukopenie mit der für die Erkrankung charakteristischen Hypersegmentierung auftritt. Thrombopenien mit manifester hämorrhagischer Diathese gehören — sicher wegen des normalerweise großen Überschusses an Thrombocyten — auch bei schweren Anämien zu den größten Seltenheiten, obgleich nach KABELITZ u. a. die Hypersegmentierung der Megakaryocyten ein Frühsymptom der Perniciosa im Knochenmark ist. Wir beobachteten allerdings kürzlich einen Fall, bei dem die zum erstenmal dekompensierte Perniciosa durch eine schwere Blutung aus dem Magen-Darm-Kanal bei 16 000/mm³ Thrombocyten kompliziert war. Nach Vitamin B_{12}-Behandlung normalisierte sich auch die Thrombocytenzahl.

Beim Einzeller fördert das Cyanocobalamin im Nucleinsäuremolekül die Synthese des Purins mit der Desoxyribose (WACKER). Beim Vitamin B_{12}-Mangel resultiert aus der DNS-Stoffwechselstörung eine typische morphologische Kernveränderung, die sich beim Menschen zuerst an der Erythropoese manifestiert, und zwar als Regression ins embryonale Zellwachstum des Megaloblasten. Entweder die Erythropoese erwirbt erst im späteren Embryonalleben die Eigenschaft, sich schnell zu multiplizieren (nach WEICKER alle 24 Std eine Zellteilung) und zu reifen, oder die im Kernstoffwechsel gestörten Megaloblasten ähneln den embryonalen nur zufällig. Die Kerne der Megaloblasten bei der dekompensierten perniziösen Anämie sind, ebenso wie die embryonalen, erheblich größer als die der normalen Erythroblasten und haben eine aufgelockerte Kernstruktur. WEICKER und LEIBETSEDER finden sogar nennenswerte Anteile von K_4- und auch K_8-Kernen. WEICKER beschreibt nach seinen Kernmessungen beim Megaloblastenmark die homoplastische Teilung des K_2 in zwei K_1-Zellen, die beide wieder zu K_2 anwachsen, was er „division arrest" nennt. Über die Mitosedauer bei Megaloblasten können wir noch nichts aussagen, da wir ebenso wie in der normalen Erythropoese über zu wenige Mitosezeiten verfügen, um Vergleichsangaben zu haben. RONDANELLI findet bei der Phasenkontrastbeobachtung die Mitosedauer von Megaloblasten gegenüber Normoblasten im menschlichen Knochenmark verkürzt:

Megaloblasten beim Menschen	55′47″— 86′29″
Normoblasten beim Menschen	76′43″—105′38″

Er errechnet daraus zusammen mit dem erhöhten Mitoseindex der Megaloblasten eine verkürzte Generationszeit der pathologischen Zellen. Die Mitosehäufigkeit ist danach erhöht, das Gegenteil eines „divison arrest" liegt vor. Da nur die Succedanteilungen weitgehend fehlen, die Hämoglobinisierung des Cytoplasmas aber bei relativ unreifen Zellkernen fortschreitet, ist der Ausdruck „maturation arrest" viel zutreffender. Die Hämoglobinbildung ist gemessen am ^{59}Fe-Einbau gestört (NATHAN, MYHRE u. a.), eine „ineffektive Erythropoese" (CRONKITE) liegt vor. Die oben geschilderte Koppelung von Reifung und Reifeteilungen in der Myelopoese läßt eine strenge Trennung in Teilungs- und Reifungsstop sowieso nicht zweckmäßig erscheinen. Offensichtlich kommt es bei der perniziösen Anämie durch die Kernstoffwechselstörung zur Behinderung der Kernausreifung; polychromatische Megaloblasten haben größere Kerne als polychromatische Erythroblasten. Außerdem finden wir als Zeichen allgemeiner Reifestörung im dekompensierten Stadium der perniziösen Anämie wesentlich mehr Promegaloblasten, als wir sonst Proerythroblasten zu sehen gewohnt sind. Das Erythron oder Erythroblastennest (BESSIS, WEICKER) als Ausdruck der isoheteroplastischen Teilung kommt kaum vor. Trotz der Kernreifungsstörung stoßen die polychromatischen und oxyphilen Megaloblasten ihre Kerne aus (ALBRECHT), wodurch Polychromasie und Megalocyten im Blutbild auftreten.

Die Annahme WEICKERS, daß im Megaloblastenmark beide K_1-Zellen wieder zu K_2 werden, also isohomoplastische Teilungen vorliegen, deckt sich auch mit den Angaben OSGOODS, der eine α-2α-Fortpflanzung der Megaloblasten annimmt. Unsere Konzeption der parallellaufenden isohomo- und isoheteroplastischen Teilung in der Granulopoese wird wohl analog auf die Erythropoese anzuwenden sein, wenn wir auch noch nicht genügend Beweismittel dafür in der Hand haben. Gerade das Beispiel des Megaloblastenmarkes, von WEICKER detailliert untersucht, scheint dafür zu sprechen, daß im Prinzip die gleiche Vermehrungsart in der Erythropoese vorliegt. Durch die Kernstoffwechselstörung des Vitamin B_{12}-Mangels wird die Reifung einschließlich der dazugehörigen Reifeteilung blockiert, die im normalen Fließgleichgewicht den täglichen Nachschub der Erythrocyten garantiert. Da beim Vitamin B_{12}-Mangel die Regeneration offensichtlich nicht betroffen ist, wie aus dem hohen Mitoseindex hervorgeht, entsteht eine Überschwemmung des Knochenmarkes mit unreifen, sich isohomoplastisch vermehrenden Megaloblasten und durch die mangelhafte Reifung im Blut eine Anämie. Das Überwiegen der Isohomoplasie ist sicher nur der Ausdruck der schweren Kernstoffwechselstörung, nicht die Ursache der Umwandlung des Markes in Megaloblastenmark.

Der Kernreifungsfaktor Vitamin B_{12} ermöglicht therapeutisch die Überführung der isohomoplastischen in die isoheteroplastischen Teilungen (OSGOOD, FIESCHI). Der Beweis: am Tage nach der ersten Vitamin B_{12}-Verabreichung findet nicht nur eine Umwandlung der Megaloblasten über sog. „Übergangsformen" in normale Erythroblasten statt, sondern auch eine erhebliche Ausreifung (ZADEK, ROHR, KOLLER, WEICKER, Diss. THEUNER).

Die Granulopoese ist beim Vitamin B_{12}-Mangel ebenfalls morphologisch verändert. Es kommt wie bei der Erythropoese zu Riesenformen: *Megagranulopoese* (ROHR). Sie zeichnet sich vorwiegend durch große Metamyelocyten und Riesenstäbe (nach DAWSON über 18 μm Durchmesser), auch bei den Eosinophilen (ASTALDI), aus, hat aber ebenfalls besonders große Promyelocyten und Myelocyten mit Kernlappungen. YAMAMOTO beschrieb 1925 bei der Perniciosa Zwillingszellen und andere Atypien in der Granulopoese. Im peripheren Blut sind die Hypersegmentierten für die Erkrankung charakteristisch (BRÜSCHKE), wahrscheinlich wegen der vergrößerten Kernmasse der reifsten granulopoetischen Vorstufen.

Tragen wir für die Granulopoese der dekompensierten perniziösen Anämie zusammen, was an Daten über die Proliferation zu gewinnen ist. WEICKER nimmt für die Megagranulopoese statt der zwei obligaten Reifeteilungen vom K_2-Promyelocyt über den K_1 zum $K_{1/2}$-Myelocyten-Metamyelocyten bei der Perniciosa nur eine Teilung zum K_1-Myelocyten an, der ausreift und die späteren Riesenformen bedingt. Das bedeutet verminderte Reifeteilungen. Als Beweis führt WEICKER die bei der dekompensierten Perniciosa vermehrten „drumsticks" an, die bei einer fehlenden haploiden Teilung doppelt so oft vorkommen müßten wie in der Norm (3%). Bei 5 Frauen mit hochgradigen perniziösen Anämien fanden wir die „drumsticks" sogar auf 15% (18, 18, 17, 11, 9,5%), bei Männern nicht vermehrt. (Die Zählungen verdanken wir Dr. THEA LÜERS.) In vitro haben wir die Riesenmetamyelocyten gerade umgekehrt im Gefolge einer Mitose entstehen sehen, nach der durch Zusammenfluß nicht nur des Cytoplasmas, sondern auch der beiden Kerne eine tetraploide, einkernige, reife Zelle entstand (s. S. 60, Abb. 30 u. 31, 4. Reihe). Wahrscheinlich reifen die tetraploiden Riesenmetamyelocyten bei perniziöser Anämie über Riesenstäbe zu hypersegmentierten Leukocyten aus und die vermehrten „drumsticks" sind durch den doppelten Chromosomensatz der Zellen bedingt. Die Häufigkeit der „drumsticks" ist auch bei Frauen, die nicht an perniziöser Anämie leiden, von der Anzahl der Kernsegmente abhängig (MITTWOCH).

Über den *Megagranuloblasten-Mitoseindex bei Perniciosa* finden sich keine Angaben, während sich alle Autoren darüber einig sind, daß der Megaloblasten-Mitoseindex bei der dekompensierten Perniciosa erhöht ist. Wir zählten bei 4 Fällen den weißen Mitoseindex im Originalausstrich und in der Kultur und fanden keine Änderung gegenüber der Norm (siehe Tab. 7, S. 93).

Nach ROHR sind normalerweise die Hälfte der Granuloblastenmitosen halbreife Myelocytenmitosen; beim chronischen Infekt und der Tuberkulose sollen mehr Mitosen bei den reifen Myelocyten bzw. Metamyelocyten und bei der Perniciosa mehr bei den Promyelocyten auftreten. In der Knochenmarkkultur finden wir bei der Perniciosa keine Vermehrung, sondern eine Verminderung der Promyelocytenmitosen:

	normale	perniziöse Anämie
Promyelocyten in Mitose	643	106
Myelocyten in Mitose	649	146

Wahrscheinlich kommt es in den Coagulumkulturen wie in der roten Reihe, bei der THEUNER die Übergangsformen vorherrschend findet, auch bei der Granulopoese durch den Hühnerembryonalextrakt zum Ausgleich des Vitamin B_{12}-Mangels und zur schnellen Ausreifung. Dafür könnte die Prophasenzunahme der Perniciosa-Myelocyten sprechen (Abb. 52). Bei der roten Reihe trifft die seit FIESCHI bekannte Prophasenzunahme in Kultur nur die Promegaloblasten, nicht die reiferen Stadien (Abb. 53). Die *karyologische Kurve* der Promegaloblasten ähnelt eher der von Myeloblasten bei akuter Leukämie (Abb. 49).

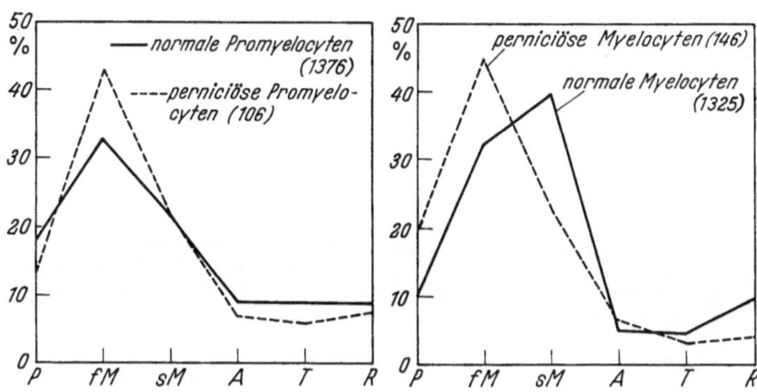

Abb. 52. Karyologische Kurven normaler und perniziöser Promyelocyten und Myelocyten in Knochenmark-Kultur. Legende wie bei Abb. 26

ASTALDI findet eine signifikante Erhöhung des *stathmokinetischen Index* bei basophilen Megaloblasten gegenüber Erythroblasten, aber noch stärker bei polychromatischen und schließt auf eine entsprechende Proliferationsvermehrung. Wir können das bestätigen (eigene Zählungen, MAETZEL, Diss.). Während bei den Normoblasten der stathmokinetische Index der polychromatischen nur ein Viertel von dem der basophilen beträgt, ist es bei Megaloblasten trotz Verdoppelung schon des Index der Basophilen die Hälfte. Die Erhöhung des stathmokinetischen Index bei den reiferen Vorstufen kann eigentlich nur durch Reifungsförderung der Kulturbedingungen erklärt werden. Das würde die Vermutung REISNERS jr. bestätigen, daß in vivo bei Megaloblasten die Interkinesedauer verlängert ist. — Der stathmokinetische Test läßt sich mit der Anschauung WEICKERS über den Divisionsstop nicht in Einklang bringen. Es handelt sich aber mehr um eine Nomenklaturfrage als um echte Gegensätze, denn ASTALDI kann sich bei den Mitosen nur nach der Cytoplasmabeschaffenheit richten, während WEICKER die Klasseneinteilung nach der Kerngröße vornimmt. Die größeren Kerne der polychromatischen Megaloblasten teilen sich natürlich erheblich öfter als die kleineren der polychromatischen Normoblasten.

Über den Granuloblasten-Mitoseindex bei der Perniciosa machen die Italiener keine Angaben. Wir fanden den *weißen Colchicin-Mitoseindex* bei perniziöser Anämie nicht erhöht (11,7‰), während die Megaloblasten mit

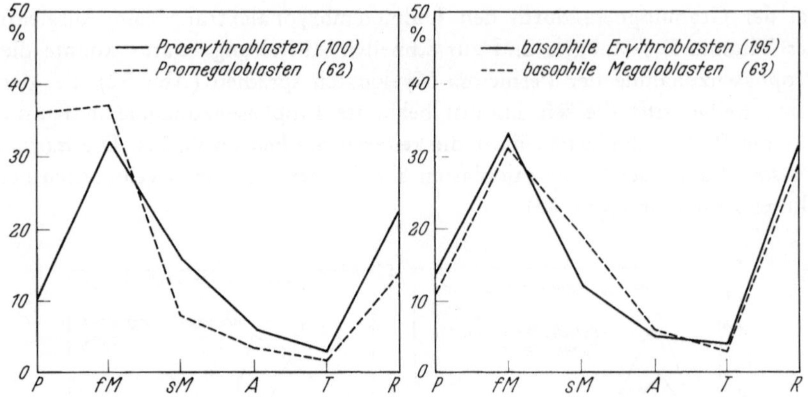

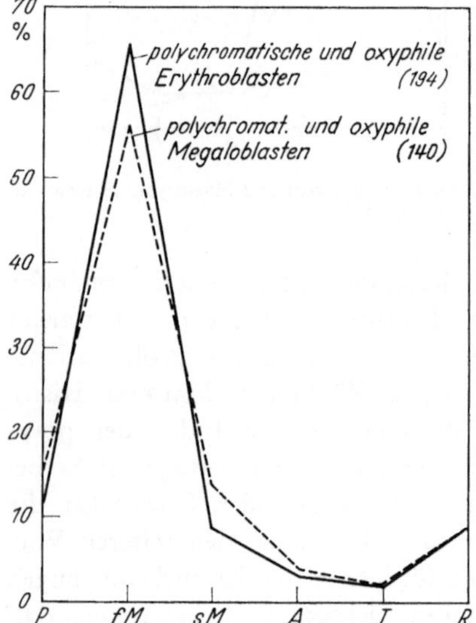

Abb. 53. Karyologische Kurven normaler und megaloblastischer Erythroblasten in 3 Reifestudien in Knochenmarkkulturen. Legende wie bei Abb. 26

200‰ gut gehemmt waren. Mit Xanthopterin war der weiße Mitoseindex auch nur mäßig: von 14,4 auf 42,4‰ erhöht (Normalwerte S. 19), der rote viel stärker: von 28,2 auf 103‰. Nach Versuchen mit der Mitosehemmung durch beide Spindelgifte ist bei der Perniciosa die Regenerationsintensität in der Granulopoese wesentlich geringer als in der Erythropoese, oder die Zellen persistieren nicht so lange im Stadium der arretierten Mitose.

Trotz der Störung im *Kernstoffwechsel* durch den Vitamin B_{12}-Mangel lassen sich bei der Markierung mit ^{32}P im Megaloblastenmark keine erkennbaren Abweichungen von der Norm feststellen (7 eigene Fälle, LAJTHA). Nach SALERA tritt nur eine ganz leichte Verzögerung der Markierung ein, die aber keine nennenswerte Verlängerung der Interkinesezeit weder der roten noch der weißen Reihe bedingt. Deswegen kann es sich bei der Perniciosa weniger um eine Störung der DNS-Reduplikation als um eine Kernreifungsstörung handeln, die eine Störung der Hämoglobinisierung und damit der Cytoplasmareifung (NATHAN) nach sich zieht. Mit ^{3}H-Thymidin fanden dann MAURI in vitro und FLIEDNER in vitro eine leicht verminderte

DNS-Synthese bei Megaloblasten, und zwar bei zunehmender Zellreife stärker vermindert. Mikrospektrophotometrisch und mit der Methylgrün-Pyronin- oder Feulgenfärbung konnte kein Unterschied zwischen dem DNS-Gehalt der Megaloblastenkerne und dem der Normoblastenkerne festgestellt werden (REISNER jr.).

Wir haben bisher nur 5 lebende *Granuloblastenmitosen* bei dekompensierter Perniciosa in vitro beobachtet. Bei ihnen war die Rekonstruktionsphase auf 30—53 min, im Durchschnitt 38 min verlängert, ohne deutliche Verzögerung der AT-Zeit. Im ganzen sind dies noch zu wenig Beobachtungen für bindende Aussagen.

Über die Interkinesen und die Reifung der Granulopoese bei Perniciosa konnten mit der in vitro-Beobachtung noch keine Ergebnisse erbracht werden.

Auszählungen von Knochenmarkkulturen bei perniziöser Anämie ergaben deutlichere Veränderungen der roten Vorstufen als der weißen, sind aber mehr als eine Funktion des Ausgangswertes, der stärkeren Linksverschiebung der Megalopoese aufzufasen. Die Reifung der Megalopoese geht jedenfalls mindestens so schnell vonstatten wie in den Normalkulturen (Abb. 44) (s. a. MYHRE). FIESCHI zeigt ähnliche Kurven, deutet aber das vermehrte Vorkommen unreifer Vorstufen als Verzögerung der Reifung, wogegen wir sie als Folge der stärkeren Linksverschiebung im Sternalpunktat ansehen.

Offenbar reicht der in Kultur zugefügte Hühnerembryonalextrakt aus, das Vitamin B_{12}-Defizit auszugleichen. THEUNER (Diss.) beschreibt, daß sich ohne Hühnerembryonalextrakt in vitro weniger Megaloblasten in Übergangsformen nach ROHR und in Normoblasten umwandeln. ASTALDI sieht in Kulturmedien aus Patientenplasma ohne Wuchsstoffzusatz eine Verzögerung der Ausreifung, die durch Leberextrakt aufgehoben wird. Die Ergebnisse verschiedener Autoren zur Normalisierung des Megaloblastenmarkes in vitro (CALLENDER, FIESCHI, FRANCO, HOHENADEL, MYHRE, OSGOOD, PENDL, SACCHETTI, SWAN, THOMSON) lassen sich nur schwer koordinieren, da keine einheitlichen Kriterien für die Normalisierung der Megaloblasten, überdies verschiedene Versuchsbedingungen, insbesondere Vitamin B_{12}-Zusätze, vorliegen. Andererseits findet LAJTHA in der Knochenmarkkultur eine Umwandlung von Normo- in Megaloblasten, was wir auch gelegentlich bestätigen können.

Die Granulopoese der Perniciosa (Abb. 43 d) zeigt keine deutlichen Abweichungen von der Reifungstendenz in Normalkulturen, sicher auch durch die Kulturbedingungen normalisiert.

Faßt man die vorhandenen Ergebnisse über die Granulopoese bei dekompensierter perniziöser Anämie zusammen: normaler Mitoseindex, erniedrigter stathmokinetischer Index, leichte Prophasenzunahme im fixierten, Rekonstruktionsphasen-Zunahme im Lebendpräparat, etwa normale Reifungstendenz der einzelnen Vorstufen in den fixierten Knochenmarkkulturen, fehlende Abweichungen bei der DNS-Markierung mit ^{32}P, ergibt sich keine faßbare Proliferationsänderung der Megagranulopoese. Die Mitosen häufen sich bei der Megagranulopoese im Gegensatz zur Megaloerythropoese nicht. Für ein Fehlen der dritten Reifeteilung der Granulopoese, wie von WEICKER vermutet, finden wir keine Anhaltspunkte. Die Vermehrung der „drumsticks" möchten wir mit der Hypersegmentierung und der Tetraploidie der Riesenmetamyelocyten, wie wir sie postmitotisch entstehen sahen, in Zusammenhang bringen.

Für das Megaloblastenmark sind die Ergebnisse aus der Knochenmarkkultivierung nur bedingt zu verwerten, da die ursächliche Störung, der Vitamin B_{12}-Mangel, in der Kultur offenbar schnell ausgeglichen wird.

Die Diskrepanz zwischen der Mitosephasenverteilung im fixierten und im beobachteten Präparat resultiert aus der oben schon erwähnten Schwierigkeit, im fixierten Präparat die Prophase von der Rekonstruktionsphase zu unterscheiden. Sind die beiden Tochterzellen durch den Ausstrich weit genug voneinander getrennt, werden sie leicht zu den Prophasen gezählt, da die Einzelzelle nur aus der relativen Cytoplasmaarmut als Rekonstruktionsphase erkannt werden kann.

D. Bedeutung der Granulocyten-Proliferation für die Tumorbehandlung mit Cytostatica

Im Rahmen dieser Arbeit können die Fragen des Tumorwachstums nur kurz gestreift werden. Es soll lediglich auf die Verschiedenartigkeit der Proliferation einer epithelialen oder mesenchymalen Neoplasie und der eines Wechselgewebes, wie die eben abgehandelte Granulopoese, eingegangen werden.

Im Wechselgewebe entstehen Zellen von spezieller Cytoplasmaeigenart, die sich nicht mehr teilen können und eine begrenzte, bei der Granulopoese und dem Darmepithel sehr kurze, bei der Erythro- und Lymphopoese längere Lebensdauer haben. Im Tumor vermehren sich Zellen von gewebsatypischen, aber für den Tumor spezifischen und gleichbleibenden Cytoplasmaeigenschaften, die ihre Teilungsfähigkeiten offensichtlich behalten. Die Proliferation wird vorwiegend vom Nährstoffangebot gesteuert (HAMPERL, BÜCHNER, PATT). Der wichtigste Unterschied im Wachstum von Tumor und Wechselgewebe ist damit gegeben: Während in den physiologischen Wechselgeweben ein steady state, ein Fließgleichgewicht mit starker Regeneration, aber auch starkem Zellverbrauch besteht, vergrößert sich bei derselben Regenerationsintensität der Tumor durch mangelnden Zellverbrauch (sog. exponentielles Wachstum, WIDNER, MENDELSOHN).

$$t_i = \ln_2 \frac{t_m}{MI}. \tag{15}$$

Die Nekrose in der Mitte größerer Tumoren wird auf fehlende Gefäßversorgung zurückgeführt. Für eine Wachstumsbegrenzung durch Änderung der Zellspezifität mit Einbuße der Teilungsfähigkeit ergeben sich keine Anhaltspunkte, die Bremse für das Wachstum ist der Sauerstoff- oder Nährstoffmangel.

Die vorerst unverständliche Tatsache, daß die Granulopoese stärker proliferiert als der Tumor, erklärt sich aus dem großen Verbrauch an Granulocyten, der ein Fließgleichgewicht herstellt, während die Tumorzellen am Ort ihrer Entstehung liegen bleiben und durch ihre längere Lebensdauer zum expansiven Wachstum Anlaß geben. Der Tumor wächst schon verdrängend, wenn seine Zellen eine längere Generationszeit als die der reifenden Granuloblasten von 1,3 Tagen haben (Abb. 37, S. 74).

Zur Erforschung des Tumorwachstums und dessen therapeutischer Beeinflussung haben sich die verschiedenen Forschergruppen, um die Versuchszeiten abzukürzen, experimenteller Tiertumoren mit schnellem Wachstum und großer Letalität bedient. Bei solide oder im Ascites wachsenden Tumoren kommt es zu einem *Mitoseindex* von 10—50‰ (JÜNGLING und LANGENDORFF, GRUNDMANN, KNAKE, YOSHIDA, BERTALANFFY, ELKING, SATO). KLEIN fand beim Ehrlichschen Mäuse-Ascites-Tumor Mitoseindices von etwa 32‰ (MCiM-Sarkom — 49‰) während der ersten 3 Tage nach der Inoculation, die dann nach einer Woche auf 11‰ zurückgingen. Er errechnete *Generationszeiten* von 12,6 Std am ersten Tag und bis zu 78 Std ansteigend. WIDNER sah bei Walker-Ratten-Carcinom und Jensen-Sarkom 25‰ Mitoseindices und errechnete daraus eine Generationszeit von 11—12 Std. YOSHIDA fand bei seinem Ratten-Ascites-Sarkom einen Mitoseindex von 20‰ und eine bei 5 Mitosen beobachtete durchschnittliche Dauer von 47 min (SATO), folglich eine Generationszeit von 38 Std. Die Proliferation selbst dieser schnell wachsenden experimentellen Tumoren bleibt also hinter dem des embryonalen Gewebes zurück.

Die beim Menschen auftretenden Carcinome haben einen wesentlich niedrigeren Mitoseindex und proliferieren nur in den seltensten Ausnahmefällen so stark wie normales Wechselgewebe. Bei Knochenmark-Carcinosen fehlen im Sternalpunktat bei den Carcinomzellen die Mitosen. RÜHL findet in proliferierenden Anteilen von Bronchial-Carcinomen Mitoseindices von durchschnittlich 15‰, GARLAND ein ähnlich langsames Wachstum. Wir sehen beim Plasmocytom (21 Sternalpunktate bei 19 Patienten) einen Mitoseindex von 2,8 (0,1 bis 7) ‰, der gegenüber der Granulopoese deutlich erniedrigt ist. Die karyologische Kurve, ausgewertet an 291 Plasmocytomzellmitosen dieses Materials, zeigt eine Prophasenvermehrung auf 29%, die somit noch etwas über die akuter Leukämien (Abb. 49) hinausgeht.

Der *stathmokinetische* Test wurde an experimentellen Tumoren von LUDFORD, PIRWITZ u. a. durchgeführt. LUDFORD fand in Adenocarcinom-Kulturen eine gute Mitosehemmung durch Colchicin und seine Derivate, gibt aber keine Zahlen an. Im Mäuse-Ascites-Tumor sah LETTRÉ unter Colchicin-Gaben Mitoseindices bis 25‰, unter N-Methyl-Colchicamid bis 65‰, also niedrigere Werte, als wir sie von der Myelopoese kennen. CARDINALI fand beim Mäuse-Ascites-Tumor einen stathmokinetischen Index von 150‰ gegenüber einem solchen bei Mäuse-Leukämien von 400‰. In vivo erreicht BERTALANFFY nach Colchicin-Injektion beim Walker-Carcinom der Ratte einen Mitoseindex von 150‰, beim Fibroblastensarkom 1Fi6F von 100‰.

Für den Menschen wurde der stathmokinetische Test nur beim Plasmocytom angewendet. MAURI fand einen außerordentlich verringerten Anstieg des Mitoseindex von 2‰ unter Colchicin auf 11‰ in 10 Fällen, ASTALDI auf 14‰, entsprechend dem geringen Anstieg des Mitoseindex normaler Plasmazellen (nach ROHR 1‰) unter Colchicin-Zusatz auf 6,6‰ bei unserem Normalfall (Li.).

Durch *Markierung des Kernstoffwechsels* und Auszählung der markierten Zellen in der Autoradiographie läßt sich die Regenerationsintensität verschiedener Tumoren beurteilen. Es wurden schon klinische Versuche zur Tumor-Diagnostik mit ^{32}P durchgeführt (PHILLIPS). Die Einbaurate gibt sicher ein ebenso gutes Maß für die Proliferationsaktivität von Tumoren wie die Bestimmung des Puringehaltes (McINTIRE). WRBA fand beim Ehrlichschen Mäuse-Ascites-Tumor in vitro nach 2 Std eine maximale ^{32}P-Aufnahme von 30%, allerdings in Abhängigkeit von inaktivem Phosphatgehalt des Mediums. Mit zunehmendem Alter der Geschwulst nimmt als Zeichen des Stoffwechselrückganges die ^{32}P-Aufnahme ab. In HeLa-Zellkulturen konnten von PAINTER zu etwa 30% der Zellen und vorübergehend 100% der Mitosen mit ^{3}H-Thymidin markiert werden. HORNSEY markierte mit 8-^{14}C-Adenin, BASERGA mit ^{3}H-Thymidin, allerdings in vivo, bis 98% der Tumorzellen und errechnete eine Generationszeit der teilenden Zellen von 15—18 Std.

Bei menschlichen Tumorgeweben war die Thymidin-Aufnahme in vitro sehr unterschiedlich, im ganzen gering mit durchschnittlich 5,1% (WOLBERG). Wir kultivierten das Knochenmark von 4 Plasmocytomkranken mit ^{32}P und sahen eine erhebliche Verminderung der Markierung gegenüber den myelopoetischen Vorstufen (Abb. 54) entsprechend den normalen, ebenfalls kaum markierten Plasmazellen. Auch BOND fand beim Plasmocytom mit ^{3}H-Thymidin einen sehr erniedrigten Markierungsindex.

Weiterhin markierten wir Sedimente von Pleura-Carcinosen mit ^{32}P und fanden unter gleichen Versuchsbedingungen in vitro eine geringere ^{32}P-Aufnahme in Tumorzellen und jungen basophilen Pleuraendothelien als in den Proerythroblasten und Promyelocyten des Knochenmarkes. CHONÉ erhielt mit lokaler ^{3}H-Thymidin-Anwendung bei 2 Pleura-Carcinosen einen gegenüber dem Knochenmark stärker erniedrigten Markierungsindex von 1—3% als wir mit ^{32}P und errechnete eine mittlere Generationszeit von 18 bzw. 48 Tagen! — Johnson markierte in der Mamma mit ^{3}H-Thymidin den normalen Milchgang ebenso stark wie verschiedene Carcinome.

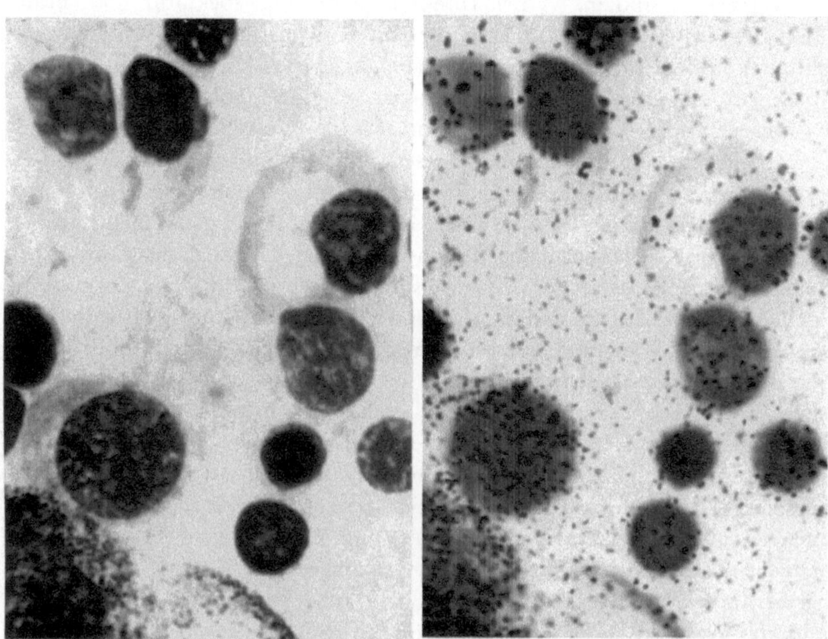

Abb. 54. Autoradiographien mit ^{32}P als o-Phosphat von Plasmocytomknochenmark in vitro. a) Auf die Zellen fokussiert; b) auf die Mikroautoradiographie (strippingfilm-method) fokussiert. Der Promyelocyt in der Ecke und der Erythroblast sind stark markiert, die Plasmocytomzellen heben sich kaum von der Untergrundschwärzung ab

An Sarkomzellen von Tiertumoren wurden mit dem Phasenkontrastmikroskop folgende Mitosezeiten festgestellt:

	Prophase	Metaphase	Anaphase	Telophase[1]	Gesamt-Mitosedauer
Yoshida Rattensarkom	8′	7′	4′	28′	47′
Makino Rattensarkom	15′	54′	4′	18′	91′
Makino Rattensarkom	14′	31′	4′	21′	70′
Mazia Sarkom	10′	44′	5′	18′	77′
Moorhead, HeLa-Zellen	30′	52′	12′	86′	180′

Klein berechnet die *Mitosedauer* des Mäuse-Ascites-Tumors auf etwa 1 Std. Die Mitosedauer bei einer menschlichen Tumorzelle aus dem Ascites wurde nach einem Zeitrafferfilm von Lettré mit 3 Std angegeben. Wir

[1] einschließlich Rekonstruktionsphase.

haben in verschiedenem Zellmaterial einige Tumorzellen in Mitose gefunden, aber sahen die Mitose nur zweimal (bei einem Plasmocytom und bei einem Hodgkinsarkom) regelrecht beendet. Sie dauerte beide Male etwa 75 min (Granuloblasten 80 min).

Interkinesen sind m. W. bei Tumoren in der Gewebekultur noch nicht direkt beobachtet worden, obgleich über die Kultivierung von Tumoren unzählige Veröffentlichungen existieren (FISCHER, SCHREK, PARKER, M. VON MOELLENDORFF, KLEIN, BARKER, SANFORD, SISKEN, TOLMACH, LUDOVICI, WAGNER u. a.). Eine Zellart in vitro immer wieder zu reproduzieren, konnte bei verschiedenen epithelialen und mesenchymalen Stämmen von Versuchstieren und vom Menschen erreicht werden. Dagegen bleibt die Myelopoese nicht länger als einige Tage in ihrer spezifischen Zusammensetzung erhalten, weil sie im Gegensatz zum Malignom ausreift. Die z. Z. gebräuchlichste Zellart für die Kultivierung in vitro sind die aus menschlicher Cervix gewonnenen HeLa-Zellen. Es läßt sich unter bestimmten Züchtungsbedingungen ein gutes Wachstum dieser Tumorzellen erreichen und über viele Passagen aufrechterhalten, auch wenn seit langem bekannt ist, daß Krebszellen in der Gewebekultur langsamer wachsen als Fibroblasten (DOMAGK). K. ROOTH gibt für Fibroblasten eine Generationszeit von nur 12—24 Std an.

Meistens wird das Wachstum planimetrisch oder als Tumorverdoppelungszeit — entsprechend der Generationszeit — bestimmt (COLLINS), viel seltener durch den Mitoseindex. OESER und GERSTENBERG errechnen bei malignen Tumoren des Menschen eine viel langsamere Wachstumsgeschwindigkeit als bei benignen Granulomen, wie auch SETÄLÄ bei der benignen Epidermishyperplasie der Maus eine stärkere Mitosehäufigkeit fand als bei den malignen.

Nach den Ergebnissen des Mitoseindex, des stathmokinetischen Tests, der DNS-Markierung, der Mitosedauer und der Gewebezüchtung steht das Malignom hinsichtlich der Proliferationsaktivität zwischen den bradytrophen und den trachytrophen Geweben des ausgewachsenen Organismus (WELLMANN, BASERGA). Bei unserem Fall Zi. haben wir einen Mitoseindex der reifenden Granulopoese von 33‰ beobachtet, also eine Wachstumsrate, wie sie selbst bei den besonders schnell wachsenden experimentellen Tumoren nicht überschritten und beim Kranken fast nie erreicht wird. Ob die durchschnittliche Wachstumsrate der menschlichen Tumoren weit unter der reifenden Granulopoese liegt, wagen wir nicht zu entscheiden; sie wechselt sicher von Tumor zu Tumor und sowohl periodisch zeitlich als auch lokal im selben Tumor (HAMPERL, YOSHIDA). Fest steht aber, daß das Leben der Tumorzelle, ihre Generationszeit, viel länger ist als das der reifenden Granuloblasten und der reifen Granulocyten.

Der Tumorstoffwechsel unterscheidet sich nach WARBURG vom embryonalen durch den anaeroben Stoffwechsel; TERRANOVA u. a. rechnen jedoch die Myelopoese zum embryonalen Stoffwechsel. Die starke Zellvermehrung bleibt unabhängig vom Stoffwechselmechanismus bei beiden Gewebearten die gleiche. Abgesehen von gewissen Hormonen sind keine Medikamente bekannt, die den Tumorstoffwechsel selektiv hemmen und den physiologischen unbeeinflußt lassen. Dabei muß jedes Cytostaticum, auch das nicht die Kernverdoppelung und Mitose blockierende, die reifende Granulopoese, deren Cytoplasmamasse auch schnell zunimmt (s. Abb. 37), wie alle tachytrophen Gewebe des erwachsenen Organismus mehr schädigen als den Tumor.

Aus der Klinik ist die Schädigung der Wechselgewebe als Leukopenie, Thrombopenie und Alteration des Magen-Darm-Kanales bekannt. Zur Anämie kommt es nicht so schnell, weil die lange Lebensdauer der Erythrocyten von 120 Tagen eine vorübergehende Depression überbrückt, obgleich die Erythropoese vermutlich kürzere Generationszeiten als die Granulopoese hat (nach Weicker und Myhre 24 Std, nach Odartschenko u. a. nur 8). Reticulocyten-Zählungen decken auch die Störung in der Erythropoese auf (Gerhartz). Deswegen müssen — solange der Tumor noch lokalisiert ist — lokal auf ihn einwirkende Therapeutica, wie die Operation oder die ionisierende Bestrahlung, den Vorzug haben. Bei generalisierten Tumoren oder Metastasierungen ist die Blutbild-Kontrolle der cytostatischen Behandlung unerläßlich. Neuerdings werden Cytostatica nicht nur auf die Beeinflussung des Tumorgewichts, sondern auch auf die Kerndichte im Knochenmark der Versuchstiere getestet (Vogel).

Als Ausweg aus dem Dilemma zwischen Tumor- und Wechselgewebsschädigung wird empfohlen, das Vincaleukoblastine, eine als Mitoseblocker wirksame Substanz aus Immergrün, in Abständen von einer Woche zu verabreichen (Palmer, Cardinali, Vaitkevicius, Mauvernay, Frost). Auch Bock u. a. propagiert die cytostatische Stoß-Behandlung. Die Zwischenzeit ist ausreichend für die Granulopoese, um sich wieder zu erholen, indem sie ruhende Vorstufen in reifende überführt, wie es praktisch die Leukocyten-Kontrollen ergeben. Ehrhardt fand allerdings mit dem Pyrexal-Test längere Schäden. Wie weit sich das Malignom ebenfalls in der Pause erholt, hängt von seiner Regenerationsintensität ab. Hat es eine längere Generationszeit, und das ist nach obigen Ausführungen für die meisten Tumoren beim Menschen anzunehmen, wird die Wachstumsbehinderung länger andauern und sich durch aufeinanderfolgende Dosen potenzieren. Solange man keine Möglichkeit hat, die aktuelle Wachstumsrate beim Malignom zu bestimmen, verspricht die alternierende hochdosierte Behandlung mit einem Cytostaticum theoretisch eine bessere Wirkung als die kontinuierliche Verabreichung (s. a. Druckrey). Ähnliche Gründe führt Osgood für die günstige Wirkung der Radiophosphorbehandlung bei Hämablastosen an.

Zusammenfassend ergibt sich, daß ein Cytostaticum, das die Proliferation maligner Tumoren behindert, nach Kenntnis der Wachstumsgeschwindigkeit der tachytrophen Wechselgewebe diese mindestens in demselben Ausmaß schädigen muß wie das Malignom. Inwieweit der Tumor beeinträchtigt wird, hängt vorwiegend von seiner Regenerationsintensität ab, für die der Mitoseindex im fixierten Präparat sicher ein ausreichender Maßstab ist. Für Tumoren mit niedrigem Mitoseindex hat die alternierende hochdosierte Behandlung mit Cytostatica günstigere theoretische Voraussetzungen als die kontinuierliche, weil sich in der Zwischenzeit die Granulopoese durch Aktivierung aus ihren Reserven wieder erholen kann.

E. Zusammenfassung

In der vorliegenden Arbeit wird der Mechanismus der Entstehung der neutrophilen Granulocyten behandelt und eine neue Theorie über die *Proliferation der Granulocytopoese entwickelt.* Bei dem typischen Wechselgewebe, das verschiedene Reifungsstadien durchläuft, setzt sich im Gegensatz zu vielen anderen Geweben die Proliferation aus Regeneration und Differenzierung zusammen. Die Beurteilung der Proliferationsaktivität aus dem Knochenmark wird in vivo weiterhin durch die nicht überschaubare Größe der Ausschwemmung erschwert.

Daten über die morphologischen Veränderungen und Zeitverhältnisse bei der Entwicklung der neutrophilen Granulocyten werden zusammengestellt und durch unsere experimentellen Untersuchungen an in vitro überlebenden menschlichen Knochenmarkzellen ergänzt. Durch direkte Beobachtung mit dem Phasenkontrastmikroskop wurden Ergebnisse über die Dauer der Mitosen, der Interkinesen und der Reifung vom Promyelocyten zum Segmentkernigen gewonnen. Die reifende Granulopoese wies bei einem in vitro beobachteten Fall eine Reifungszeit vom Promyelocyten zum Segmentkernigen von 4 Tagen und eine Generationszeit von 30 Std auf, was bei der beobachteten Mitosedauer von 1 Std einer Mitoserate von 0,033 pro Stunde entspricht. Im gefärbten Knochenmark- und Kulturausstrich wurden Zellen und Mitosephasen, auch unter Einwirkung von Spindelgiften, differenziert und die Ergebnisse statistisch ausgewertet. Der DNS-Stoffwechsel der Zellen wurde durch Mikroautoradiographien bestimmt.

Nach dem Prozentverhältnis der einzelnen Reifungsstufen im Knochenmark, dem Mitoseindex im fixierten Präparat, dem stathmokinetischen Test, der Kernstoffwechselmarkierung, der Lebendbeobachtung und den Veränderungen der Zellzusammensetzung während dreier Tage in der Knochenmarkkultur müssen in der Granulopoese morphologisch identische Zellen mit verschiedenen proliferativen Potenzen nebeneinander existieren. Durch die Konzeption von zwei gleichzeitig vorkommenden Vermehrungsarten der granulopoetischen Vorstufen läßt sich ein großer Teil der Unstimmigkeiten aus den vorhandenen experimentellen Ergebnissen und Beobachtungen am Patienten beseitigen. In vitro kommt neben einer reifenden Granuloblasten-Population, die sich isoheteroplastisch über mindestens 2 bis 3 Mitosen zu segmentkernigen Granulocyten entwickelt, eine ruhende Population, nicht nur bei den unreifsten Vorstufen, sondern bis hin zum Myelocyten vor. Die inaktive Population muß sich nach statistischen Berechnungen selten und isohomoplastisch teilen (Abb. 41), wird sich aber bei entsprechendem Bedarf an Granulocyten in der Peripherie jederzeit zur Reifung mit den häufigen isoheteroplastischen Reifeteilungen anschicken können. Ob der Reiz der Umwandlung in die reifende Granulopoese lediglich die Entleerung reifer Granulocyten aus dem Knochenmark ist, oder ob eine humorale oder nervale Steuerung besteht, ist noch nicht geklärt. Die Annahme der beiden Populationen mit verschiedenen proliferativen Potenzen in der Granulopoese wird gestützt durch a) die regelmäßig vorkommende Isomorphie der Tochterzellen nach Mitosen, b) die Diskrepanz vom am fixierten Präparat gezählten Mitoseindex (0,011) und der in vitro beobachteten Mitoserate (0,033/Std), c) die Diskrepanz von der in vitro beobachteten gesamten Reifungszeit von 4 Tagen mit der aus dem gezählten Mitoseindex errechneten Generationszeit von ebenfalls 4 Tagen, d) die unvollständige Mitosehemmung im stathmokinetischen Test und e) die Unmöglichkeit, alle teilungsfähigen Zellen mit DNS-Vorstufen weder in Ruhe, noch in Mitose zu markieren. Das Ergebnis der Statistiker (Osgood, Weicker u. a.), daß nach der Mitose eine heteroplastische und eine homoplastische Zelle entstehen, muß dahingehend geändert werden, daß auf je eine reifende eine ruhende Zelle zu rechnen ist. In der Granulopoese gibt der gezählte Mitoseindex keine Auskunft über die Generationszeit oder die Interkinese, sondern über den Anteil der reifenden und sich häufig teilenden zu dem der ruhenden Granuloblasten, die Mitosehäufigkeit (m) der gesamten Granulopoese.

Für die *chronisch-myeloische Leukämie* konnte mit den obigen Methoden keine Proliferationsvermehrung innerhalb der Granulopoese aufgezeigt werden. Deswegen wird die Ursache der Erkrankung in einer Einwirkung auf die myelopoetische Stammzelle, wahrscheinlich auf die lymphoide Reticulumzelle, gesucht.

Für die *akute Myeloblasten-Leukämie* muß auf Grund aller angewandten Untersuchungsmethoden ein Reifungsstop angenommen werden. Die Differenzierung der Myeloblasten oder Promyelocyten zum Segmentkernigen mit isoheteroplastischer Regeneration ist gestört. Der Mitoseindex wird durch den Ausfall der häufigen Reifeteilungen erniedrigt. Die isohomoplastische Vermehrung führt trotz verminderter Regeneration wegen der langen Generationszeiten der pathologischen Zellen (16 Tage) zur Überschwemmung des Knochenmarkes mit unreifen Zellen.

Bei der *Megagranulopoese* der dekompensierten perniziösen Anämie wurde in vitro keine Änderung der Proliferation deutlich. Allerdings scheint die Kulturmethode zur Erforschung des Morbus Biermer nicht besonders geeignet zu sein, da durch den zugesetzten Hühnerembryonalextrakt der Vitamin B_{12}-Mangel ausgeglichen wird, wodurch sich das Megaloblastenmark in vitro schnell normalisiert und ausreift.

Die meisten *malignen Tumoren* beim Menschen haben eine geringere Proliferationsaktivität als die reifende Granulopoese, die deswegen mit allen anderen tachytrophen Geweben des Erwachsenen stärker durch Cytostatica beeinträchtigt wird als der Tumor selbst. Durch abgewogene alternierende cytostatische Therapie läßt sich die Toxizität auf die Granulopoese einschränken, da sie sich in der Zwischenzeit durch Umwandlung der homoplastischen Population in die heteroplastische Reifung neu zu regenerieren vermag. Bei den langsamer wachsenden Tumoren summieren sich die Dosen entsprechend und können zu einer Proliferationshemmung führen.

Literatur

Albrecht, M.: Studien über die Leukocytenbewegung und deren Beeinflußbarkeit in vitro. Dtsch. med. Wschr. **79**, 1431 (1954).

— Untersuchungen über die mitosehemmende Wirkung von Demecolcin auf menschliches Knochenmark in vitro. Acta Haematol. **13**, 8 (1955).

— Weitere Studien zur Thrombocytenbildung an Megacaryocyten in vitro. VI. Europ. Hämatol. Kongr. 1957, Kopenhagen.

— Studien zur Thrombozytenbildung, durchgeführt an Megakaryocyten in vitro. Mat. med. Nordmark **10**, 131 (1958).

— Studien zur Plasmabewegung an den reifenden Zellen der Haemopoese. Haematol. Latina **2**, 137 (1959).

— Atypische Mitosen bei akuter Leukämie. VIII. Kongr. d. Europ. Ges. f. Hämatol., Wien 1961.

— Die Einwirkung von Griseofulvin auf Kulturen von embryonalen Fibroblasten und menschlichem Knochenmark. Arzneimittelforschg. **12**, 282 (1962).

—, u. I. Boll: Untersuchungen über die Einwirkung von Colchicin, arseniger Säure, Stickstofflost und Aethylurethan auf menschliches Knochenmark in vitro. Ärztl. Wschr. **5**, 485 (1950).

— — Die Einwirkung von Aminopterin auf menschliches Knochenmark in vitro. Z. Krebsforsch. **57**, 496 (1951).

—, u. J. Eschenbach: Studien zur Frage der Erythroblastenentkernung an Kulturen von Meerschweinchenknochenmark. Acta Haematol. **6**, 83 (1951).

— — Ist die in vitro beobachtete Erythroblastenkernausstoßung als physiologischer Vorgang aufzufassen? Ärztl. Wschr. **8**, 616 (1953).

— — Einwirkung von Triaethylenmelamin (TEM) auf menschliches Knochenmark in vitro. Ärztl. Wschr. **10**, 972, (1955).

— — Triäthylenmelamin auf menschliches Knochenmark in vitro. V. Europ. Hämatol. Kongr. 1955, Freiburg.

— — Studien zur Thrombocytenbildung an Megacaryocyten in menschlichen Knochenmarkkulturen. Acta Haematol. **17**, 160 (1957).

— — Mikrokinematographische Studien zur Entstehung der Thrombocyten aus lebenden Megacaryocyten. Zeiss Mitt. **1**, 5 (1958).

Albrecht, M., J. Eschenbach u. V. Kretschmer: Vergleichende Untersuchungen über die Einwirkung von 3,5-Dioxo-1,2-diphenyl-4-n-butyl-pyrazolidin auf embryonale Fibroblasten, Blut- und Knochenmarkzellen in vitro. Arzneimittelforschg. **10**, 606 (1960).

—, u. V. Kretschmer: Vergleichende Untersuchungen über die Einwirkung von Demecolcin auf die Thrombocytenbildung, Mitosehemmung und Zellbewegung (durchgeführt an Knochenmark-Kulturen). Ärztl. Wschr. **13**, 508 (1958).

— — Bildung von Thrombocyten in menschlichen Knochenmarkkulturen. Wissenschaftl. Film D 777/1958.

— — Vergleichende Untersuchungen über die Einwirkung von Triaethyleniminothiophosphorsäureamid (Thio-TEPA) auf menschliche Blut- und Knochenmarkzellen und auf Fibroblasten in vitro. Fol. haemat., Neue Folge, **5**, 2 (1961).

Alker, R. I., J. C. Herion, and J. G. Palmer: Leucocyte labeling with inorganic radiophosphorus. Amer. J. Physiol. **201**, 1137 (1961).

Altmann, H. W.: Zur Morphologie der Wechselwirkung zwischen Kern und Cytoplasma. Klin. Wschr. **33**, 306 (1955).

Amano, Sh., and Yichikawa: Leukemic Cells and Etiological Virus in Long-term Culture, their Interrelationship with a Consideration of the Distribution of Viral Antigen. IX. Intern. Haematol. Kongr. Mexico 1962.

Ambrus, C. M., and J. L. Ambrus: Regulation of the Leukocyte Level. Ann. N. Y. Acad. Sci. **77**, 445 (1959).

—, J. L. Ambrus, and J. W. E. Byron: Passageways of White Cell Elimination. VI. Intern. Haematol. Kongr. Boston 1956, Nr. 139.

— —, G. C. Johnson, E. W. Packman, W. S. Chernick, N. Back, and J. W. E. Harrison: Role of the Lung in Regulation of the White Blood Cell Level. Amer. J. Physiol. **178**, 33 (1954).

Ambrus, J. L., and C. M. Ambrus: Regulation of the Elimination of Leukocytes. Brookhaven Symposia in Biology, No. 10 (1957).

Ambs, E.: Erythropoese-Probleme. Fol. haemat. **7**, 76 (1963).

Antonioli, J. A.: Metabolism of the White Blood Cell Inside and Outside the Blood Stream. Aus Vanotti: Biological Activity of the Leukocyte (Ciba Foundation Study Group No. 10), 1961.

Arinkin, J.: Die intravitale Untersuchungsmethode des Knochenmarkes. Fol. haematol. **38**, 233 (1929).

Astaldi, G.: Some Effects of X-Rays on Surviving Blood Cells. Proc. of the 6. Intern. Society of Haematology 1956 Boston, Nr. 218.

— L'attività proliferativa in rapporto al grado di maturazinone cellulare. Minerva Medica, Vol. **49**, 3677 (1958).

— Functional Cytology in Leukaemia with Reference to Proliferating Activity. VIII. Kongr. Europ. Ges. Haematol., Wien 1961.

—, and G. Cardinali: Cytology of B_{12} Deficiency in vitro. Monographie, Encke Verlag 1957, Vitamin B_{12}-Symposion, Hamburg.

— — On the Relationship Between Proliferation and Maturation of Blood-forming Cells Surviving in vitro. Haematologica Latina **2**, 17 (1959).

—, V. Gallo, e P. Invernizzi: Ricerche citometriche comparative sulla serie eosinofila del midollo osseo umano normale e dell'anemico pernicioso. Haematol. **34**, 4 (1950).

—, G. Lacroix, e C. Sacchetti: Ricerche sul quadro cariocinetico del midollo osseo dopo la morte. Minerva Medicolegale **70**, 3 (1950).

—, e B. Massa: La resistenza osmotica del leucociti. Haemtol. **41**, 1091 (1956).

—, et C. Mauri: La valutazione dell'attività proliferativa delle cellule midollari. Studio di un „Test Statmocinetico". Haematologica **33**, 13 (1949).

ASTALDI, G., and C. MAURI: New Criteria for the Evaluation of the Bone-Marrow Cells Mitotic Activity. Sang **21**, 378 (1950).
— — La durata della mitosi delle cellule ematopoieticie. Studio di un „Test Cronomitotico". Haematol. **37**, 9 (1953).
— — Recherches sur l'activité proliferative de l'hémocytoblaste de la leucemie aigue. Revue Belge de Pathologie, Vol. **23**, 71 (1953).
— —, e A. ALLEGRI: Ricerche sperimentali sui processi riproduttivi del midollo osseo normale e patologico. Haematol. **34**, 1091 (1950).
— —, e L. DI GUGLIELMO: L'effetto dei raggi roentgen sul'attivita proliferativa degli eritroblasti studiato sul midollo osseo umano in cultura. Haematol. (Pavia) **34**, 529 (1950).
—, C. POGGI, G. MEARDI, e A. PISANI: Sul consumo di ossigeno dei Leucociti normali e Leucemici irradiat. Boll. Soc. ital. di Biol. sperimentale **35**, 20 (1959).
—, e M. RAVETTA: Studio anatomo-funzionale del midollo osseo nella leucemia acuta. Haematol. **24**, 657 (1942).
—, e E. STROSSELLI: Ricerche sull'effetto citodifferenziativo della Vit. B_{12}. Boll. Soc. ital. Biol. sperimentale, Vol. **34**, 23 (1958).
— — Sulla struttura dei granuli nei leucoblasti e leucociti dell'anomalia costituzionale di alder. Gazz. Intern. Med. e Chirurg., Vol. **63**, 1968 (1958).
— — Effects of Vitamin B_{12} Upon Structural Integrity and Proliferating Activity of Cells in vitro. Haematologica Latina **2**, 187 (1959).
— —, A. PISANI, e G. PAOLUCCI: Effetto delle Radiazione jonizzanti sulla cinetica della mitosi. Radiobiologica Latina **3**, 3 (1960).
— — u. C. RINALDI: Die Wirkung von Knorpel- und Knochenmarkextrakten auf Gewebekulturen in vitro. Med. Experim. **2**, 349 (1960).
— — — Effetto di estratti cartilaginei sulla cartilagine embrionale coltivata in vitro. Atti della società emiliana romagnola triveneta di ortopedia e traumatologia **6**, 1 (1961).
— —, P. L. TAVERNA, e G. P. STRADA: L'effetto di composti alchilanti sulla cinetica della mitosi. Gazz. Intern. Med. e Chirurg. **65**, 2808 (1960).
—, and P. TOLENTINO: Studies in vitro on Maturation of Erythroblasts in Normal and Pathological Conditions. J. clin. Path. **2**, 197 (1949).
—, and L. VERGA: Experimental Investigations on the Influence of X-Rays on Glycogen Content in Surviving Leucocytes. Experientia **13**, 244 (1957).
— — Sul contenuto glicogenico nelle cellule sopravviventi della leucemia linfatica sottoposte ad irradiazione Roentgen. Boll. Soc. ital. Biol. sperimentale **33**, 250 (1957).
ATHENS, J. W.: Blood: Leukocytes. Ann. Rev. Physiol. **25**, 195 (1963).
—, O. P. HAAB, S. O. RAAB, H. ASHENBRUCKER, A. M. MAUER, G. E. CARTWRIGHT, and M. M. WINTROBE: Leukokinetic Studies: III. The Distribution of Granulocytes in the Blood of normal Subjects. J. of Clin. Invest. **40**, 159 (1961).
—, A. M. MAUER, H. ASHENBRUCKER, G. E. CARTWRIGHT, and M. M. WINTROBE: Leukokinetic Studies. I. A Method of Labeling Leukocytes with Diisopropylfluorphosphate (DFP^{32}). Blood **14**, 303 (1959).
BACH, S. J.: Rolle des Arginins und der Arginase bei der Krebsentstehung. Hdb. Allgem. Path. VI, 3. Teil (1956), DOMAGK: Die experimentelle Gewebeforschung.
BAKER, W. H., P. C. ZAMECNIK, and M. L. STEPHENSON: In Vitro Incorporation of ^{14}C-D,L-Leucine into Normal and Leukaemic White Cells. Blood **12**, 822 (1957).
BANU, I., L. VLAD, V. DRAGON u. S. CASAT: Studie über die Incorporation von radioaktivem Phosphor (^{32}P) in die corpusculären Blutelemente unter dem Einfluß von Röntgenstrahlen. I. ^{32}P-Incorporation in Leukocyten von bestrahlten Hunden. Neoplasma **8**, 165 (1961).

BANU, I., L. VLAD, V. DRAGON u. S. CASAT: Incorporationsstudie mit ^{32}P in die corpusculären Blutelemente unter der Einwirkung von Röntgenstrahlen. II. Incorporation von ^{32}P in das Blut von bestrahlten Hunden. Neoplasma **8**, 177 (1961).

BARKA, T.: Mitotic Distribution of Feulgen Material in Three Ascites Tumors. J. Nat. Cancer Instit. **22**, 243 (1959).

BARTA, I.: Größen- und Formveränderungen der Leukocyten und ihre klinische Verwertbarkeit. Fol. haemat. **46**, 367 (1932).

— Über die Tätigkeit des leukopoetischen Systems bei Infektionskrankheiten (Untersuchungen mittels Sternalpunktion). Fol. haematol. **47**, 287 (1933).

—, u. I. KADAS: Neuere Ansichten in der Pathogenese der myelogenen Leukocytose. Z. ges. inn. Med. **14**, 1073 (1959).

BASERGA, A.: zit. n. H. WEICKER: Ein quantitatives Modell der Granulopoese. Schweiz. med. Wschr. **86**, 1459 (1956).

— Das haematologische Werk von Giulio Bizzozero. Sci. Med. Ital. **7**, 49 (1958).

— Il Tempo Intercinetico dei Vari Elementi Cellulari Umani ed i suoi Riflessi nella Patologia. Symposia Genetica et Biologica Italica **9**, (1959).

BASERGA, R.: Further Observations on Induction of Tumors in Mice with Radioactive Thymidine. Proc. Soc. Exp. Biol. Med. **110** 687 (1962).

—, and W. E. KISIELESKI: Cell Proliferation in Tumor-Bearing Mice. Arch. Path. **72**, 142 (1961).

— — Comparative Study of the Kinetics of Cellular Proliferation of Normal and Tumorous Tissues with the Use of Tritiated Thymidine. I. Dilution of the Label and Migration of Labelled Cells. J. Nat. Canc. Inst. **28**, 331 (1962).

—, S. A. TYLER, and W. E. KISIELESKI: The Kinetics of Growth of the Ehrlich Tumor. Arch. Path. **76**, 9 (1963).

BASSERMANN, F. J.: Polyploidie und endomitotische Polyploidisierung in Zellen der menschlichen Lunge. Ärztl. Wschr. **13**, 925 (1958).

BATEMAN, A. J., and A. C. CHANDLEY: Mutations Induced in the Mouse with Tritiated Thymidine. Nature **193**, 705 (1962).

BAUDISCH, E., u. J. WILDE: Tierexperimentelle Ergebnisse über die Adrenalinleukocytose und deren Beeinflussung durch Milz- und Leber-Hydrolysate. VIII. Kongr. d. Europ. Ges. f. Haematol., Wien 1961.

BAUER, R., u. H. HARTWEG: Über die wechselseitigen Beziehungen von Milz und Knochenmark bei Strahlenreaktionen. Fortschr. Rö.-Strahlen **89**, 740 (1958).

— — Über die wechselseitigen Beziehungen von Milz und Knochenmark bei Strahlenreaktionen. III. Der Einfluß der Milz auf den Reaktionsablauf des Knochenmarkes nach Ganzkörperbestrahlung. Fortschr. Rö.-Strahlen **92**, 572 (1960).

— — Über die wechselseitigen Beziehungen von Milz und Knochenmark bei Strahlenreaktionen. Fortschr. Rö.-Strahlen **95**, 682 (1961).

BEADLE, G. W.: Genetik. Med. Prisma, C. H. Boehringer Sohn, Ingelheim/Rh. 1961.

BECK, W. S., u. W. N. VALENTINE: Der aerobe Kohlenhydratstoffwechsel der Leukocyten von Normalen und Leukämikern. II. Der Einfluß verschiedener Substrate und Co-Enzyme auf die Glykolyse und Respiration. Canc. Res. **12**, 823 (1952).

BEGEMANN, H., u. W. HEMMERLE: Die Mitosetätigkeit des menschlichen Knochenmarkes und ihre Beeinflussung durch cytostatische Substanzen. Klin. Wschr. **27**, 530 (1949).

BENSCH, K. G., S. SIMBONIS, R. B. HILL jr., and D. W. KING: Phagocytosis and Cell Division. Nature **183**, 476 (1959).

BERGAN, P.: On the Blocking of Mitosis by Heat Shock Applied at Different Mitotic Stages in the Cleavage Divisions of Trichogaster Trichopterus Var. Sumatranus. Nytt Mag. Zool. **9**, 37 (1960).

BERKHEISER, S. W.: Studies on the Comperative Morphology of Monocytic Leukemia, Granulocytic Leukemia, and Reticulum-Cell Sarcoma. Canc. **10**, 606 (1957).

BERMAN, L., and E. R. POWSNER: Review of Methods for Studying Maturation of Human Erythroblasts in Vitro: Evaluation of a New Method of Culture of Cell Suspensions in a Clot-Free Medium. Blood **14**, 1194 (1959).

—, and F. H. RUDDLE: Long-Term Tissue Culture of Human Bone Marrow. Report of Isolation of a Strain of Cells Resembling Epithelial Cells from Bone Marrow of a Patient with Carcinoma of the Lung. Blood **10**, 896 (1955).

—, C. S. STULBERG, and F. H. RUDDLE: Epithelium-like Cells Derived from Tissue Cultures of Human Bone Marrow and Ascitic Fluid. J. of the Michigan State Med. Soc. **55**, 269 (1956).

BERNADELLI, E.: Culture en milieu liquide des cellules hémopoiétiques. Schweiz. Med. Wschr. **91**, 1157 (1961), II.

—, V. MELE, and M. BANI: Experimental Research on the Proliferative and Differentiative Activity of the Erythroblast in Chronic Erythremia, the Chronic Form of Di Guglielmo's Disease. Blood **11**, 609 (1956).

—, and M. USARDI: Clot Free Culture as a Method for Studying Proliferation of Haemopoietic Cells. VIII. Kongr. d. Europ. Ges. f. Haematol., Wien 1961.

BERTALANFFY, F. D.: Mitotic Rate of Methylcholanthrene Induced Subcutaneous Fibrosarcoma. Naturwiss. **50**, 648 (1963).

— Mitotic Rate of Spontaneous Mammary Gland Adenocarcinoma in C3H/HeJ Mice. Nature **198**, 496 (1963).

—, and CH. MCASKILL: Rate of Cell Division of Malignant Mouse Melanoma B16[1,2]. J. Nat. Canc. Inst. **32**, 535 (1964).

—, and CH. LAU: Rates of Cell Division of Transplantable Malignant Rat Tumors. Cancer Res. **22**, 637 (1962).

BESSIS, M. C.: Studies in Elektron Microscopy of Blood Cells. Blood **5**, 1083 (1950).

— Examen de la surface des globules rouges au microscope électronique. Sem. Hôp. Paris **30**, 52 (1954).

— Cytologic Aspects of Immunohematology: A Study with Phase contrast Cinephotomicrography. Ann. New York A. Sci. **59**, 986 (1955).

— La différentiation et la maturation des cellules leucémiques. Considerations cytologiques et cliniques. Rév. d'Haematol. **9**, 745 (1955).

— Phase Contrast Microscopy and Elektron Microscopy Applied to the Blood Cells. Blood **10**, 272 (1955).

— Structures cellulaires découvertes par le microscope électronique dans les leucocytes. Rév. d'Haematol. **11**, 295 (1956).

— Cytology of the Blood and Blood-Forming Organs. Grune & Stratton 1956.

— La moelle osseuse humaine examinée au microscope électronique par la technique des coupes. Sem. Hôp. **32**, 372 (1956).

— L'apport de la microscopie électronique à l'étude des anémies. Bru. méd. **37**, 1321 (1957).

— Microscopie de phase et microscopie électronique des cellules du sang. Biol. méd. **46**, 239 (1957).

— Eisenstoffwechsel — Beiträge zur Forschung und Klinik. Monographie. Herausgeber: W. KEIDERLING, Freiburg/Br. Stuttgart: Georg Thieme Verlag 1959.

— Die Zelle im Elektronenmikroskop. Sandoz-Monographien, 1960.

Bessis, M. C., et J. Breton-Gorius: Éxamen des cellules leucémiques au microscope electronique par la méthode des coupes. Press. méd. 189 (1955).

— u. J. Breton-Gorius: Elektronenmikroskopische Behandlung von eisenhaltigen Granula in Zellen des Knochenmarkes und in Siderocyten. C. R. Acad. Sci. **243**, 1235 (1956).

— — Etude au microscope électronique du sang et des organes hémopoiétiques dans le saturnisme expérimental. Ann. Rech. Méd. **2**, 151 (1957).

— — Iron Particles in Normal Erythroblasts and Normal and Pathological Erythrocytes. J. Biophys. and Biochemic. Cytol. **3**, 503 (1957).

— — Accumulation de Granules Ferrugineux dans les Mitochondries des Erythroblastes. Comptes rendus des séances de l'Académie des Sciences (séance du 3 juin 1957).

— — Durchwanderung der Reticulocyten und Erythroblasten. C. R. Acad. Sci. **251**, 465 (1960).

— — L'ilot érythroblastique et la rhophéocytose de la ferritine dans l'inflammation. Nouv. Rév. franç. Hémat. **1**, 569 (1961).

— — u. N. Barat-Savard: Die erythroblastische Insel und die Rhophäocytose bei der ferripriven Anaemie. Rév. Hémat. **15**, 233 (1960).

—, J. Tabuis, et J. P. Thiery: La vie inconnue des plaquettes sanguines révélée par la microcinematographie à contraste de phase. Sem. Hôp. **33**, 13 (1957).

—, u. J. P. Thiery: Elektronenmikroskopische Untersuchungen der Leukämie des Menschen. I. Die granulocytären Leukämien. Nouv. Rév. franç. Hémat. **1**, 703 (1961).

Bierbrauer, U.: Die Einwirkung der Cytostatica Endoxan und Triaethyleniminobenzochinon auf das Knochenmark und periphere Blut der Ratte. Fol. haematol, Neue Folge, **5**, 143 (1961).

Bierman, H. R.: The Hematologic Role of the Lung in Man. Amer. J. Surg. **89**, 130 (1955).

— The Leukemias — Proliferative or Accumulative? X. Internat. Haemat. Kongr., Stockholm 1964, Nr. A63.

—, K. H. Kelly, R. L. Byron jr., and G. J. Marshall: Leukapheresis in Man. I. Haematological Observations Following Leucocyte Withdrawal in Patient with Nonhaematological Disorders. Brit. J. Haem. **7**, 51 (1961).

— —, and F. L. Cordes: The Sequestration and Visceral Circulation of Leukocytes in Man. Ann. N. Y. Acad. Sci. **59**, 850 (1955).

— — — Leukemia and Pregnancy. J. A. M. A. **161**, 19 (1956).

— — —, and R. L. Byron jr.: Leukocyte Production and Delivery in the Leukemias of Man. J. Clin. Invest. **35**, 691 (1956).

— —, G. J. Marshall, M. A. Baluda, and F. L. Cordes: The Production and Destruction of Granulocytes in Normal and Leukemic Man. Ann. N. Y. Acad. Sci. **77**, 417 (1959).

—, G. J. Marshall, K. H. Kelly, and R. L. Byron: Leukapheresis in man. III. Hematologic Observation in Patients with Leukemia and Myeloid Metaplasia. Blood **21**, 164 (1963).

— — — Leukapheresis in Man. II. Changes in Circulating Granulocytes, Lymphocytes and Platelets in the Blood. Brit. J. Haem. **8**, 77 (1962).

Blackburn, E. K., G. M. King, and F. Swan: Myleran in Treatment of Chronic Myeloid Leukemia. Brit. Med. J. **4971**, 835 (1956).

Blitstein, J., et v. d. Berghe: Contribution à l'étude des méthodes d'examen de la moelle osseuse. Rév. belge sc. med. **17**, 155 (1946).

BLOOM, W.: Ergebnisse der Züchtungsversuche von Blut und blutbildenden Organen. Hirschfeld-Hittmair's Handb. d. allgem. Haematol., Bd. 1, S. 1179. Berlin-Wien: Urban und Schwarzenberg 1933.

—, R. E. ZIRKLE, and R. B. URETZ: Irradiation of Parts of Individual Cells. III. Effects of Chromosomal and Extrachromosomal Irradiation on Chromosome Movements. Ann. N. Y. Acad. Sci. **59**, 503 (1955).

BLUMENTHAL, L. K., and S. A. ZAHLER: Index for Measurement of Synchronization of Cell Populations. Sci. **135**, 724 (1962).

BOCK, H. E.: Die allgemein internistische und cytostatische Therapie der malignen Tumoren beim Menschen. Internist. **4**, 77 (1963).

BOLL, I.: Über die Einwirkung von Mitosegiften auf menschliches Knochenmark in vitro. Verh. d. Deutsch. Ges. f. inn. Med. **58**, Kongr. 1952. Nr. 158.

— Beeinflussung der Erythro- und Leukopoese durch die Mitosegifte Colchicin und Xanthopterin in vitro. Acta Haematol. **9**, 185 (1953).

— Myelocytenmitosen im Phasenkontrastmikroskop. V. Intern. Haematologen-Kongr., Paris 1954.

— Beobachtungen von Mitoseabläufen in überlebendem menschlichem Knochenmark (16-mm-Stummfilm). V. Kongr. d. Europ. Ges. f. Hämatol., Freiburg/Br. 1955.

— P^{32}-uptake of bone marrow cells in tissue-cultures. Autoradiographic method. Wissenschaftl. Ausstellung, 6. Intern. Hämatol.-Kongr., Boston 1956.

— Einzelzellautoradiographie menschlicher Knochenmarkzellen nach Radiophosphorzusatz und Röntgenbestrahlung in vitro. Transact. of the VI. Congr. of the Europ. Soc. of Haematol., Copenhagen 1957.

— Lebendbeobachtung von Sofortwirkung mittlerer Röntgendosen auf Knochenmarkzellen in vitro (16-mm-Film). VI. Europ. Haematol. Kongr., Kopenhagen 1957.

— Reifung eines Myelocyten innerhalb von 3 Tagen in vitro (16-mm-Film). VI. Europ. Haematol. Kongr., Kopenhagen 1957.

— Studien zur Proliferationsaktivität des menschlichen Knochenmarkes mittels Einzelzellautoradiographien nach Radiophosphorzusatz in vitro. Acta Haematol. **18**, 390 (1957).

— Morphologische Studien zum Verhalten von Knochenmarkzellen in vitro. — Granuloblastenmitosen. Fol. haem., Neue Folge, **3**, 58 (1958).

— Morphologische Studien zum Verhalten von Knochenmarkzellen in vitro. — Ausreifung eines Myelocyten zum Segmentkernigen. Fol. haem., Neue Folge, **3**, 78 (1958).

— Morphologische Studien zum Verhalten von Knochenmarkzellen in vitro. — Entstehung von zweikernigen Zellen. Fol. haem., Neue Folge, **3**, 84 (1958).

— Weitere Untersuchungen über die Einwirkung von Röntgenstrahlen auf Knochenmarkzellen in vitro. Haematol. Lat. **1**, 171 (1958).

— Mitosebeeinflussung von menschlichen Knochenmarkzellen in vitro. Wiss. Ausstellg., VII. Intern. Haematol. Kongr., Rom 1958.

— Mitosebeeinflussende Wirkung des P^{32} in Knochenmarkkulturen. Haematol. Lat. **2**, 115 (1959).

— Haematologische Untersuchungsmethoden in der Sprechstunde. Dtsch. Med. J. **10**, 278 (1959).

— Mikroautoradiographische Untersuchungen zur Proliferationsaktivität von Knochenmark- und Tumorzellen. Proc. VIIth Congr. europ. Soc. Haemat., London 1959; part II, 376 (1960).

— Vergleichende mikroautoradiographische Untersuchungen mit P^{32} und Au^{198} an Knochenmark- und Tumorzellen. Z. f. Krebsforsch. **63**, 330 (1960).

Boll, I.: Die Erkennung von Strahlenschädigung des haemopoetischen Systems. Med. Sachverst. **58**, 63 (1962).
— Maturation of a Promyelocyte to Ripe Neutrophiles in Vitro. A Five-Day Phase-Contrast-Observation. IX. Congr. Intern. Soc. Haematol., Mexico 1962.
— Tissue Culture in the Study of the Differentiation and Maturation of Hemic Cells. Ausstellg., IX. Congr. Intern. Soc. Haematol., Mexico 1962.
— Granuloblasten-Proliferation. Phasenkontrast-Beobachtungen. Ein 16-mm-Film. IX. Congr. Intern. Soc. Haematol., Mexico 1962.
—, u. G. Fuchs: Vereinfachtes Verfahren zur kurzfristigen Kultivierung von menschlichem Knochenmark in vitro. Blut **7**, 257 (1961).
— — Unterschiedliche Strahlenwirkung auf die Erythro- und Leukopoese in vitro. Verh. d. 8. Kongr. d. Europ. Ges. f. Haematol., Wien 1961.
—, u. O. Ganssen: Die Mitosedauer der Paraleukoblasten. Acta haemat. **27**, 229 (1962).
—, M. Koppe, J. Schaaf u. J. Trautmann: Quantitative und qualitative Veränderungen an röntgenbestrahlten Knochenmarkkulturen. Strahlentherapie **100**, 445 (1956).
—, u. H.-G. Mehl: Phosphoraufnahme von Plasmocytom- und normalen Knochenmarkzellen in vitro. Klin. Wschr. **34**, 157 (1956).
— — Mikroautoradiographisches Verfahren zur Darstellung von markiertem Phosphat in Einzelzellen. Photographie und Wissenschaft **7**, 25 (1958).
—, R. D. Meyer u. J. Trautmann: Frühreaktionen am Blutbild röntgenbestrahlter Kaninchen nach subletalen und Kombinationsbestrahlungen. Röfo. **91**, 316 (1959).
—, u. H. Schlag: Untersuchungen über die Einwirkung von Teropterin und Aminopterin auf menschliches Knochenmark in vitro. Z. f. Krebsforsch. **57**, 643 (1951).
Bond, V. P.: Radiation, Biological Effects of Research Supported by the United States Atomic Energy Comm. Report BNL 3871.
— Strahlenbiologische Grundlagen der strahleninduzierten Knochenmarkschädigung. Deutscher Röntgen-Kongreß 1963, Seite 1.
—, E. P. Cronkite, T. M. Fliedner, and P. Schork: Desoxyribonucleic Acid Synthesizing Cells in Peripheral Blood of Normal Human Beings. Sci. **128**, 202 (1958).
—, T. M. Fliedner, and E. P. Cronkite: DNA Synthesis in Irradiated Bone Marrow and Peripheral Blood Cells Studied by in Vitro Incorporation of H^3-Thymidine. Radiat. Res. **9**, 1 (1958).
— — —, and G. Andrews: Desoxyribonucleic Acid Synthesizing Cells in the Blood of Man and Dog Exposed to Total Body Radiation. J. Lab. Clin. Med. **57**, 711 (1961).
— — —, J. R. Rubini, G. Brecher u. P. K. Schork: Autoradiographische Studien über DNS-synthetisierende Zellen im peripheren Blut. Haemat. lat. **2**, 103 (1959).
— — — — — — Proliferative Potentials of Bone Marrow and Blood Cells Studied by in Vitro Uptake of H^3-Thymidine. Acta Haemat. **21**, 1 (1959).
— — — —, and J. S. Robertson: Cell Turnover in Blood and Blood-Forming Tissues Studied with Tritiated Thymidine. „The Kinetics of Cellular Proliferation“, F. Stohlman, S. 188, N. Y.-London: Grune & Stratton 1959.
Borghese, E., E. G. Rondanelli u. E. Strosselli: Observations on Embryonic Megaloblasts in the Living State. Acta Anat. **23**, 148 (1955).
— — — Osservazioni microcinematografiche sulla formazione di cellule binucleate. Z. Anat. **118**, 523 (1955).

Boyd, G. A., G. W. Casarett, K. I. Altman, T. R. Noonan, and K. Salomon: Autoradiographs of C^{14} Incorporated of Individual Blood Cells. Sci. **108**, 529 (1948).

— —, and A. I. Williams: Making Autoradiographs of Individual Blood Cells. Stain Technol. **25**, 13 (1950).

Braunsteiner, H.: Physiologie und Physiopathologie der weißen Blutzellen. Stuttgart: Thieme Verlag 1959.

—, u. K. Fellinger: Die Phasenkontrastmikroskopie in der Haematologie. Handb. d. ges. Haemat., Bd. II, 2. Halbbd., **23**, München-Berlin-Wien: Urban-Schwarzenberg 1960.

—, R. Höfer u. S. Sailer: Beobachtungen an Thymidin-markierten Zellen im Entzündungsgewebe. Wien, Z. inn. Med. **42**, 54 (1961).

—, J. Pärtan u. E. Reimer: Über die Reifungsdauer der Granulocyten. Klin. Wschr. **35**, 535 (1957).

Brecher, G., H. v. Foerster u. E. P. Cronkite: Produktion, Ausreifung und Lebensdauer der Leukocyten. Aus H. Braunsteiner: Physiologie und Physiopathologie der weißen Blutzellen, S. 188. Stuttgart: Thieme Verlag 1959.

Brezina, K., u. G. Fuchs: Zur Strahlenbelastung des Knochenmarkes in der Röntgendiagnostik. Rö.-Fo. **95**, 98 (1961).

Brooke, J. H., and E. E. Osgood: Long-Term Mixed Cultures of Human Hemic Cells, with Granulocytic, Lymphocytic, Plasmocytic and Erythrocytic Series Represented. Blood **14**, 803 (1959).

Bruckner, I., u. B. Bonder-Stearman: Einfluß der chemischen Mittler, von Atropin und Histamin auf die Phagocytose-Aktivität der Leukocyten. Rev. Fiziol. **2**, 76, (1955).

Brückel, K. W., u. W. Remmele: Atmung und Glykolyse der Leukocyten. I. Der Stoffwechsel menschlicher Leukocyten bei Gesunden und Kranken. Z. Vitamin, Hormon- u. Fermentforsch. **8**, 241 (1957).

— — Atmung und Glykolyse der Leukocyten. II. Der Schädigungsstoffwechsel menschlicher Blutleukocyten. Z. Vitamin-, Hormon- u. Fermentforsch. **9**, 7, (1957).

— — Atmung und Glykolyse der Leukocyten. III. Über den Einfluß des Reduktionsindikators Triphanyltetrazoliumchlorid (TTC) auf den Leukocytenstoffwechsel. Z. Vitamin-, Hormon- u. Fermentforsch. **9**, 15 (1957).

Brüschke, G.: Veränderungen der Leukopoese unter der Einwirkung ionisierender Strahlen. VIII. Kongr. d. Europ. Ges. f. Haematol., Wien 1961.

—, u. H. Herrmann: Altersabhängige Veränderungen im weißen Blutzellsystem. Gerontol. **5**, 45 (1963).

Bucher, O.: Gibt es eine Amitose? Z. mikr.-anat. Forsch. **64**, 100 (1958).

— Zur Entstehung zweikerniger Zellen in Bindegewebekulturen. Z. mikr.-anat. Forsch. **64**, 174 (1958).

—, u. Cl. Gailloud: Zum Verhalten der Zellkerne bei verschiedenen Funktionszuständen der Nierenkanälchen. Bull. schweiz. Akad. med. Wiss. **14**, 254 (1958).

Büchner, F., E. Grundmann u. W. Oehlert: Die experimentelle Kanzerisierung der Parenchymzelle. Dtsch. Med. Wschr. **86**, 1845 (1961).

Bullough, W. S.: Hormones and Mitotic Activity. Vit. & Horm. **13**, 261 (1955).

—, and E. B. Laurence: Energy Relations of Mitotic Activity in Mouse Hair Bulbs. Nature **178**, 266 (1956).

Burk, D., J. Laszlo, J. Seitz, B. Stambuk, and M. Woods: The Metabolic Riddle of Human Peripheral White Blood Cells: A Resolution. Acta biol. med. german. **8**, 128 (1962).

BUSANNY-CASPARI, W.: Autoradiographische Untersuchungen mit H^3-Thymidin über die DNS-Synthese in Leberzellen verschiedener Ploidiestufen. Frankf. Z. Pathol. **72**, 123 (1962).

BUSSI, L.: Ricerche sperimentali sulla determinazione „in vivo" del tempo di cariocinesi eritroblastica. Soc. Lombarda di Sci. Med.-Biol. **2**, 141 (1947).

— Variazioni del tempo cariocinetico dopo splenectomia. Atti Soc. Lombarda di Sci. Med.-Biologiche **2**, 111 (1947).

— Fenomeni di stimolazione e inibizione dell'attività eritropoietica dimostrati dai mutamenti del tempo cariocinetico. VII. Congr. della Soc. Italiana di Ematologia Pavia 1947.

— Ital. Haemotol.-Kongr. Rom 1953, Bericht S. 152.

—, and S. ERIDANI: Influence of Some Cytostimulating and Cytoinhibiting Factors on Human Normal and Leukemic Marrows Cultivated in Vitro; Proposal of a New Test for Guided Chemotherapy of Leukemia. VI. Intern. Haemat.-Kongr. Boston 1956, Nr. 154.

BYKOWA, O.: Veränderungen im weißen Blutbilde infolge krankhafter Veränderungen der blutbildenden Organe. Fol. haemat. **41**, 415 (1930).

CAIRNS, H. J. F., and L. G. LAJTHA: Loss of White Cells in Bone Marrow Cultures. Nature **4118**, 536 (1948).

CALLENDER, S. T., and L. G. LAJTHA: On the Nature of Castle's Hemopoetic Factor. Blood **6**, 1234 (1951).

CAPONE, R. J., E. L. WEINREB, and G. B. CHAPMAN: Electron Microscope Studies on Normal Human Myeloid Elements. Blood **23**, 300 (1964).

CARDINALI, G.: Studies on the Effect of Antimitotic Agents on Ascites Tumor Cells. IX. Intern. Haemat. Kongr., Mexico 1962.

—, G. CARDINALI, and M. F. AGRIFOGLIO: The Colchicine Method in the Study of Bone Marrow Cell Proliferation. Blood **18**, 328 (1961).

— —, and J. BLAIR: The Stathmokinetic Effect of Vincaleukoblastine on Normal Bone Marrow and Leukemic Cells. Cancer. Res. **21**, 1542 (1961).

— —, A. H. HANDLER, and M. F. AGRIFOGLIO: Comparative Effects of Colchicine and Vincaleukoblastine on Bone Marrow Mitotic Activity in Syrian Hamster. Proc. Soc. Exp. Biol. Med. **5**, 107 (1961).

CARELL, A., and A. H. EBELING: Pure Cultures of Large Mononuclear Leukocytes. J. exp. Med. **36**, 365 (1922).

CARRIERE, R., C. P. LEBLOND, and B. MESSIER: Increase in the Size of Liver Cell Nuclei before Mitosis. Exp. Cell. Res. **23**, 625 (1961).

CARTWRIGHT, G. E., J. W. ATHENS, O. P. HAAB, S. O. RAAB, D. R. BOGGS, and M. M. WINTROBE: Blood Granulocyte Kinetics in Conditions Associated with Granulocytosis. Ann. N. Y. Acad. Sci. **113**, 963 (1964).

CHÈVREMONT, M.: La préparation à la mitose. Quelques modalités de son inhibition par des substances antimitotiques. Chemotherapia **2**, 191 (1961).

CHONÉ, B.: Dreidimensionale Tumorzelldiagnostik. Münch. med. Wschr. **104**, 621 (1962).

— Tumorzellkinetik in Punktaten nach Markierung mit H^3-Thymidin und Au^{198}-Applikation. Nuclear-Med. **2**, 324 (1962).

—, u. H. J. FRISCHBIER: Kombinierte Zytodiagnostik bei intrakavitärer Radiogoldapplikation mittels Autoradiographie. Strahlentherapie **116**, 242 (1961).

— — In-vivo-Studie mit H^3-Thymidin bei Peritoneal-Karzinose. Nuclear-Med. **2**, 240 (1962).

CHRISTENSEN, B. CH., and J. OTTESEN: The Age of Leucocytes in the Blood Stream of Patients with Chronic Lymphatic Leukemia. Acta haematol. **13**, 289 (1955).

CHRISTENSEN, S., S. E. JENSEN, and K. LUNDBAEK: The Incorporation of P^{32} in Phospholipid Fractions in Man. Scand. J. clin. Lab. Invest. 7, 212 (1955).
CLELAND, K. W.: Deoxyribonucleic Acid Content of Nuclei Dividing Amitotically. Nature **191**, 504 (1961).
COBB, J. P., and D. C. WALKER: Effect of Heterologous, Homologous, and Autologous Serums on Human Normal and Malignant Cells in Vitro. J. nat. Canc. Inst. **27**, 1 (1961).
COTTIER, H., N. ODARTSCHENKO, L. E. FEINENDEGEN, G. KEISER u. V. P. BOND: Autoradiographische Untersuchungen über die Entkernung der Erythroblasten nach In-vivo-Markierung mit Thymidin-^{3}H. Schweiz. med. Wschr. **93**, 1061 (1963).
COWDRY, E. V.: Cells and their Behavior. Pathology Anderson 1953, S. 5.
CRADDOCK, CH. G.: The Physiology of Granulocytic Cells in Normal and Leukemic States. Amer. J. Med. **28**, 711 (1960).
— Cellular Proliferation in Normal and Leukemic States as Reflected by in vitro DNA Synthesis. IX. Intern. Haematol. Kongr. Mexico 1962.
— II. Granulocyte Kinetics. IX. Intern. Haematol. Kongr. Mexico 1962.
—, G. S. NAKAI: Leukemic Cell Proliferation as Determined by in vitro Deoxyribonucleic Acid Syntheses. J. clin. Invest. **41**, 360 (1962).
—, S. PERRY, and J. S. LAWRENCE: Newer Concepts in Leukocyte Physiology and their Clinical Significance. Arch. Int. Med. **100**, 183 (1957).
— — — Control of the Steady State Proliferation of Leukocytes. "The Kinetics of Cellular Proliferation", F. STOHLMAN, S. 242. N. Y. and London: Grune & Stratton 1959.
— — — Dynamics of Leukopenia and Leukocytosis. Ann. Int. Med. **52**, 281 (1960).
— — —, M. H. BAKER, and G. PAUL: The Dynamics of Leukopoiesis and Leukocytosis, as Studied by Leukophoresis and Isotopic Techniques. Seymor J. Clin. Invest. **35**, 285 (1956).
—, S. PERRY, L. E. VENZKE, J. S. LAWRENCE, M. H. BAKER, and G. PAUL: Evaluation of Marrow Granulocytic Reserves in Normal and Disease States. Blood **15**, 840 (1960).
CRADDOCK, C. G.: Some Aspects of Leukokinetics in Myeloproliferative Diseases. Series Haematologica **1** "Myeloproliferative Diseases", 13 (1965).
CRONKITE, E. P.: The Hematology of Ionizing Radiation. Atomic Med. 103 (1949).
— Haematology, Diagnosis and Therapy of Ionizing Injury. Med. J. **2**, 1019 (1951).
— The Structure of Models for Erythropoietic and Granulopoietic Cell Proliferation. X. Internat. Haemat. Kongr., Stockholm 1964, Nr. E.
—, V. P. BOND, T. M. FLIEDNER, and S.-A. KILLMANN: The Use of Tritiated Thymidine in the Study of Haemopoietic Cell Proliferation. Ciba Foundation Symposium on Haemopoiesis: Cell Production and its Regulation, S. 70. London: Churchill 1960.
— — —, and J. R. RUBINI: The Use of Tritiated Thymidine in the Study of DNA Synthesis and Cell Turnover in Hemopoietic Tissues. Lab. Invest. **8**, 263 (1959).
— — — — Dynamics of Hemopoietic Proliferation in Man and Mice Studied by H^3-Thymidine Incorporation into DNA. Ann. N.Y. Acad. Sci. **77**, 803 (1959).
—, and G. BRECHER: The Protective Effect of Granulocytes in Radiation Injury. Ann. N. Y. Acad. Sci. **59**, 815 (1955).
—, T. M. FLIEDNER, V. P. BOND, and J. S. ROBERTSON: Anatomic and Physiologic Facts and Hypotheses about Hemopoietic Proliferating Systems. "The Kinetics of Cellular Proliferation", F. STOHLMAN, S. 1. New York and London: Grune & Stratton 1959.

CRONKITE, E. P., S. W. GREENHOUSE, G. BRECHER, and V. P. BOND: Implication of Chromosome Structure and Replication on Hazard of Tritiated Thymidine and the Interpretation of Data on Cell Proliferation. Nature **189**, 153 (1961).

—, O. R. JANSEN, G. C. MATHER, N. O. NEELSEN, A. A. USENIC, E. R. ADAMIC, and C. R. SIPE: Studies on Lymphocytes. I. Lymphopenia Produced by Prolonged Extracorporal Irradiation of Circulating Blood. Blood **20**, 203 (1962).

—, C. R. SIPE, D. C. ELTZHOLTZ, W. H. CHAPMANA, F. W. CHAMBERS jr.: The Increased Tolerance of Mice to a Lethal Dose of X-Ray Radiation as a Result of Previous Sublethal Exposure. Nav. med. Res. Inst. Proj. M. M. 007.039, Report Nr. 15/17, 8 (1948).

CUKAVINA, A. I.: Das Phänomen der lokalen Leukocytose bei Schmerzen. Ter. Arch. **27**, 74 (1955).

DALTON, A. J.: Electromicroscope of Normal and Malignant Cells. Ann. N. Y. Acad. Sci. **63**, 1117 (1955/1956).

—, M. POTTER, and R. M. MERWIN: Some Ultrastructural Characteristics of a Series of Primary and Transplanted Plasma-Cell Tumors of the Mouse. J. Nat. Canc. Inst. **26**, 1221 (1961).

DAMESHEK, W.: Some Relationship between Leukaemic and Auto-Immune Proliferations. VII. Europ. Haemat. Kongr. London 1959, Nr. 64.

DAOUST, R.: The Mitotic Activity in Rat Liver during DAB Carcinogenesis. Cancer Res. **22**, 743 (1962).

DAVIDSON, W. M., and D. R. SMITH: A Morphological Sex Difference in the Polymorphonuclear Neutrophil Leucocytes. Brit. med. J. **4878**, 6 (1954).

DAWSON, D. W., u. H. P. R. BURY: Die Signifikanz von Howell-Jolly-Körperchen und Riesenmetamyelocyten in Knochenmarkausstrichen. J. clin. Path. **14**, 374 (1961).

DOMAGK, G.: Die experimentelle Geschwulstforschung. Hdb. Allgem. Pathol. VI, III. Teil (1956).

— Zur Chemotherapie der malignen Geschwülste. Dtsch. med. J. **8**, 317 (1957).

DORNFEST, B. S., J. LOBUE, E. S. HANDLER, A. S. GORDON, and H. QUASTLER: Mechanism of Leukocyte Production and Release. Acta haemat. **28**, 42 (1962).

DREW, R. M., and T. B. PAINTER: Action of Tritiated Thymidine on the Clonal Growth of Mammalian Cells. Radiat. Res. **11**, 535 (1959).

DRUCKREY, H., D. STEINHOFF, M. NAKAYAMA, R. PREUSSMANN u. K. ANGER: Experimentelle Beiträge zum Dosis-Problem in der Krebs-Chemotherapie und zur Wirkungsweise von Endoxan. Dtsch. med. Wschr. **68**, 651 und 715 (1963).

DUSTIN, P. jr.: The Quantitative Estimation of Mitotic Growth in the Bone Marrow of the Rate by the Stathmokinetic (Colchicinic) Method. "The Kinetics of Cellular Proliferation", F. STOHLMAN, S. 50. N. Y. and London: Grune & Stratton 1959.

— Die cytostatischen Substanzen und ihre Wirkung auf die Haemopoese. Hdb. Ges. Haemat. Bd. 3, I. Teil, 3 (1960).

—, et R. PARMENTIER: Données nouvelles sur les mitoses a chromosomes polaires. Estratto dagli Atti del 1. Symposio animitotici (Sanremo 10—11 Giugno 1955).

DYKE, D. C. v., and R. L. HOFF: Life Span of White Blood Cells as Measured in Irradiated Parabiotic Rats. Amer. J. Physiol. **165**, 341 (1951).

—, and H. G. PARKER: Determination of Leukocyte Pool Size from Parabiosis and Cross-Transfusion. "The Kinetics of Cellular Proliferation", F. STOHLMAN, S. 58. N. Y. and London: Grune & Stratton 1959.

EDLINGER, E. A.: Die somatische Zelle als Mikroorganismus. Wien. klin. Wschr. **72**, 633 (1960).

EHRHARDT, H., u. TH. FISCHER: Knochenmarksfunktionsprüfungen bei Patienten mit bösartigen Geschwülsten. Klin. Wschr. **40**, 670 (1962).

EHRLICH, P.: Beiträge zur Kenntnis der Anilinfärbung und ihrer Verwendung in der mikroskopischen Technik. Arch. mikr. Anat. **13**, 263 (1877).

— Methodische Beiträge zur Physiologie und Pathologie der verschiedenen Formen der Leukocyten. Z. klin. Med. **1**, 553 (1880).

ELKIND, M. M., A. HAN, and K. W. VOLZ: Radiation Response of Mammalian Cells Grown in Culture. IV. Dose Dependence of Division Delay and Post-irradiation Growth of Surviving and Nonsurviving Chinese Hamster Cells. J. Nat. Canc. Inst. **30**, 705 (1963).

ELLIS, R. E.: The Distribution of Active Bone Marrow in the Adult Physics in Med. and Biology **5**, 255 (1960).

ELLISON, R. R., and D. J. HUTCHISON: Citrovorum Factor and Thymidine Content of Human Leukemic Leukocytes. Proc. 6. int. Congr. int. Soc. Haemat. 120 (1958).

ELSÄSSER, H.: Die Regeneration der Granulopoese bei unreifzelliger Leukose in vitro. Diss. Berlin.

ELSON, L. A.: Haematologische Wirkungen homologer Reihen von Dichloräthylarylaminen (aromatischen Stickstoff-Lost-Verbindungen). Biochem. Pharm. **165**, 341 (1951).

— Experimental Approaches to the Chemotherapy of Leukaemia. Proc. Roy. Soc. Med. **56**, 631 (1963).

ENGEL, H.-J.: Studien an Granulocyten. Berl. Med. **8**, 221 (1957).

—, u. E. ZERBST: Über die Degeneration der Leukocyten in vitro (Untersuchungen mit dem Phasenkontrastmikroskop). Z. Zellforsch. **54**, 511 (1961).

ERIDANI, S., e E. ERMACORA: Sui rapporti fra sostance donatrici di energia ed alcune fasi del processo mitotico. Haematologica **1**, 101 (1958).

—, and D. TAGLIORETTI: Uptake of Nucleic Acid Precursors by Megacaryocytes Cultivated in vitro (Autoradiographic Study). VIII. Kongr. Europ. Ges. Haematol., Wien 1961.

—, M. CARRARA, and F. PIZZI: Cytological effects of an antagonist of Vitamin B_{12}. Acta haemat. **25**, 35 (1961).

EVENSEN, A.: Significance of Mitotic Duration in Evaluating Kinetics of Cellular Proliferation. Nature **195**, 718 (1962).

FAUTREZ, I., E. PISI, and G. CAVALLI: Variations in the Amounts of Deoxyribonucleic Acid in the Cell Nuclei and its Correlation with Mitotic Activity. Nature **175**, 684 (1955).

FEHÉR, J., u. J. KOMÁROMI: Über die Phagocytose der Leukocyten bei verschiedenen haematologischen Erkrankungen. Folia haemat. **73**, 301 (1955).

FEINENDEGEN, L. E., V. P. BOND, and R. M. DREW: Effect of Ribonuclease and Deoxyribonuclease on Incorporation of Tritiated Pyrimidine-Nucleoside into Ribonucleic Acid and Deoxyribonucleic Acid in Human Cancer (HeLa) in Culture. Nature **191**, 1398 (1961).

—, V. P. BOND, and T. B. PAINTER: Studies on the Interrelationship of RNA-Synthesis, DNA-Synthesis and Precursor Pool in Human Tissue Culture Cells Studied with Tritiated Pyrimidine Nucleosides. Exp. Cell. Res **22**, 381 (1961).

FERRATA, A.: Über die Klassifizierung der Leukocyten des Blutes. Folia haemat. **5**, 655 (1908).

FETNER, R. H.: Ozone-induced Chromosome Breakage in Human Cell Cultures. Nature **194**, 793 (1962).

Feyrter, F.: Zu den Fragen der Lymphopoese und des Kernpolymorphismus der Lymphocyten. 8. Kongr. Europ. Ges. Haemat., Wien 1961.

— Über Kernpolymorphismus und amitotische Kernteilung. Med. Welt **40**, 2038 (1961).

Ficq, A.: Autoradiographic Study of the Relation Between Nucleic Acids and Protein Synthesis. Lab. Invest. **8**, 237 (1959).

Field, E. O., J. P. Kriss, and L. A. Tung: Turnover of Thymidine in the DNA of Marrow and Intestinal Mucosa in Mice and its Response to Administration of 5-Fluorouracil. Cancer Res. **21**, 2 (1961).

Fieschi, A.: Studio della funzionalatá mieloide. Mielogramma e curve di maturazione, quoziente cariocinetico e analisi del ritmo cariocinetico in base curve alle cardiologiche. Haematologica **19**, 539 (1938).

— Semiologie des Knochenmarkes. Ein Studium klinischer Morphologie. Erg. inn. Med. Kinderheilk. **59**, 382 (1940).

— Semeiologia del Midollo osseo. Garzanti, Milano 1946.

—, u. G. Astaldi: Züchtung des normalen Knochenmarks in vitro. Arch. exp. Zellforsch. **24**, 241 (1941).

— — La cultura in vitro del midollo osseo. Haematologica **8**, 173 u. 227 u. 251 (1946).

—, E. Bianchini, G. Cambiaggi, C. Sacchetti, and E. Salvidio: Studies on the Biological Behaviour of the Cell of Acute Leukaemia. Acta haemat. **16**, 126 (1956).

—, G. Cambiaggi et C. Sacchetti: Evaluation des processus leucémiques aigues par la culture „in vitro" et „in vivo" de la moelle osseuse. Sang **25**, 97 (1954).

—, u. C. Sacchetti: La cultura „in vitro" del midollo osseo: applicazioni di interesse clinico. Min. Med. **50**, 4267 (1959).

— — Dynamic Behaviour of Granuloblasts in the Blood and in the Bone Marrow of Chronic Granulocytic Leukemia. VIII. Kongr. Europ. Ges. Haematol., Wien 1961.

— — Dynamisches Verhalten des Megaloblastenmarkes bei tatsächlichen oder vermuteten Mangelzuständen. Wien. Z. inn. Med. **42**, 352 (1961).

Finch, S. C., and J. W. Hollingworth: Cross-Circulating Experiments in Elicidating the Viability and Distribution of Leukocytes. Ann. N. Y. Acad. Sci. **77**, 431 (1959).

Fischer, A.: Grundriß der Gewebezüchtung. Monographie (Fischer, Jena 1942).

Fischer, R., u. A. Gropp: Cytologische und cytochemische Untersuchungen an normalen und leukaemischen in vitro gezüchteten Blutzellen. Klin. Wschr. **42**, 111 (1964).

Fleck, L.: Recent Investigations on Leukergy. Texas Reports on Biol. and Med. **14**, 424 (1956).

— Etat actuel des recherches sur la leukergie. Sang **27**, 376 (1956).

Fleischhacker, H.: Über die zentrale Regulation der Leukocyten. Wien. Klin. Wschr. **67**, 724 (1955).

Fliedner, T. M.: Hämatologische Untersuchungen bei einem Strahlenunfall im mittleren Letalbereich. 66. Tagung d. Internisten-Kongr., Wiesbaden 1960.

— Hämatologie des akuten Strahlensyndroms. Strahlentherapie **112**, 543 (1960).

— The Diagnostic and Prognostic Value of Bone Marrow Examinations after Ionizing Radiation. IX. Intern. Haematol. Kongr., Mexico 1962.

— Proliferation Kinetic Studies in Myelopoietic Disorders. IX. Intern. Haematol. Kongr., Mexico 1962.

— Artefacts in Autoradiography. IX. Europ. Hämat. Kongr. Lissabon 1963.

FLIEDNER, T. M., V. P. BOND, and E. P. CRONKITE: The Use of Tritiated Thymidine to Study the Proliferative Potential of Hematopoietic Cells after Ionizing Radiation. Intern. Radiologen-Kongr., München 1959.

— — — The Effect of Total Body Irradiation on H^3-Thymidine Incorporation into DNA of Rat Bone Marrow Cells. IX. Int. Congr. Radiol. **2**, 922 (1961).

— — — Structural, Cytological and Autoradiographic (H^3-Thymidine) Changes in the Bone Marrow Following Total-Body Irradiation. Amer. J. Path. **38**, 599 (1961).

— — —, and G. ANDREWS: Deoxyribonucleic Acid Synthesizing Cells in the Blood of Man and Dog Exposed to Total Body Radiation. J. Lab. clin. Med. **57**, 711 (1961).

—, u. E. P. CRONKITE: Reifung, Lebenserwartung und Schicksal neutrophiler Granulocyten. Med. Welt **10**, 466 (1964).

— — Kinetics of Granulocyte Formation and Disappearance in Man. X. Internat. Haemat. Kongr., Stockholm 1964, Nr. N 8.

— — u. V. P. BOND: Autoradiographic and Cytologic Studies Using H^3-Thymidine on the Proliferative Capacity of Bone Marrow in Total Irradiated Mammals. Radiat. Res. **9**, 1 (1958).

— — — Die Untersuchung des myelopoetischen Zellumsatzes im Knochenmark und Blut. Nuclear-Med. Suppl. **1**, 445 (1963).

— — — Die Proliferationsdynamik der Blutzellbildung, autoradiographisch untersucht mit tritiummarkiertem Thymidin. Schweiz. Med. Wschr. **89**, 1061 (1959).

— — — Das Studium der Proliferationsdynamik der Myelopoese unter Verwendung der Einzelzellautoradiographie. Fol. haemat. Neue Folge **6**, 210 (1961).

— — — Möglichkeiten und Grenzen der Markierung hämopoetischer Zellsysteme mit H^3-Thymidin zur Bestimmung ihrer Proliferationsdynamik. VIII. Kongr. d. Europ. Ges. f. Haematol., Wien 1961.

— — —, J. R. RUBINI u. G. ANDREWS: The Mitotic Index of Human Bone Marrow in Healthy Individuals and Irradiated Human Beings. Acta Haemat. **22**, 65 (1959).

— —, S. A. KILLMANN, and V. P. BOND: Early and Late Cytologic Effects of Whole Body Irradiation on Human Marrow. Blood **23**, 471 (1964).

—, ST. SANDKÜHLER u. R. STODTMEISTER: Untersuchungen zur normalen feingeweblichen Struktur des Knochenmarkes bei Ratten. Schweiz. med. Wschr. **86**, 1448 (1956).

—, u. R. STODTMEISTER: Experimentelle und klinische Strahlenhämatologie. München: J. F. Lehmanns Verlag 1962.

FLOERSHEIM, G. L.: Aufnahme von vital-H^3-markierter Desoxyribonukleinsäure in Knochenmark- und Milzzellen in vitro. I. Intern. Symposium, Freiburg 1962.

— System for the Recognition of Genetic Transformation in Haemopoietic Cells. Nature **193**, 1266 (1962).

FORD, C. E.: Chromosome Abnormalities in Leukaemic Cells. VIII. Kongr. d. Europ. Ges. f. Haematol., Wien 1961.

—, and J. H. HAMERTON: The Chromosomes of Man. Nature **178**, 1020 (1956).

—, P. A. JACOBS, and L. G. LAJTHA: Human Somatic Chromosomes. Nature **181**, 1565 (1958).

FORTH, J.: Recent Studies on the Etiology and Nature of Leukemia. Blood **6**, 11 (1951).

FRANKE, H.: Phasenkontrast-Haematologie. Stuttgart: Georg Thieme Verlag 1954.

FRANZÉN, S., G. STRENGER, and J. ZAJICEK: Microplanimetric Studies on Megakaryocytes in Chronic Granulocytic Leukaemia and Polycythaemia Vera. Acta haemat. **26**, 182 (1961).

FREI, J.: Energy Levels in the Human Circulating Leukocyte. Zit. n. VANOTTI: Biological Activity of the Leukocyte (Ciba Foundation Study Group No. 10), 1961.

FREDERIKSEN, S., and H. KLENOW: The Effect of Deoxyadenosine 1-N-Oxide on Nucleic Acid Synthesis in Ascites Tumor Cells in Vitro. Cancer Res. **22**, 125 (1962).

FRENKEL, E. P., D. R. KORST, and CH. J. D. ZARAFONETIS: The Biologic Clock, Effect on Deoxyribonucleic Acid Synthesis. IX. Intern. Haematol. Kongr., Mexico 1962.

FRIEDERICI, L.: Das Verhalten des Knochenmarkes in der Gewebekultur. Folia haemat. **74**, 22 (1956).

FRIEDKIN, M.: Speculations on the Significance of Thymidylic Acid Synthesis in the Regulation of Cellular Proliferation. "The Kinetics of Cellular Proliferation", F. STOHLMAN, S. 97. N. Y. and London: Grune & Stratton 1959.

FRY, R. J. M., S. LESHER, and H. I. KOHN: Estimation of Time of Generation of Living Cells. Nature **191**, 290 (1961).

— — — Age Effect in Cell-Transit Time in Mouse Jejunal Epithelium. Amer. J. Physiol. **201**, 213 (1961).

FUCHS, G.: Mathematische Theorie einer in vitro isolierten Knochenmarkpopulation. Blut **11**, 267 (1965).

FUJITA, S., u. T. TAKINO: Analysis of culture patterns of normal and leukemic bone marrow. Exp. Cell Res. **20**, 262 (1960).

FUKUSHIMA, K., N. SENDA, S. ISHIGAMA, M. ISHII, Y. TAMAI, Y. MURAKAMI u. K. NISHIAN: Untersuchungen über die Galvanotaxis der Leukocyten. II. Galvanotaxis bei eosinophilen Leukocyten von gesunden erwachsenen Menschen und bei verschiedenen Krankheiten. Med. J. Osaka Univ. **5**, 263 (1954).

GANSSEN, O.: Mitosephasenablauf im Sternalmark akuter Leukämien. Eine vergleichende Untersuchung zur normalen Granulopoese. Diss. 1961, Berlin.

GARCIA, A. M.: Studies on DNA in Leucocytes and Related Cells of Mammals. III. The Feulgen-DNA Content of Human Leucocytes. Acta histochem. **17**, 230 (1964).

GARLAND, L. H., W. COULSON, and E. WOLLIN: The Rate of Growth and Apparent Duration of Untreated Primary Bronchial Carcinoma. Cancer **16**, 694 (1963).

GARTLER, S. M.: Cellular Uptake of Deoxyribonucleic Acid by Human Tissue Culture Cells. Nature **184**, 1505 (1959).

GAVOSTO, F.: Proliferative Capacity of Acute Leukaemia Cells. Nature **187**, 611 (1960).

—, G. MARAINI, and A. PILERI: Nucleic Acids Protein Metabolism in Acute Leucemia Cells. Blood **16**, 1555 (1960).

— — — Nucleic acids and protein metabolism in acute leukemia cells. Blood **16**, 1555 (1960).

—, A. PILERI, and G. MARAINI: Protein Metabolism in Bone Marrow and Peripheral Blood Cells: The Evaluation of H^3-Leucine Uptake by a High Resolution Radioautographic Technique. VII. Europ. Haematol. Kongr., London 1959, Nr. 124.

— —, L. PECORARI, and R. BERNARDELLI: Behaviour of DNA Synthesis in Different Phases of the S-Period in Chromosomes of Human Acute Leukaemia. X. Internat. Haemat. Kongr., Stockholm 1964, Nr. A 4.

GAVOSTO, F., A. PILERI, L. PEGORARO, and A. MOMIGLIANO: In Vivo Incorporation of Tritiated Thymidine in Acute Leukaemia Chromosomes. Nature 200, 807 (1963).

GEITLER, L.: Endomitose und endomitotische Polyploidisierung „Protoplasmatologica", Hdb. d. Protoplasmaforschung, L. V. HEILBRUNN u. F. WEBER, Bd. VI. Wien: Springer 1953.

GERHARTZ, H.: Die Beeinflussung der Haemopoese bei der chemischen Krebstherapie. Strahlentherapie, Sonderbd. **37**, 285 (1957).

— Die Chemotherapie der Haemoblastosen. Berliner Med. **10**, 27 (1959).

— Die cytostatische Therapie und ihre Grenzen. Wissen u. Praxis **7**, 12 (1959).

— Vergleichende Testung von Cytostatica am peripheren Blut und Knochenmark der Ratte. Blut **5**, 360 (1959).

— Experimentelle und klinische Ergebnisse mit dem Cytostaticum Endoxan bei Haemoblastosen und Carcinomen. Verh. dtsch. Ges. inn. Med., 65. Kongr., Wiesbaden 1959.

— Reaktionen der Haemopoese auf Cytostatica. VII. Europ. Haematol. Kongr., London 1959, Nr. 116.

— Die Corticosteroid-Therapie der Haemoblastosen. Ärztl. Schr. **15**, 7 (1960).

— Die Chemotherapie des Bronchialkrebses. Krebsforschung und Krebsbekämpfung, Bd. III, (1960).

— Die Beeinflussung der Haemopoese durch die Chemotherapie mit Cytostatica. VIII. Kongr. d. Europ. Ges. f. Haematol., Wien 1961.

— Richtlinien der Selektivität zytostatischer Effekte. Strahlentherapie, Sonderbd. **48**, 126 (1961).

GERLACH, E.: Studien über den Phosphat-Stoffwechsel in normalen und pathologischen Erythrocyten unter Verwendung von Radiophosphor P^{32}. I. Intern. Symposium, Freiburg 1962.

GERSTENBERG, E.: Die Wachstumsrate maligner Tumoren. Münch. med. Wschr. **106**, 670 (1964).

GHEDINI, G.: Neue Beiträge zur Diagnostik der Krankheiten der haematopoetischen Organe mittels Probepunktion des Knochenmarks. Wien. klin. Wschr. 1840 (1910).

— Die Technik der Knochenmarkspunktion. Wien. klin. Wschr. 284 (1911).

GIEMSA, G.: Über eine Schnellfärbung mit meiner Azureosinlösung. Münch. med. Wschr. **57**, 2476 (1910).

GLÄSS, E.: Das Mitosemuster der unbehandelten Rattenleber nach Hepatektomie. Naturwissenschaften **44**, 639 (1957).

GOLDECK, H.: Periodizität der Blutbildung während der 24 Stunden des Tages. Folia clin. internac. **3**, 303 (1953).

—, u. W. D. HEINRICH: Die tagesperiodischen Spontanschwankungen der Blutmauserung der Ratte. Acta haemat. **2**, 167 (1949).

GOLDIE, H., and M. D. FELIX: Growth Characteristics of Free Tumor Cells Transferred Serially in the Peritoneal Fluid of the Mouse. Cancer Res. **11**, 73 (1951).

—, and P. F. HAHN: Distribution and Effect of Colloidal Radioactive Gold in Peritoneal Fluid Containing Free Sarcoma-37-Cells. Proc. Soc. exp. Biol. Med. **74**, 638 (1950).

—, M. WALKER, P. AVERY, S. HOUSTON, and W. McIVER: Free Tumor Cell Growth in the Serous Fluid of an Experimental Subcutaneous Cavity in the Mouse. Cancer Res. **21**, 1113 (1961).

GOLOBOVA, M. T.: Changes in Mitotic Activity in Rats in Relation to the Time of Day and Night. Bull. Exp. Biol. and Med. Trans. **46**, 1143 (1958).

GOOD, M. G.: Endocrinal and neurohormonal Control of Haematopoiesis. Indian Med. Rec. **75**, 7 (1955).

GORDON, A. S.: Some Aspects of Hormonal Influences upon the Leukocytes. Ann. N. Y. Acad. Sci. **59**, 907 (1955).

GOTHE, H. D., u. K. HINRICHSEN: Die Chromatinstruktur der Granulocytenkerne in ihrer Beziehung zu den geschlechtsspezifischen Kernanhangsgebilden. Klin. Wschr. **37**, 506 (1959).

GRAWITZ, E.: Klinische Pathologie des Blutes. 3. Aufl. 1906. Cit. n. MORAWITZ u. DENECKE: Blut u. Blutkrankheiten. Handb. d. inn. Med., Band IV, Teil 1 (1926).

GREUEL, D., H. K. LEETZ u. W. LEPPIN: Probleme der Behandlung mit Radiokolloiden. Röfo **95**, 345 (1961).

GRISHAM, J. W.: Inhibitory Effect of Tritiated Thymidine on Regeneration of the Liver in the Young Rat. Proc. Soc. exp. Biol. **105**, 555 (1960).

GROODT, M. DE: Naissance et destinée des leucocytes. Semaine Hôp., Path. Biol., Ann. Rech. méd. 205 (1957).

GROPP, A.: Morphologie und Verhalten lebender Zellen. Med. Welt **1963**, 20.

GROSS, J. D.: Incorporation of Phosphorus-32 into Salivary-Type Chromosomes which Exhibit "Puffs". Nature **180**, 440 (1957).

GROSS, R.: Degenerative Zellveränderungen und Abbauformen in Knochenmarkkulturen, besonders bei den Eosinophilen. Acta haemat. **11**, 1 (1954).

— Quantitative Examinations in Cases of Acute Leukemia. IX. Europ. Hämat. Kongr. Lissabon 1963.

—, E. GRUNDMANN u. H. BREHMKE: Zur Frage der Proliferation undifferenzierter leukämischer Zellen. Fol. haemat. **6**, 357 (1962).

— — —, J. KAHLSTORF u. U. BOCK: Art und Intensität der Zellvermehrung bei akuten Leukosen. Klin. Wschr. **40**, 392 (1962).

—, u. A. MAYER: Verhalten der Granula in Knochenmarkzellen während der Teilung. Naturwissenschaften **40**, 203 (1953).

—, u. W. WILMANNS: Beiträge zur Behandlung akuter Leukosen. Dt. Med. Wschr. **89**, 1 (1964).

GRUNDMANN, E.: Vergleichende histologische, cytophotometrische und biochemische Untersuchungen über die Wirkung von Endoxan auf das Jensen-Sarkom der Ratte. Klin. Wschr. **38**, 546 (1960).

— Distribution of Deoxyribonucleic Acid in the Cell Nucleus. Nature **190**, 359 (1961).

— Allgemeine Cytologie. Stuttgart: G. Thieme Verlag 1964.

GUNZ, F. W.: Culture of Human Leukaemia Blood Cells in Vitro; Technique and the Growth Curve. Brit. J. Cancer **2**, 29 (1948).

GYERGYAY, F., u. C. HADNAGY: Die Mitoseaktivität des Hornhaut- und Darmepithels bei Mäusen und Ratten mit transplantierten Geschwülsten. Naturwissenschaften **44**, 381 (1957).

HAAS, J.: Physiologie der Zelle. Berlin: Verl. Gebrüder Borntraeger 1955.

HÄRKÖNEN, M., and A. KIVIRANTA: Effects of Folic Acid on Cell Division. Ann. Med. Exper. Fenn. **36**, 213 (1958).

HALBERG, F., and R. B. HOWARD: 24 Hour Periodicity and Experimental Medicine. Postgrad. Med. **24**, 349 (1958).

—, R. E. PETERSON, and R. H. SILBER: Phase Relations of 24-Hour Periodicities in Blood Corticosterone, Mitoses in Cortical Adrenal Parenchyma, and Total Blood Activity. Endocrinology **64**, 222 (1959).

HALBERSTAEDTER, L., u. A. SIMONS: Die Wirkung der Radium-, Kathoden-, Röntgen- und Lichtstrahlen auf die blutbildenden Organe und das Blut. Ste 1419 in Hirschfeld-Hittmair, Hdb. allgemeine Haematologie I, Urban u. Schwarzenberg 1933.

HALE, A. J.: Deoxyribonucleic Acid Content of Human Leukocytes. VIII. Kongr. d. Europ. Ges. f. Haematol., Wien 1961.

—, and E. H. COOPER: DNA Synthesis in Infections Mononucleosis and Acute Leukaemia. Acta haemat. **29**, 257 (1963).

HAMILTON, L. D.: Carbon[14] Labeling of DNA in Studying Hematopoietic Cells. "The Kinetics of Cellular Proliferation", F. STOHLMAN, S. 151. N. Y. and London: Grune & Stratton 1959.

HAMPERL, H.: Die Morphologie der Tumoren. Hdb. Allgem. Pathol. VI, III. Teil (1956).

HANSEN, H.-G.: Geschlechtsdifferenzierung aus dem Blutbild. Materia Medica Nordmark **9**, 5 (1957).

—, u. A. ROMINGER: Das Phasenkontrastverfahren in der Haematologie. Sonderdruck Materia Medica Nordmark (1958).

HARBERS, E.: Wirkungen ionisierender Strahlen auf die Zelle. Dtsch. med. Wschr. **87**, 1395 (1962).

—, u. R. BACKMANN: Autoradiographische Darstellung von Phosphorproteinen in Gewebeschnitten mit Hilfe von Radiophosphor. Z. Naturforsch. **10 b**, 385 (1955).

—, u. P. DOERING: Dosisfragen und Strahlenschädigungen bei Anwendung von Radioisotopen. Klin. Wschr. **33**, 777 (1955).

—, u. K. H. NEUMANN: Autoradiographie als histochemische Methodik. Klin. Wschr. **32**, 337 (1954).

—, u. H. SCHWIEGK: Autoradiographie. Aus: Künstliche radioaktive Isotope in Physiologie, Diagnostik und Therapie, I. Band, 2. Aufl. Berlin-Göttingen-Heidelberg: Springer Verlag 1961.

HARRINGTON, H.: Effect of Irradiation on Cell Division and Nucleic Acid Synthesis in Strain U-12 Fibroblasts. Biochim. Biophys. Acta **41**, 461 (1960).

HARRIS, P. F., and J. H. KUGLER: Mitosis in Metamyelocytes. Nature **200**, 712 (1963).

HARROP, J., and A. A. COOPERSBERG: The myeloproliferative disorders with special reference to histochemical features. Canad. med. Ass. J. **85**, 824 (1961).

HASELMANN, H.: 20 Jahre Phasenkontrast-Mikroskopie. Z. wiss. Mikr. **63**, 140 (1957).

HAUT, A., S. J. ALTMAN, G. E. CARTWRIGHT, and M. M. WINTROBE: The Influence of Chemotherapy on Survival in Acute Leukemia. Blood **10**, 875 (1955).

HEILMEYER, I.: Funktionsprüfung der Leukopoese des Knochenmarks. Dtsch. med. Wschr. **82**, 644 (1957).

— Hdb. d. Ges. Haematol., Bd. II, 2. Halbbd., S. 332, München: Urban & Schwarzenberg 1960.

HEILMEYER, L.: Anfänge einer Chemotherapie neoplastischer Erkrankungen. Schweiz. med. Wschr. **24**, 539 (1949).

—, u. H. BEGEMANN: Die regeneratorischen haemolytischen Anaemien. Klin. Wschr. **28**, 521 (1950).

—, u. A. HITTMAIR: Hdb. d. ges. Haematol., Bd. I. München: Urban & Schwarzenberg 1957.

HEIMPEL, H., W. KEIDERLING, W. SCHOEPPE, H. REICHOLD u. G. HOFFMANN: Untersuchungen zur Bestimmung der Erythrocytenüberlebenszeit und des Abbauortes der Erythrocyten bei Gesunden mit Hilfe der Cr-51-Markierung in vitro und in vivo. Nuclear Med. **2**, 217 (1962).

HELL, E., and D. G. COX: Effects of Colchicine and Colchemid on Synthesis of Deoxyribonucleic Acid in the Skin of the Guinea Pig's Ear in vitro. Nature **197**, 287 (1963).

HENNING, N.: Die Bedeutung der intravitalen Knochenmarksuntersuchung für die klinisch-haematologische Diagnostik. Dtsch. med. Wschr. **39**, 1543 (1935).

HERTL, M.: Zum Nucleolus-System in hämatologischen Zellen. Fol. haemat., N. F. **8**, 414 (1963).

—, u. K. THOMAS: Cytochemische Untersuchungen an Knochenmarkzellen in der Kultur. Folia haemat. **3**, 351 (1959).

HERZ, R. H.: Methods to Improve the Performance of Stripping Emulsions. Lab. Invest. **8**, 71 (1959).

HEUNERT, H.-H.: Praxis der Mikrophotographie. Berlin-Göttingen-Heidelberg: Springer Verlag 1953.

HEVESY, G. v.: On the Effect of Roentgen-Rays on Cellular Division. Rev. modern Phys. **17**, 102 (1945).

— Radioactive Indicators. New York 1948, Monographie.

— Anwendung von Isotopen — Indikatoren in der Haematologie. V. Europ. Haematol. Kongr., Heidelberg 1955.

— Anwendung von Isotopenindikationen in physiologischen Untersuchungen. Klin. Wschr. **5**, 201 (1957).

— Entwicklung und Anwendungsmöglichkeiten von radioaktiven Indikatoren. Wissen u. Praxis **1**, 3 (1957).

— Knochenmark — Friedhof der roten Blutkörperchen. 8. Tag. d. Nobelpreisträger, Lindau.

HIRAKI, K.: Studies on Diagnosis of Leukemia by Tissue Culture. Acta med. Okayama **12**, 84 (1958).

— Étude de la chimiothérapie des leucémies par une nouvelle technique de culture de moelle osseuse. Nouv. Rev. Franc. d'Hématologie **1**, 410 (1961).

— A Method of Clinical Tissue Culture Divised in our Clinic. Acta. med. Okayama April 1961.

— Studies on the Clinical Application of Tissue of the Spleen. IX. Intern. Haemat. Kongr., Mexico 1962.

—, and T. OFUJI: Microcinematographic Vital Observation on the Blood Cells and its Clinical Application. Acta haem. jap. **19**, 406 (1956).

— —, T. KOBAYASHI, H. SUNAMI, and K. AWAI: On the Function of the Megakaryocyte (Motility, Separation of the Platelets, Phagocytosis), Observations Both in Idiopathic Thrombocytopenic Purpura and in Normal Adult. Acta med. Okayama **10**, 57 (1956).

— —, and Y. HATTORE: Diagnosis of Leukemia and Aplastic Anemia by the Bone Marrow Culture. Acta med. Okayama **10**, 130 (1956).

— —, and Z. WATARE: Observations of Various Living Blood Cells by Tissue Culture of the Bone Marrow. Acta med. Okayama **10**, 110 (1956).

HIRAMTSU, H.: Relationship Between Migratory Function of Leucocytes and their Radiosensitivity. VI. Intern. Haemat. Kongr., Boston 1956, Nr. 136.

HIRSCHER, H.: Die hormonale Regulation des Hämo- und Serogrammes. VI. Europ. Haemat. Kongr., Kopenhagen 1957.

HOFF, F.: Klinische Physiologie und Pathologie, 4. Aufl. Stuttgart: Thieme-Verlag 1954.

— Neurohumorale Regulation des Blutes. V. Kongr. Europ. Ges. Haematol. 1956, 215.

— Über Funktionsänderungen der Leukocyten. Wien. klin. Wschr. **72**, 496 (1960).

HOFFMANN, J. G.: Theory of the Mitotic Index and its Application to Tissue Growth Measurement. Bull. Math. Biophys. **11**, 139 (1949).

HOHENADEL, B.: Versuche über den Einfluß des Vitamin B_{12} auf verschiedene Zellarten in vitro. Ärztl. Forsch. **8**, 2 (1954).

Holodny, E., H. Lechtman, and J. S. Laughlin: Bone-Marrow Dose Produced by Radioactive Isotopes. Radiology **77**, 1 (1961).

Homann, W.: Die Amitose als Zellteilungsform in bösartigen Geschwülsten. Z. Krebsforsch. **60**, 283 (1954).

Hornsey, S., and A. Howard: Autoradiograph Studies with Mouse Ehrlich Ascites Tumor. Ann. N. Y. Acad. Sci. **63**, 915 (1956).

Hsu, T. C.: Mammalian Chromosomes in vitro. VI. Observations on Mitosis with Phase Cinematography. J. nat. Cancer Inst. **16**, 691 (1956).

—, and P. S. Moorhead: Chromosome Anomalies in Human Neoplasms with Special Reference to the Mechanisms of Polyploidization and Aneuploidization in the HeLa Strain. Ann. N. Y. Acad. Sci. **63**, 1083 (1955/1956).

Hübner, K., u. H. Zimmermann: Experimentelle Untersuchungen über den Einfluß der temporären Ischämie auf die Blutbildung. Acta haemat. (Basel) **22**, 209 (1959).

— — Über den Einfluß der chronischen Minderdurchblutung umschriebener Körperabschnitte auf die Blutbildung. Virchows Arch. **333**, 343 (1960).

Hughes, W. L.: The Metabolic Stability of Deoxyribonucleic Acid "The Kinetics of Cellular Proliferation", F. Stohlman, S. 83. N. Y. and London: Grune & Stratton 1959.

—, V. P. Bond, G. Brecher, E. P. Cronkite, R. P. Painter, H. Quastler, and F. G. Sherman: Cellular Proliferation in the Mouse as Revealed by Autoradiography with Tritiated Thymidine. Proc. nat. Acad. Sci. **44**, 476 (1958).

Hulse, E. V.: The Recovery of Myelopoietic Cells after Irradiation: A Quantitative Study in the Rat. Brit. J. Haemat. **7**, 430 (1961).

Humble, J. G.: In Vivo Action of Phytohaemagglutinin in Severe Human Aplastic Anaemia. Nature **198**, 1313 (1963).

Hupe, K., u. A. Groop: Über den zeitlichen Verlauf der Mitoseaktivität in Gewebekulturen. Z. Zellforsch. **46**, 67 (1957).

Imaizumi, K., u. K. Miyauti: Ausarbeitung des bedingten Reflexes der Leukocytose und der Leukocytenbildveränderung infolge von Adrenalininjektion beim Menschen. Tokushima J. exp. Med. **8**, 49 (1961).

Introzzi, P.: Cit. n. A. Ferrata: Le emopatie. Soc. Ed. Libr. Milano, 1935.

— Die haematologischen Arbeiten Adolfo Ferratas. Sci. Med. Ital., **7**, 77 (1958).

Itzhaki, S.: Labelling of Deoxyribose with Carbon-14 in Relation to Incorporation of Phosphorus-32 into the Nucleotides of Deoxyribonucleic Acid of Rat Thymus Cells. Nature **185**, 614 (1960).

Jacobs, P. A.: Evidence for the Existence of the Human "Super Female". Lancet, 423 (1959).

—, D. G. Harnden, W. M. C. Brown, J. Goldstein, H. G. Close, T. N. McGregor, N. McLean, and J. A. Strong: Abnormalities Involving the X-Chromosome in Women. Lancet **I**, **60**, 1213 (1960).

Jacobson, W., and M. Webb: The Two Types of Nucleoproteins During Mitosis. Exp. cell. res. **3**, 163 (1952).

Japa, J.: A Study of the Mitotic Activity of Normal Human Bone Marrow. Brit. J. exp. Path. **23**, 272 (1942).

Jenner, L.: A new Preparation for Rapidly Fixing and Staining Blood. Lancet **I**, **77**, 370 (1899).

Joftes, D. L.: Liquid Emulsion Autoradiography with Tritium. Lab. Invest. **8**, 131 (1959).

Johnson, H. A.: Some Problems Associated with the Histological Study of Cell Proliferation Kinetics. Cytologia **26**, 32 (1961).

JOHNSON, H. A., and V. P. BOND: A Method of Labelling Tissues wit Tritiated Thymidine in vitro and its Use in Comparing Rates of Cell Proliferation in Duct Epithelium, Fibroadenoma and Carcinoma of Human Breast. Cancer **14**, 639 (1961).

—, and E. P. CRONKITE: The Effect of Tritiated Thymidine on Mouse Spermatogonia. Rad. Res. **11**, 825 (1959).

JOURNOUD, R.: Recherches sur un élément peu connu de l'hematopoièse: la durée des mitoses des cellules myéloides. Sang **4**, 355 (1953).

JÜNGLING, O., u. H. LANGENDORFF: Kann der Mitosenrhythmus Bedeutung gewinnen für die Dosierung beim Krebs? Quantitative Untersuchungen über das Verhalten der Mitosen bei bestrahlten Krebsen. Strahlentherapie **69**, 181 (1941).

JUNG, H.: Verhängnisvolle Irrtümer in der Krebsforschung und ihre Klärung durch fundamentale neue Ergebnisse an der Dtsch. Akademie der Wissenschaften zu Berlin. Krebsarzt **16**, 302 (1961).

KARNOVSKY, M. L., and D. F. H. WALLACH: The Metabolic Basis of Phagocytosis. J. biol. Chem. **236**, 1895 (1961).

KAUDEWITZ, F.: Isotope bei genetischen Untersuchungen. Cit. a. SCHWIEGK: Künstl. radioaktive Isotope in Physiologie, Diagnostik und Therapie, Bd. II, 2. Aufl., Springer-Verlag 1961.

KELLER, K.: Reifungsphänomene der Granulopoese akuter Leukämien in vitro. Diss. Berlin.

KEUTHE, W.: Über die funktionelle Bedeutung der Leukocyten im zirkulierenden Blute bei verschiedener Ernährung. Dtsch. med. Wschr. **15**, 588 (1907).

KIELER, J.: Einfluß von Aminosäuren auf die mitotische Aktivität in Fibroblastenkulturen. Acta path. scand. **34**, 1 u. 11, (1954).

KIENLE, F.: Folia haemat. **67**, 101 (1943).

KILLMANN, S.-A., E. P. CRONKITE, V. P. BOND, and T. M. FLIEDNER: Estimation of Phases of the Life Cycle of Leukemic Cells from in vivo Labelling in Human Beings with Tritiated Thymidine. IX. Intern. Haematol. Kongr., Mexico 1962.

— —, and T. M. FLIEDNER: Kinetics of Human Leukemic Cells Studied with Tritiated Thymidine in vivo. VIII. Kongr. d. Europ. Ges. f. Haematol., Wien 1961.

— — —, and V. P. BOND: Mitotic Indices of Human Bone Marrow Cells. I. Number and Cytologic Distribution of Mitoses. Blood **19**, 743 (1962).

— — — — Mitotic Indices of Human Bone Marrow Cells. III. Duration of Some Phases of Erythrocytic and Granulocytic Proliferation Computed from Mitotic Indices. Blood **24**, 267 (1964).

— — —, J. S. ROBERTSON, T. M. FLIEDNER, and V. B. BOND: Estimation of Phases of the Life Cycle of Leukemic Cells from Labelling in Human Beings in Vivo with Tritiated Thymidine. Lab. Invest. **12**, 671 (1963).

KINOSITA, R., and S. OHNO: On Atypical Ana- und Telophase Figures in Normal Rat Myelocytes. Naturwissenschaften **41**, 288 (1954).

— — On the Chromosome Numbers of Hematopoetic Cells at Different Stages of Maturation. Naturwissenschaften **41**, 381 (1954).

— —, and J. P. WARD: Atypical Anaphase in Normal Myelocytes Involved in the Formation of Various Types of Leukocyte Nuclei. Naturwissenschaften **41**, 91 (1954).

KISIELESKI, W. E., R. BASERGA, and J. VAUPOTIC: The Correlation of Autoradiographic Grain Counts and Tritium Concentration in Tissue Sections Containing Tritiated Thymidine. Radiat. Res. **15**, 341 (1961).

KINDRED, J. E.: A Quantitative Study of the Haemopoietic Organs of Young Adult Albino Rats. Amer. J. Anat. **71**, 207 (1942).

— Quantitative Studies on Lymphoid Tissues. Ann. N.Y. Acad. Sci. **59**, 746 (1955).

KLARE, K.-H.: Über Abbauformen neutrophiler Segmentkerniger. Med. Bild. **5**, 23 (1962).

KLEIN, G.: Use of the Ehrlich Ascites Tumor of Mice for Quantitative Studies on the Growth and Biochemistry of Neoplastic Cells. Cancer **3**, 1052 (1950).

—, and A. FORSSBERG: Studies of the Effect of X-Rays on the Biochemistry and Cellular Composition of Ascites Tumors. I. Effect on Growth Rate, Cell Volume, Nucleic Acid and Nitrogen Content in the Ehrlich Ascites Tumor. Exp. Cell Res. **6**, 211 (1954).

—, and L. RÉVÉSZ: Quantitative Studies on the Multiplication of Neoplastic Cells in vivo. I. Growth Curves of the Ehrlich and MC1M Ascites Tumors. J. nat. Cancer Inst. **14**, 229 (1953).

KLEINSORGE, H., u. G. BOLLAND: Regulationsabläufe im weißen Blutbild sowie in den Mineral-, Blutzucker- und Vitamin B_{12}-Spiegeln des Serums nach seelischen Erregungen. Med. Klin. **51**, 1736 (1956).

KLINE, D. L.: DNA P^{32} Studies of White Blood Cell Formation, Distribution and Life Span. "The Kinetics of Cellular Proliferation", F. STOHLMAN, S. 142. N. Y. and London: Grune & Stratton 1959.

—, and E. E. CLIFTON: Life Span of Leukocytes in Man. J. appl. Physiol. **5**, 79 (1952).

KNAKE, E.: Über die Spezifität von Krebsgewebe und krebserzeugenden Reizen, Ergebnisse der Gewebezüchtung. Z. Krebsforsch. **52**, 269 (1942).

KNOLL, W.: Züchtung von Geweben menschlicher Embryonen aus dem zweiten bis vierten Monat der Gravidität. Folia haemat. **2**, 76 (1958).

KNOWLTON, N. P., and W. R. WIDNER: The Use of X-Rays to Determine the Mitotic and Intermitotic Time for Various Mouse Tissues. Cancer Res. **10**, 59 (1950).

KOCH, E.: Über leukocytäre Abbauzellen. Klin. Wschr. **29**, 474 (1951).

— Der Leukocytenabbau und seine Steuerung durch Steroidhormone. V. Europ. Haemat. Kongr., Freiburg 1955, S. 61.

— Über den Abbau der Leukocyten. VI. Europ. Haemat. Kongr., Kopenhagen 1957, Nr. 333.

—, u. TH. HORNYKIEWYTSCH: Strahlendosis und Leukocytenabbau. Strahlentherapie **106**, 223 (1958).

KOLLER, F.: Die Erythropoese bei der perniciösen Anaemie mit besonderer Berücksichtigung der quantitativen Verhältnisse. Dtsch. Arch. klin. Med. **184**, 568 (1933).

KOMIYA, E.: Die zentralnervöse Regulation des Blutbildes. Stuttgart: Thieme Verlag 1956.

— Weitere Beiträge über die neurohumorale Regulation des Blutbildes. Folia haemat. **3**, 46 (1958).

— Nachschub, Verteilung und Untergang der Leukocyten. I. Nachschub der Leukocyten. Hdb. d. ges. Haematol., Bd. 2, 1. Halbbd., S. 83. München: Urban und Schwarzenberg 1960.

— Zahlenverschiebungen der Leukocyten (Leukocytose und Leukopenie). Hdb. d. ges. Haematol., Bd. 2, 1. Halbbd., S. 309. München: Urban und Schwarzenberg 1960.

—, u. K. ITO: Erfahrungen über die Erythroleukaemie. VII. Kongr. d. Intern. Ges. f. Haematol., Rom 1958.

—, G. SHIBAMOTO, M. NODA, T. SUGOMOTO, S. SATO, K. HOSHI u. N. KAWASHIMO: Extraktion der neurohumoralen blutregulierenden Wirkstoffe. Folia haemat. **3**, 374 (1959).

KOPPE, M.: Die Einwirkung von Röntgenstrahlen auf menschliches Knochenmark in vitro. Diss. Berlin 1955.

KORINTH, E.: Veränderungen im Knochenmark bei Blutungen. Folia haemat. **78**, 89 (1961).

KOSENOW, W.: Die Fluorochromierung mit Acridinorange, eine Methode zur Lebendbeobachtung gefärbter Blutzellen. Acta haemat. **7**, 217 (1952).

— Über den Strukturwandel der basophilen Substanz junger Erythrocyten im Fluoreszenzmikroskop. Acta haemat. **7**, 360 (1952).

— Lebendbeobachtung fluoreszierender Blutzellen. Ausstellung, IV. Europ. Haematol. Kongr., Amsterdam 1953.

— Über Fortbewegung und Formveränderungen der Blutkörperchen im Phasenkontrastmikroskop. Z. Kinderheilk. **73**, 653 (1953).

— Kasuistischer Beitrag zur Myleran-Behandlung der chronisch-myeloischen Leukaemie. Arch. Kinderheilk. **153**, 251 (1956).

— Abweichende Ergebnisse bei der Geschlechtsbestimmung an Leukocyten und Mundepithel-Kernen. Klin. Wschr. **35**, 75 (1957).

—, N. GLÖRFELD u. U. E. HELLMANN: Die Bestimmung des chromosomalen Geschlechts aus dem Mundschleimhautabstrich (Mundepitheltest). Klin. Wschr. **35**, 826 (1957).

—, u. R. A. PFEIFFER: Chromosomenstudien an kurzzeitigen Leukocytenkulturen aus peripherem Blut. Klin. Wschr. **39**, 151 (1961).

— — Chromosomendiagnostik in Blut- und Knochenmarkzellen. Blut **7**, 500 (1961).

—, u. H. SCHÖNENBERG: Haematologische Geschlechtsbestimmung bei Gonadenagenesie. Klin. Wschr. **34**, 53 (1956).

—, u. R. SCUPIN: Die Bestimmung des Geschlechts mit Hilfe einer Kernanhangsformel der Leukocyten. Acta haemat. **15**, 349 (1956).

— — Geschlechtsdiagnose mit Hilfe von Kernmerkmalen der Leukocyten. Triangel **2**, 321 (1956).

— — Geschlechtsbestimmung auf Grund morphologischer Leukocytenmerkmale. Klin. Wschr. **34**, 51 (1956).

KRAUSE, M., and W. PLAUT: An Effect of Tritiated Thymidine on the Incorporation of Thymidine into Chromosomal Deoxyribonucleic Acid. Nature **188**, 511 (1960).

KRESS, H. v.: Die Leukaemie im Rahmen allgemein pathologischer Probleme. Dtsch. Arch. klin. Med. **176**, 359 (1934).

KRISS, J. P., and L. RÉVÉSZ: Quantitative Studies of Incorporation Exogenous Thymidine and 5-Bromodeoxyuridine into Deoxyribonucleic Acid of Mammalian Cells in Vitro. Cancer Res. **21**, 1141 (1961).

KROOTH, R. S., M. W. SHAW, and B. K. CAMPBELL: A Persistant Strain of Diploid Fibroblasts. J. Nat. Canc. Inst. **32**, 1031 (1964).

KRUMMEL, E., u. R. STODTMEISTER: Über die klinische Beurteilung von Knochenmarks- und Blutbild. II. Myeloblastenleukaemie und myeloische Reaktion. D. A. **179**, 268 (1936).

KUNZ, G.: Betrachtungen über die Pathogenese der extramedullären Haematopoese anläßlich eines Falles „echter Erythroblastose". Folia haemat. **73**, 23 (1955).

— Zur Pathogenese der extramedullären Myelopoese. Haemat.-Kolloquium, Berlin 1958.

KURSAWE, H.: Vergleich von Knochenmarkveränderungen im Verlauf behandelter chronischer Myelosen. Diss. Berlin 1964.

KUTSKY, R. J., and TH. V. FEICHTMEIR: Mitosis-Stimulating Properties of Embryonic Nucleo-Protein Constituents in Cell Culture. Nature **194**, 1050 (1962).

LABENDZINSKI, F.: Ergebnisse von 44 Sternalpunktionen bei Lungentuberkulose. Fol. haemat. **59**, 172 (1938).

LAJTHA, L. G.: Isotope Uptake of Individual Cells. Technique for Stained Autoradiographs and Microphotographs for Grain Counting. Exp. Cell. Res. **3**, 696 (1952).

— Detection of Adenin C^{14} in Deoxyribonucleic Acid by Autoradiography. Nature **173**, 587 (1954).

— Utilization of Formate-^{14}C for Synthesis of Deoxyribonucleic Acid by Human Bone Marrow Cells in vitro. Nature **174**, 1013 (1954).

— Lack of Differential Radiation Effect on the Incorporation of Labelled Precursors into Deoxyribonucleic Acid. Nature **180**, 1048 (1957).

— Pitfalls of Specific Radioactivity in Measuring Synthesis of Deoxyribonucleic Acid. Nature **181**, 1609 (1958).

— Studies on Nucleic Acid Metabolism in Human Bone Marrow Cells in vitro. Haemat. lat. **1**, 319 (1958).

— On DNA Labeling in the Study of the Dynamics of Bone Marrow Cell Populations. "The Kinetics of Cellular Proliferation", F. STOHLMAN, S. 173. N.Y. and London: Grune & Stratton 1959.

— Pitfalls of Tritium as a Label for Cell Kinetics. IX. Europ. Hämat. Kongr., Lissabon 1963.

— The Culture of Bone Marrow Cells in vitro. Brit. med. Bull. **15**, 47 (1959).

— Diskussionsbemerkung zu FLIEDNER. VIII. Kongr. d. Europ. Ges. f. Haematol., Wien 1961.

— Kinetics of Bone Marrow Stem Cell Population with Reference to Leukaemia. Cancro **15**, 2 (1962).

— Culture of Human Bone Marrow in vitro. The Reversibility Between Normoblastic and Megaloblastic Series of Cells. J. Clin. Path. **5**, 67 (1962).

— Stem Cell Kinetics and Erythropoietin. Erythropoiesis 140 (1962).

—, C. W. GILBERT, D. D. PORTEOUS, and R. ALEXANIAN: Kinetics of a Bone-Marrow Stem-Cell Population. Ann. N.Y. Acad. Sci. **113**, 742 (1964).

—, u. T. KUMATORI: Nucleic Acid Metabolism in Megaloblastic Marrows in vitro. Nature **180**, 991 (1957).

—, u. R. OLIVER: The Application of Autoradiography in the Study of Nucleic Acid Metabolism. Lab. Invest. **8**, 214 (1959).

— — Cell Population Kinetics Following Different Regimes of Irradiation. Brit. J. Rad. **35**, 131 (1962).

— —, R. BERRY, and W. D. NOYES: Studies in Synthesis of Deoxyribonucleic Acid Radiobiochemical Lesion in Animal Cells. Nature **182**, 1787 (1958).

— —, and F. ELLIS: DNA Synthesis in Bone Marrow Studied by Autoradiography. Radiobiol. Symposium, Liège 1954.

— — — Incorporation of P^{32} and Adenine C^{14} into DNA by Human Bone Marrow Cells in vitro. Brit. J. Cancer **8**, 367 (1954).

— — — Bone Marrow Cell Metabolism. Physiol. Rev. **37**, 50 (1957).

— —, and C. W. GURNEY: Kinetic Model of a Bone-Marrow Stem-Cell Population. Brit. J. Haem. **8**, 442 (1962).

— —, T. KUMATORI, and F. ELLIS: On the Mechanism of Radiation Effect on DNA Synthesis. Rad. Res. **8**, 1 (1958).

—, W. D. NOYES, and R. OLIVER: On the Utilization of 5-Amino-4-Imidazole Carboxamide (AICA) for Purine Synthesis by Bone Marrow Cells in vitro. Exp. Cell. Res. **16**, 471 (1959).

LAJTHA, L. G., D. D. PORTEOUS, S. C. TSO, and K. HIRASHIMA: Stem-Cell Kinetics After Ionizing Radiation. X. Internat. Haemat. Kongr., Stockholm 1964, Nr. M 5.

LALA, P. K., S. B. BHATTACHARJEE, and N. N. DAS GUPTA: Leukocyte Survival in Chronic Leukaemia with the Aid of a Tracer and a Therapy Dose of P^{32}. Acta haemat. **28**, 25 (1962).

—, N. N. DAS GUPTA, and S. B. BHATTACHARJEE: Life Span of Granulocytes in Chronic Leukaemia. Brit. J. Haemat. **8**, 223 (1962).

—, M. A. MALONEY, and H. M. PATT: A Comparison of Two Markers of Cell Proliferation in Bone Marrow. Acta haemat. **31**, 1 (1964).

LAMERTON, L. F.: Studies of Cell Population Kinetics in Normal and Continuously Irradiated Animals. Nuclear Med. **2**, 323 (1962).

LAMPERS, K., u. P. BAUERT-SIC: Zur Cytochemie der Blutzellen. Dtsch. med. Wschr. **87**, 1913 (1962).

LANGER, L.: The Effect of Some Purine Deoxyribosis on the Incorporation of ^{14}C-Formate and ^{32}P-Orthophosphate into DNA of Ascites Tumor Cells in vitro. Biochim. biophys. Acta **37**, 33 (1960).

LASH, J. W.: Induction of Cell Differentiation. Biochim. biophys. Acta **56**, 313 (1962).

LAUDAHN, G.: Über die Notwendigkeit der Einführung des absoluten Maßsystems in die klinische Haemometrie. Medizinische **3**, 94 (1954).

LAVES, W.: Über Faktoren der Leukocytolyse. Schweiz. med. Wschr. **84**, 1097 (1954).

LAWRENCE, J. H.: Comparative Metabolism of Phosphorus in Normal and Lymphomatous Animals. Proc. Soc. exp. Biol. Med. **40**, 694 (1939).

— Studies on Leukemia with the Aid of Radioactive Phosphorus. New Int. Clin. **3**, 33 (1939).

— Studies on Neoplasmas with the Aid of Radioactive Phosphorus. I. Total Phosphorus Metabolism of Normal and Leukemic Mice. J. clin. Invest. **19**, 267 (1940).

— Isotopes and Nuclear Radiations in Experimental Medicine. Arch. intern. Med. **97**, 680 (1956).

—, B. V. A. LOW-BEER, and J. W. J. CARPENDER: Chronic Lymphatic Leukemia. J. amer. med. Ass. **140**, 585 (1949).

LAWRENCE, J. S.: Physiology and Functions of the White Blood Cells. The Minot Lecture. J. amer. med. Ass. **157**, 1212 (1955).

LEBLOND, C. P.: Classical Technics for the Study of the Kinetics of Cellular Proliferation. "The Kinetics of Cellular Proliferation", F. STOHLMAN, S. 31. N. Y. and London: Grune & Stratton 1959.

—, B. MESSIER, and B. KOPRIWA: Thymidine-H^3 as a Tool for the Investigation of the Renewal of Cell Populations. Lab. Invest. **8**, 296 (1959).

LEIBER, B., u. H. RIND: Morphologische Leukosestudien: Vergleichende Zytodiagnostik. Med. Bild-Dienst **8**, 3 (1959).

LEIBETSEDER, F.: Die Reaktion des weißen Blutbildes auf intravenöse Laevulose- und Dextrosebelastung. Wien. Z. inn. Med. **37**, 204 (1956).

LEITNER, ST. J.: Die intravitale Knochenmarkuntersuchung. Basel: Benno Schwabe & Co. Verlag 1945.

LESHER, S., R. J. M. FRY, and H. I. KOHN: Influence of Age on Transit Time of Cells of Mouse Intestinal Epithelium. Lab. Invest. **10**, 291 (1961).

— — — Age and the Generation Time of the Mouse Duodenal Epithelial Cell. Exp. Cell Res. **24**, 334 (1961).

— — — Aging and the Generation Cycle of Intestinal Epithelial Cells in the Mouse. Gerontologia **5**, 176 (1961).

Lettré, H.: Zum Problem der krebsspezifischen Mitosegifte. Z. Krebsforsch. **56**, 297 (1949).
— Die Teilung normaler und bösartiger Zellen als biochemisches Problem. Strahlentherapie **83**, 1 (1950).
— Zellstoffwechsel und Zellteilung. Naturwissenschaften **38**, 490 (1951).
— Weitere Beobachtungen über die Abhängigkeit der Zellform und -bewegung von der Adenosintriphosphorsäure. Naturwissenschaften **39**, 266 (1952).
— Weitere Beobachtungen über die Abhängigkeit von Zellbewegungen von der Adenosintriphosphorsäure. Naturwissenschaften **41**, 306 (1954).
— Stoffwechsel, Wachstum und Zellteilung. Behringwerk-Mitteilungen **28**, 63 (1954).
— Spezifische Eigenschaften von Tumorzellen. Wien. med. Wschr. **108**, 791 (1958).
— Der Feinbau der Zelle. Aus: Hennig u. Witte: Intern. Symposium über klin. Cytodiagnostik 1958.
— Variations du cours normal des mitoses sous l'influence de facteurs chimiques. Chemotherapia **2**, 131 (1961).
—, M. Albrecht u. R. Lettré: Verhalten von Fibroblasten unter aeroben und anaeroben Bedingungen. Naturwissenschaften **38**, 504 (1951).
— — — Zur Auslösung von Plasmabewegungen in Ruhezellen. Naturwissenschaften **38**, 505 (1951).
—, H. Krapp u. M. Ochsenschläger: Wirkungen des Colchicins und N-Methylcolchicamids auf die Mitose der Zellen des Mäuse-Ascites-Tumors. Z. Krebsforsch. **57**, 142 (1950).
—, u. R. Lettré: Einige Beobachtungen über die experimentelle Erzeugung multipolarer Mitosen. Z. Krebsforsch. **60**, 1 (1954).
—, E. Seidler u. H. Wrba: Untersuchung der Hemmstoffwirkung auf Verdoppelungsgeschwindigkeit und Phosphataufnahme von Tumoren mit Hilfe von P^{32}. Z. Krebsforsch. **60**, 86 (1954).
—, u. W. Siebs: Zur chromatinfreien Zytoplasmateilung. Naturwissenschaften **42**, 465 (1955).
Lettré, R.: Observations on the Behavior of the Nucleolus of Cells in vitro. VIII. Congr. of Cell Biology, Leiden 1954.
— Weitere Untersuchungen zur Struktur und Funktion des Nucleolus. Verh. d. Dtsch. Ges. f. Pathol., 40. Tagung, Düsseldorf 1956.
—, u. W. Siebs: Beobachtungen zur Struktur des Nucleolus in normalen Zellen sowie in Tumorzellen. Z. Krebsforsch. **60**, 564 (1955).
Lewis, J. P., L. O'Grady, M. Passovoy, and F. E. Trobaugh jr.: The Fate of the Transplanted Hematopoietic Stem Cell. X. Internat. Haemat. Kongr., Stockholm 1964, Nr. M 3.
Lima-de-Faria, A.: Incorporation of Tritiated Thymidine into Meiotic Chromosomes. Science E **37**, 3374 (1959).
Lisco, H.: Autoradiographic and Histopathologic Studies in Radiation Carcinogenesis of the Lung. Lab. Invest. **8**, 162 (1959).
—, R. Baserga, and W. E. Kisielski: Induction of Tumors in Mice with Tritiated Thymidine. Nature **192**, 571 (1961).
Lissac, J.: La durée de vie des leucocytes. Rev. franç. Ét. clin. biol. **2**, 178 (1957).
—, G. Mathé et J. Bernard: Étude du „sejour vasculaire" des polynucléaires par une méthode utilisant un indicateur fluorescent rôle régulateur du poumon. Rev. franç. Ét. clin. biol. **1**, 631 (1956).
Little, J. R., G. Brecher, T. R. Bradley, and S. Rose: Determination of Lymphocyte Turnover by Continuous Infusion of H^3-Thymidine. Blood **19**, 236 (1962).

Lochte, H. L., J. W. Ferrebee, and E. D. Thomas: The Effect of Heparin and EDTA on DNA Synthesis by Marrow in vitro. J. Lab. clin. Med. **55**, 435 (1960).

Löhr, G. W., u. H. D. Waller: Zellstoffwechsel und Zellalterung. Klin. Wschr. **37**, 833 (1959).

— — Enzymverteilungsmuster und Energiestoffwechsel normaler und leukämischer weißer Blutzellen des Menschen. Dtsch. med. Wschr. **89**, 171 (1964).

Lopes-Cardozo, P.: Cytologie von Skelett, Mamma, Thyreoidea und Prostata. Aus: Hennig u. Witte: Intern. Symposium u. klin. Cytodiagnostik 1958.

Ludford, R. J.: The Action of Toxic Substances Upon the Division of Normal and Malignant Cells in vitro and in vivo. Arch. exp. Zellforsch. **18**, 411 (1936),

Ludovici, P. P., R. A. Pock, R. T. Christian, and N. F. Miller: The Effect of X-Irradiation on HeLa During Different Phases of the Growth Cycle. Radiat. Res. **14**, 131 (1961).

— — —, G. M. Riley, and N. F. Miller: Detection of Characteristic Differences in the Irradiation Sensivity of Four Human Cancer Cell Strains. Radiat. Res. **14**, 141 (1961).

Lüdin, H.: Das Phasenkontrastverfahren in der Hämatologie. Acta haemat. **7**, 342 (1952).

Lüers, H.: Die Erkennung des Geschlechtes aus Körperzellen. Vortrag Med. Ges. 1956.

Lüers, Th.: Ein morphologisches Geschlechtsmerkmal in Leukocytenkernen. Berl. Med. **7**, 120 (1956).

— Vergleichende Untersuchungen über morphologische Geschlechtsunterschiede der neutrophilen Leukocytenkerne bei Mensch und Kaninchen. Blut **2**, 81 (1956).

— Geschlechtsbestimmung, Geschlechtsdifferenzierung und Geschlechtsdiagnostik. Med. Klin. **52**, 2021 (1957).

— Die Chromosomen des Menschen. Umschau **4**, 97 (1959).

— Neue Untersuchungen an menschlichen Chromosomen. Mat. Med. Nordmark **11**, 225 (1959).

— Das numerische Verhalten der geschlechtsspezifischen Kernanhänge bei der erblich-konstitutionellen Hochsegmentierung der Neutrophilenkerne. Undritz. Schweiz. med. Wschr. **90**, 246 (1960).

— Untersuchungen zur geschlechtsspezifischen Struktur der Neutrophilenkerne bei einigen Haustieren (Ziege, Schaf, Schwein, unter Berücksichtigung der Zwitter). Zool. Anzeiger **164**, 8 (1960).

— Chromosomen-Störungen und angeborene Leiden beim Menschen. Umschau in Wissenschaft und Technik **14** (1961).

— Zur Problematik der Chromosomen-Pathologie beim Menschen. Z. menschl. Vererb. Konstit. Lehre **36**, 130 (1961).

— Chromosomenkrankheiten. Fortschr. Med. **80**, 511 (1962).

—, u. J. H. Schultz: Chromosomales Geschlecht und Sexualpsyche. Ärztl. Wschr. **12**, 249 (1957).

—, E. Struck, I. Boll u. H.-W. Boschann: Chromosomenanalyse bei primärer Amenorrhoe mit Vermännlichungserscheinungen. Dtsch. med. Wschr. **87**, 297 (1962).

— — — Über eine spezifische Chromosomenanomalie bei Leukaemie (Das „min.-“ oder „Ph[1]-Chromosom“). Münch. med. Wschr. **104**, 1493 (1962).

Mac Call, M. S., D. A. Sutherland, A. M. Eisentraut, and H. M. Lenz: The Tagging of Leukaemic Leukocytes with Radioactive Chromium and Measurement of the in vivo Cell Survival. J. Lab. clin. Med. **45**, 717 (1955).

MAC CUTCHEON, M.: Chemotaxis Granulation in Myeloid Leukocytes. Nature **192**, 684 (1961).

MACKINNEY jr., A. A., F. STOHLMAN jr., and G. BRECHER: The Kinetics of Cell Proliferation in Cultures of Human Peripheral Blood. Blood **19**, 349 (1962).

MAETZEL, I.: Änderung und Proliferation von Knochenmarkkulturen aus Megaloblastenmark unter Radiophosphorzusatz (50 μm/ml). Diss. Berlin 1964.

MAKINO, S.: Further Evidence Favoring the Concept of the Stem Cell in Ascites Tumor of Rats. Ann. N. Y. Acad. Sci. **63**, 818 (1955/56).

—, and H. NAKAHARA: Observations on Cell Division in Living Tumor Cells of Ascites-Sarcomas of Rats. Gann. **43**, 302 (1952).

MAKRYCOSTAS, K. u. X. KURKUMELI: Über passagere Knochenmarksaplasie (Owren-Syndrom). Wien. Z. inn. Med. **5**, 189 (1958).

MALONEY, M. A.: Neutrophil Life Cycle with Tritiated Thymidine. Proc. Soc. exp. Biol. **98**, 801 (1958).

—, H. M. PATT, and C. L. WEBER: Estimation of Deoxyribonucleic Acid Synthetic Period for Myelocytes in Dog Bone Marrow. Nature **193**, 134 (1962).

MANNA, G. K.: Chromosome Number of Human Cancerous Cervix Uteri. Naturwissenschaften **42**, 253 (1955).

MARINELLI, L. D.: The Concentration of P^{32} in Some Superficial Tissues of Living Patients. Radiology **39**, 454 (1942).

—, E. H. QUIMBY, and G. J. HINE: Dosisbestimmung bei radioaktiven Isotopen. I. Fundamentale Dosierungsformeln. Strahlentherapie **80**, 453 (1949).

— — — Dosisbestimmung bei radioaktiven Isotopen. II. Biologische Betrachtungen und praktische Anwendungen. Strahlentherapie **81**, 587 (1950).

MARSH, J. C., and S. PERRY: The Granulocyte Response to Endotoxin in Patients with Hematologic Disorders. Blood **23**, 581 (1964).

MARSHAK, A.: Uptake of Radioactive Phosphorus by Nuclei of Liver and Tumors. Science **92**, 460 (1940).

—, and A. C. WALKER: Transfer of P^{32} Intravenous Chromatin to Hepatic Nuclei. Amer. J. Physiol. **143**, 235 (1945).

MAUBACH, E.: Mitosehäufigkeit und Mitosephasen-Verteilung bei der unbehandelten und chronisch-myeloischen Leukämie. Diss. Berlin 1963.

MAUER, A. M., J. W. ATHENS, H. R. WARNER, H. ASHENBRUCKER, G. E. CARTWRIGHT, and M. M. WINTROBE: An Analysis of Leukocyte Radioactivity Curves Obtained with Radioactive Diisopropylfluorophosphate (DFP^{32}). "The Kinetics of Cellular Proliferation", F. STOHLMAN, S. 231. N. Y. and London: Grune & Stratton 1959.

—, and V. FISHER: Comparison of the Proliferative Capacity of Acute Leukaemia Cells in Bone Marrow and Blood. Nature **193**, 1085 (1962).

— — In Vivo Study of Cell Kinetics in Acute Leukaemia. Nature **197**, 574 (1963).

—, and T. JARROLD: Granulocyte Kinetic Studies in Patients with Proliferative Disorders of the Bone Marrow. Blood **22**, 125 (1963).

MAURI, C.: Attività proliferativa e sintesi dell'ADN nelle cellule leucemiche. Gazzetta Santaria **7/8**, 397 (1961).

— Autoradiographische Untersuchungen über in vitro mit ^{3}H-Thymidin inkubierte Knochenmarkzellen. Wien. Z. inn. Med. **42**, 354 (1961).

— Die DNS-Synthese in den Knochenmarkerythroblasten. Autoradiographische Untersuchungen mittels H^3-Thymidin. Folia haemat. **6**, 1 (1961).

—, G. ASTALDI, F. WUHRMANN, e CH. WUNDERLY: Ricerche sulle Correlazioni tra Attività Proliferativa, Tipo Citologico, Quadro Disprotidemico e Rapidità di Decorso del Plasmacitoma. Haematologica **37**, 1103 (1953).

MAURI, C., G. ASTALDI, F. WUHRMANN, e CH. WUNDERLY: Studi sulla dinamica della sintesi dell'ADN nelle cellule ematiche. I. L'incorporazione della timidina marcata con tritio negli eritroblasti del midollo osseo umano normale. Boll. Soc. Med. **60**, 6 (1960).

—, U. TORELLI, e G. GROSSI: Studi sulla dinamica della sintesi dell'ADN nelle cellule ematiche. II. L'incorporazione della timidina marcata con tritio nei megaloblasti dell'anemia perniciosa biermeriana. Boll. della Soc. Med. **60**, 6 (1960).

— — — Studi sulla dinamica della sintesi dell'ADN nelle cellule ematiche. III. L'incorporazione della timidina marcata con tritio nelgi eritroblasti della sferocitosi ereditaria, della talassemia e dell'anemia ipocromica sideropenica. Boll. della Soc. Med. **60**, 6 (1960).

— — — Studi sulla dinamica della sintesi dell'ADN nelle cellule ematiche. IV. L'incorporazione della timidina tritiata negli eritroblasti della policitemia vera. Boll. della Soc. Med. **61**, 6 (1961).

— — — Studio citoautoradiografico dell'incorporazione della timidina marcata con tritio nelle cellule mielimatose. Boll. della Soc. Med. **61**, 6 (1961).

MAUVERNAY, R. Y.: Vinca rosea L. Cytostatikum? Oest. Apoth. Z. **13**, 182 (1962).

MAXIMOW, A.: Bindegewebe und blutbildende Gewebe. Aus v. MOELLENDORFF, Hdb. 2, 1, 232.

MAY, R., u. L. GRÜNWALD: Beiträge zur Blutfärbung. Dtsch. Arch. klin. Med. **79**, 468 (1904).

MAYNEORD, W. V.: On a Law of Growth of Jensen's Rat Sarcoma. Amer. J. Cancer **16**, 841 (1932).

MCCULLOCH, E. A., L. SIMINOVITCH, and J. E. TILL: Spleen-Colony Formation in Anemic Mice of Genotype WWv. Science **144**, 844 (1964).

MCDONALD, R. A.: "Life Span" of Liver Cells. Arch. Intern. Med. **107**, 335 (1961).

—, and G. K. MALLORY: Autoradiography Using Tritiated Thymidine. Lab. Invest. **8**, 1584 (1959).

— — Fibrous Tissue in Nutritional Cirrhosis: Autoradiographic Studies Using Tritiated Thymidine. Amer. M. A. Arch. Path. **67**, 119 (1959).

—, R. SCHMID, and G. K. MALLORY: Regeneration in Fatty Liver and Cirrhosis. Arch. Path. **69**, 175 (1960).

MCINTIRE, F. C., and M. F. SMITH: A new Chemical Method for Measuring Cell Populations in Tissue Cultures. Proc. Soc. exp. Biol. **98**, 76 (1958).

MCINTYRE, O. R., and F. C. EBAUGH: The effect of Phytohemagglutinin on Leukocyte Cultures as Measured by P^{32} Incorporation in the DNA, RNA and Acid Soluble Fractions. Blood **19**, 443 (1962).

MCMAHON. B., and D. CLARK: Incidence of the Common Forms of Human Leukemia. Blood **11**, 871 (1956).

—, and D. FORMAN: Variation in the Duration of Survival of Patients with Acute Leukemia. Blood **12**, 682 (1957).

MCQUILKIN, W. T.: Adaption of Additional Lines of NCTC Clone 929 (Strain L) Cells of Chemically Defined Protein-Free Medium NCTC 109. J. Nat. Cancer Inst. **19**, 885 (1957).

— Cinemicrographic Analysis of Cell Populations in vitro. J. Nat. Cancer Inst. **28**, 763 (1962).

MEIER, R., E. POSERN u. G. WEITZMANN: Über das Verhalten der blutbildenden Organe der erwachsenen Menschen in vitro. Virchows Arch. **299**, 316 (1937).

MEISSNER, J.: Das Verhalten des ^{32}P-Stoffwechsels bei Zellbildung und -abbau. Atompraxis **6**, 352 (1960).

MELLORS, R. C.: Analytical Cytology. Methods for Studying Cellular Form and Function. Lange und Springer 1955.

MELLORS, R. C.: Quantitative Cytology and Cytopathology: Nucleic Acids and Proteins in the Mitotic Cycle of Normal and Neoplastic Cells. Ann. N. Y. Acad. Sci. **63**, 1177 (1955/56).

MENDELSOHN, M. L.: The Growth Fraction: A New Concept Applied to Tumors. Science **132**, 1496 (1960).

— Autoradiographic Analysis of Cell Proliferation in Spontaneous Breast Cancer of C3H Mouse. II. Growth and Survival of Cells in Labeled with Tritiated Thymidine. J. Nat. Cancer Inst. **25**, 485 (1960).

— Autoradiographic Analysis of Cell Proliferation in Spontaneous Breast Cancer of C3H Mouse. II. Growth and Survival of Cells Labeled with Tritiated (1962).

— Chronic Infusion of Tritiated Thymidine into Mice with Tumors. Science **135**, 213 (1962).

—, F. C. DOHAN jr., and H. A. MOORE jr.: Autoradiographic Analysis of Cell Proliferation in Spontaneous Breast of C3H Mouse. I. Typical Cell Cycle and Timing of DNA Synthesis. J. Nat. Cancer Inst. **25**, 477 (1960).

MEYERS, M. C., D. R. HINES, and R. C. BISHOP: Acute Leukemia in Adolescents and Adults: Results of Treatment over Three Consecutive Five-Year Periods. X. Internat. Haemat. Kongr., Stockholm 1964, Nr. A 50.

MICHAELIS, A., K. REMSHORN u. R. RIEGER: Äthylalkohol — radiomimetisches Agens bei Vicia faba L. Naturwissenschaften **46**, 381 (1959).

MISAWA, Y.: Deoxyribonucleic Acid Synthesizing Peripheral Blood Cells Studies by in vitro Uptake of ^{3}H-Thymidine. I. The Age Distribution of Desoxyribonucleic Acid Synthesizing Blood Cells in Normal Persons. Yokohama Med. Bul. **11**, 397 (1960); **12**, 23 (1960); **12**, 31 (1960).

MITTWOCH, U.: Frequency of Drumsticks in Normal Women and in Patients with Chromosomal Abnormalities. Nature **201**, 317 (1964).

MIYOSHI, K., and H. KONO: Reduction divisions in human bone marrow cells at different stages of maturation. Tokushima J. exp. Med. **7**, 196 (1960).

MLCZOCH, F., u. J. KOHOUT: Das „Gewebsbild" bei verschiedenen Erkrankungen. Eine Anwendung der Deckglasmethode in der Klinik. Klin. Wschr. **40**, 99 (1962).

MÖLLENDORF, M. v.: Der Brown-Pearce-Tumor in der Gewebekultur. Arch. exp. Zellforsch. **21**, 411 (1938).

MÖLLENDORFF, W. v.: Zur Kenntnis der Mitose I. Arch. exp. Zellforsch. **21**, 1 (1937).

— Zur Kenntnis der Mitose II. Z. Zellforsch. **27**, 301 (1938).

— Zur Analyse der Mitose. Schweiz. med. Wschr. **5**, 119 (1938).

MOESCHLIN, S.: Ausreifungszeit, Mitosedauer, täglicher Umsatz der granulierten Leukocyten. Schweiz. med. Wschr. **76**, 1051 (1946).

— Physiopathologie des Hypersplenismus. Helv. med. Acta **23**, 416 (1956).

—, H. P. MEYER, L. ISRAELS, and C. TARR-GLOOR: Experimental Agranulocytosis. Its Production Through Leukocytes. Agglutination by Antileukocytic Serum. Acta haemat. **11**, 73 (1954).

MORAWITZ, P., u. G. DENECKE: Blut und Blutkrankheiten. Hdb. Inn. Med., Bd. 4, Teil 1, 1 (1926).

MORSE, W. I.: Single Cell Autographs of Bone Marrow and Blood from Rats Using Radioactive Phosphorus. Amer. J. med. Sci. **220**, 522 (1950).

MÜLLER, D.: Untersuchungen zur Proliferationsdynamik der normalen und pathologischen Granulopoese. Med. Welt **52**, 2675 (1963).

— The Nucleic Acid Content of Normal and Leukemic Granulocytes and the Influence of Cytostatic Treatment. IX. Europ. Hämat. Kongr., Lissabon 1963.

MÜLLER, D.: Desoxyribonucleinsäurebestimmungen in den Leukocyten der normalen und leukaemischen Granulopoese. Klin. Wschr. **42**, 224 (1964).

— The Proliferation of Normal and Pathological White Blood Cells. X. Internat. Haemat. Kongr., Stockholm 1964, Nr. N 12.

MYHRE, E.: Iron Uptake by Human Erythroid Cells in Vitro. Scand. J. Clin. Lab. Invest. **16**, 201 (1964).

— Iron Uptake and Hemoglobin Synthesis by Human Erythroid Cells in vitro. Scand. J. Clin. Lab. Invest. **16**, 212 (1964).

— Morphological Changes and Iron Uptake in Human Normoblasts in Vitro. I. Proliferation and Destruction of Nucleated Red Cells During Incubation of Normal Bone Marrow. Scand. J. Clin. Lab. Invest. **16**, 222 (1964).

— Studies on Megaloblasts in Vitro. I. Proliferation and Destruction of Nucleated Red Cells in Pernicious Anemia before and during Treatment with Vitamin B_{12}. Scand. J. Clin. Lab. Invest. **16**, 307 (1964).

— Studies on the Erythrokinetics in Pernicious Anemia. Scand. J. Clin. Lab. Invest. **16**, 391 (1964).

NAEGELI, O: Blutkrankheiten und Blutdiagnostik. Berlin: Springer 1937.

NAITO, T.: Action des variations de la pression osmotique sur les leukocytes du sang humain. Étude en microscopie en contraste de phase et en microscopie electronique. Nouv. Rev. franç. Hémat. **1**, 545 (1961).

NATHAN, D. G., F. H. GARDENER, and N. B. LE MIRE: Erythroid Cell Maturation and Hemoglobin Synthesis in Megaloblastic Anemia. J. clin. Invest. **41**, 1086 (1962).

NEUKOMM, S., et M. RICHARD: Détermination de la durée de la vie moyenne et de l'intercinèse de fibroblastes cultivés in vitro. Acta Anat. **16**, 160 (1952).

NEUMANN, E.: Über die Bedeutung des Knochenmarkes für die Blutbildung. Zbl. med. Wiss. **6**, 689 (1868).

NORDENSON, N. G.: Studies on Bone Marrow from Sternal Puncture. Gener. Lithog. Ans., Stockholm 1935.

NOWELL, P. C.: Stimulation of Mitosis in Rat Marrow Cultures by Serum from Infected Rats. Proc. Soc. exp. Biol. **101**, 347 (1959).

— Phytohemagglutinin: An Initiator of Mitosis in Cultures of Normal Human Leukocytes. Cancer Res. **20**, 462 (1960).

— Differentiation of human leukemic leukocytes in tissue culture. Exp. Cell Res. **19**, 267 (1960).

— Inhibition of Human Leukocyte Mitosis by Prednisolon in vitro. Cancer Res. **21**, 1518 (1961).

— Hormone Studies with Leukocyte Cultures. Blood **20**, 101 (1962).

NYGAARD, O. F.: Nucleic Acid Metabolism in a Slime Mold with Synchronous Mitosis. Biochim. Biophys. Acta **38**, 298 (1960).

ODARTSCHENKO, N., V. P. BOND, L. E. FEINENDEGEN, and H. COTTIER: Kinetics of Erythroblastic Cell Populations in the Dog, Studies with Tritiated Thymidine. IX. Intern. Haematol. Kongr., Mexico 1962.

ODEBLAD, E.: Matrix Theory for Quantitative Evaluation of Autoradiographs. Lab. Invest. **8**, 113 (1959).

OEHLERT, W.: Die Verwendung der histoautoradiographischen Methode bei der Untersuchung der physiologischen und pathologischen Regeneration. Nuclear-Med. **2**, 324 (1962).

—, u. J. COTÉ: Histoautoradiographische Untersuchungen der Epidermis-Parenchymzelle der Cancerisierung durch Methylcholanthren bei der Maus. Dtsch. med. Wschr. **86**, 403 (1961).

OEHLERT, W., u. B. SCHULTZE: Autoradiographic Investigation of Incorporation of H^3-Thymidine into Cells of the Rat and Mouse. Science **131**, 737 (1960).

— — Autoradiographic Findings on the Amount Tissues and Cells with Special View to the Central Nervous System of the Rabbit. Intern. Confer. on Radioisotopes in Scient. Res. UNESCO/NS/RIC/164.

OESER, H., E. KROKOWSKI u. E. GERSTENBERG: Die Bedeutung der Verdoppelungszeit von Tumoren für die Krebsbekämpfung. Münch. med. Wschr. **106**, 675 (1964).

OHNO, S., R. KINOSITA, and J. P. WARD: On Atypical Ana- and Telophase Figures in Normal Rat Myelocytes. Naturwissenschaften **41**, 288 (1954).

OLIVER, R., and L. G. LAJTHA: Hazzard of Tritium as a Deoxyribonucleic Acid Label in Man. Nature **186**, 91 (1960).

OSGOOD, E. E.: Culture of Human Marrow; Length of Life of the Neutrophils, Eosinophils and Basophils of Normal Blood as Determined by Comparative Cultures of Blood and Sternal Marrow from Healthy Persons. J. amer. med. Ass. **109**, 933 u. 936 (1937), cit. n. OSGOOD, Cancer **5**, 331 (1962).

— Number and Distribution of Human Hemic Cells. Blood **9**, 1141 (1954).

— Control of Peripheral Concentration of Leukocytes. Brookhaven Symp. in Biol. **10**, 31 (1957).

— Blood Cell Survival in Tissue Cultures. Ann. N. Y. Acad. Sci. **77**, 777 (1959).

— Regulation of Cell Proliferation "The Kinetics of Cellular Proliferation", F. STOHLMAN. N. Y. and London: Grune & Stratton 1959, S. 282.

— Radiobiologic Observations on Human Hemic Cells in vivo and in vitro. Ann. N. Y. Acad. Sci. **95**, 828 (1961).

—, and J. H. BROOKE: Continuous Tissue Culture of Leukocytes from Human Leukemic Bloods by Application of "Gradiant" Principles. Blood **10**, 1010 (1955).

—, and I. E. BROWNLES: Culture of Human Marrow: Details of a Simple Method. J. amer. med. Ass. **108**, 1793 (1937).

—, and M. L. KRIPPAEHNE: Comparison of the Life Span of Leukemic and Nonleukemic Neutrophils. Acta haemat. **13**, 153 (1955).

—, J. G. LI, H. TIVEY, M. L. DUERST, and A. J. SEAMAN: Growth of Human Leukaemic Leucocytes in vitro and in vivo as Measured by Uptake of P^{32} in Desoxyribose Nucleic Acid. Science **114**, 95 (1951).

—, and A. N. MUSCOVITZ: Culture of Human Bone Marrow. J. amer. med. Ass. **106**, 1888 (1936).

—, and H. TIVEY: The Biological Half-Life of Radioactive Phosphorus in the Blood of Patients with Leukemia. IV. Leukocytes-Radioactive Phosphorus Content and the Relation of Plasma-P^{32} Levels. Cancer **3**, 1014 (1950).

—, A. J. SEAMAN et H. TIVEY: Études radiobiologiques sur les cellules du sang chez l'homme. Rev. d'Haematol. **8**, 403 (1953).

OTTESEN, J.: On the Age of Human White Cells in Peripheral Blood. Acta physiol. Scand. **32**, 75 (1954).

OTTO, H.: Zur Theorie der Leukoseentstehung. Dtsch. Gesundh. Wes. **17**, 23 (1962).

PAINTER, R. B., R. M. DREW, and B. GLAUQUE: Further Studies on Deoxyribonucleic Acid Metabolism in Mammalian Cell Cultures. Exp. Cell Res. **21**, 98 (1960).

— —, and W. L. HUGHES: Inhibition of HeLa Growth by Intranuclear Tritium. Science **127**, 1244 (1958).

—, V. W. R. MCALPINE, and M. GERMANIS: The Relationship of the Metabolic State of Deoxyribonucleic Acid During X-Irradiation to HeLa S3 Giant Formation. Radiat. Res. **14**, 653 (1961).

PAINTER, R. B., and J. S. ROBERTSON: Effect of Irradiation and Theory of Role of Mitotic Delay on the Time Course of Labelling of HeLa S3 Cells with Tritiated Thymidine. Radiat. Res. **11**, 206 (1959).

PAPPENHEIM, A.: Eine panoptische Triazidfärbung. Dtsch. med. Wschr. **27**, 789 (1901).

— Panoptische Universalfärbung der Blutpräparate. Med. Klin. **4**, 1244 (1908).

PATRY, P. R.: Biosynthêse du système porphyrique dans le leucocyte humain. Schweiz. med. Wschr. **34**, 955 (1960).

PATT, H. M.: A Consideration of Myeloid-erythroid Balance in Man. Blood **12**, 777 (1957).

—, and M. E. BLACKFORD: Quantitative Studies of the Growth Response of the Krebs Ascites Tumor. Cancer Res. **14**, 391 (1954).

—, and M. A. MALONEY: Control of Granulocyte Formation. Brookhaven Symposia in Biology, No. 10, 75 (1957).

— — Patterns of Neutrophilic Leukocyte Development and Distribution. Ann. N. Y. Acad. Sci. **77**, 766 (1959).

— — Kinetics of Neutrophil Balance "The Kinetics of Cellular Proliferation", F. STOHLMAN. N. Y. and London: Grune & Stratton 1959, S. 201.

— — Granulocytopoiesis and Effects of Irradiation. IX. Intern. Haematol. Kongr., Mexico 1962.

PAUL, J.: Cell and Tissue Culture. London: Livingstone 1959.

PELC, S. R.: Microradiography and Autoradiography. Nature **173**, 387 (1954).

— Metabolic Activity of DNA as Shown by Autoradiographs. Lab. Invest. **8**, 225 (1959).

— On the Question of Automatic or Visual Grain Counting. Lab. Invest. **8**, 127 (1959).

— Incorporation of Tritiated Thymidine in Various Organs of the Mouse. Nature **193**, 793 (1962).

—, and P. B. GAHAN: Incorporation of Labeled Thymidine in the Seminal Vesicle of the Mouse. Nature **183**, 335 (1959).

—, and L. F. LA COUR: The Incorporation of H^3-Thymidine in Newly Differentiated Nuclei of Roots of Vicia Faba. Experientia **15**, 131 (1959).

PENDL, L.: Transformation of Megaloblasts to Normoblasts by Cultivating Human Bone Marrow in Presence of Vitamin B_{12} and Vitamin B_{12}-binding Protein. Nature **181**, 488 (1958).

PERRY, S., CH. G. CRADDOCK jr., and J. S. LAWRENCE: Rates of Appearance and Disappearance of White Blood Cells in Normal and in Various Disease States. J. Lab. Clin. Med. **51**, 501 (1958).

—, I. M. WEINSTEIN, CH. G. CRADDOCK jr., and J. S. LAWRENCE: The Combined Use of Typhoid Vaccine and P^{32} Labelling to Assess Myelopoesis. Blood **12**, 549 (1957).

— — — — The Origin of Cells Contributing to Leukocytosis. VI. Intern. Haematol. Kongr., Boston 1956, Nr. 129.

PETRAKIS, N. L., E. LIEBERMAN, and J. FULLERTON: The Dead Leukocyte Content of the Blood in Normal and Leukemic Patients. Blood **12**, 367 (1957).

PFEIFFER, E. F., W. SANDRITTER u. K. SCHÖFFLING: Thymusmitosehemmung als quantitativer Nachweis der Nebennierenrindenaktivierung im Tierexperiment. Klin. Wschr. **30**, 1023 (1952).

PHILLIPS, A. F., and R. D. SAUNDERS: Autoradiography and Radioactivity Measurements with Human Neoplasms Containing Radiophosphorus. Acta radiol. **48**, 101 (1957).

PISCIOTTA, A. V., SH. N. EBBE, M. DALY, M. RUWALDT, M. GLASER, and G. O. METZGER: Studies on Agranulocytosis. II. The Effect of Chlorpromazine upon the Influx of S^{35} L-Cystine and L-Methionine into Human Leukocytes. Blood **16**, 1456 (1960).

PLUMMER, J. I., L. T. WRIGHT, G. ANTIKAJIAN, and S. WEINTRAUB: Triethylene Melamine in Vitro Studies. I. Mitotic Alterations Produced in Chick Fibroblast Tissue Cultures. Cancer Res. **12**, 796 (1952).

POGO, B. G. T., and A. E. MOORE: Effect of Folic Acid on in Vitro Uptake of Labeled Thymidine by Leukaemic Cells. Proc. Soc. exp. Biol. **108**, 409 (1961).

POHLE, K.: Die 24-Std-Mitoserhythmik beim S_2-Ascites-Sarkom und beim Ehrlichschen Ascites-Carcinom der weißen Maus. Z. Krebsforsch. **64**, 208 (1961).

— Tagesperiodische Schwankungen der cancerostatischen Wirkungsstärke von N-Oxyd-Lost beim Ehrlich-Ascites-Carcinom der Maus. Z. Krebsforsch. **64**, 215 (1961).

POLICARD, A., A. COLLET, et L. GILTAIRE-RALYTE: Etude au microscope électronique de l'action des poussières de silice sur les plasmocytes et les cellules réticulo-histiocytaires des mammifères. Rev. Hémat. **9**, 403 (1954).

POLLI, E. E., P. BIANCHI, and M. V. FARINA: DNA Synthesis and Thymidine Phosphorylation in Human Leukemic Cells. X. Internat. Haemat. Kongr., Stockholm 1964, Nr. K 30.

PONTONI, L.: Su alcuni rapporti citologici ricavati dal mielogramma. Metodica e valutatione fisiopatognostica generale. Haematologica **17**, 833 (1936).

POMERAT, C. M., and R. R. OVERMAN: Electrolytes and Plasma-Expanders. I. Reaction of Human Cells in Perfusion Chambers with Phase-Contraste, Time-lapse Cine Records. Z. Zellforsch. **45**, 2 (1956).

POST, J. and J. HOFFMANN: Some Effects of Tritiated Thymidine as a Deoxyribonucleic Acid Label in the Rat Liver. Radiat. Res. **14**, 713 (1961).

POTTER, V. R.: Metabolic Products Formed from Thymidine. "The Kinetics of Cellular Proliferation", F. STOHLMAN, S. 104. N. Y. and London: Grune & Stratton 1959.

PRESCOTT, D. M.: Relations between Cell Growth and Cell Division. I. Reduced Weight, Cell Volume, Protein Content and Nuclear Volume of Amoeba Proteus from Division to Division. Exp. Cell. Res. **9**, 328 (1955).
IV. The Synthesis of DNA, RNA and Protein from Division to Division in Tetrahymena. Exp. Cell. Res. **19**, 228 (1960).

PRIBILLA, W.: Über die Lebensdauer der Leukocyten und Erythrocyten bei den Leukaemien. 66. Tag. d. Internisten-Kongr., Wiesbaden 1960.

PULVERTAFT, R. J. V.: The Effect of Reduced Oxygen Tension on Platelet Formation in vitro. J. clin. Path. **11**, 535 (1958).

— Cellular Associations in Normal and Abnormal Lymphocytes. Proc. roy. Soc. Med. **52**, 315 (1959).

—, and J. G. HUMBLE: Culture de moelle osseuse sur lames tournantes. Rev. Hémat. **11**, 349 (1956).

QUASTLER, H.: Some Aspects of Cell Population Kinetics. "The Kinetics of Cellular Proliferation", F. STOHLMAN, S. 218. N. Y. and London: Grune & Stratton 1959.

REISNER, E. H., jr.: The Nature and Significance of Megaloblastic Blood Formation. Blood **13**, 313 (1958).

— Tissue Culture of Bone Marrow. Ann. N. Y. Acad. Sci. **77**, 487 (1959).

— Effect of Humoral and Hormonal Factors on Hemopoiesis in vitro. Blood **20**, 109 (1962).

REKERS, P. E., and M. COULTER: A Hematological and Histological Study of the Bone Marrow and Peripheral Blood of the Adult Dog. Amer. J. med. Sci. **216**, 643 (1948).

REMY, D.: Über Eigenschaften leukämischer Blutzellen. Ärztl. Forsch. **11**, 294, 330, 389 u. 502 (1956).

ŘEŘÁBEK, J., u. E. ŘEŘÁBEK: Leitfaden der Gewebezüchtung. Jena: VEB Fischer Verlag 1960.

RESEGOTTI, L.: Life Cycle of Granulocytes and Lymphocytes. Determined by Making Use of ^{35}Fe Labelled Haemin as a Tracer. Acta physiol. scand. **41**, 325 (1957).

RHEINGOLD, J. J., R. KAUFMAN, E. ADELSON, and A. LEAR: Smoldering Acute Leukemia. New Engl. J. Med. **268**, 812 (1963).

—, K. WIPPLINGER, E. ADELSON, and A. A. LEAR: Survival in Acute Leukaemia. X. Internat. Haemat. Kongr. Stockholm 1964, Nr. A 49.

RICHARDS, B. M., P. M. B. WALKER, and E. M. DEELEY: Changes in Nuclear DNA in Normal and Ascites Tumor Cells. Ann. N. Y. Acad. Sci. **63**, 831 (1955/1956).

RICHTER, K. M.: Studies in Leukocytic Secretory Activity. Ann. N. Y. Acad. Sci. **59**, 863 (1955).

RIGAS, D. A., M. L. DUERST, M. E. JUMP, and E. E. OSGOOD: The Nucleic Acids and Other Phosphorus Compounds of Human Leukemic Leukocytes: Relation to Cell Maturity. J. Lab. clin. Med. **48**, 356 (1956).

RIIS, P., and H. R. WULFF: Dynamic Studies of the Relation between Intravascular and Inflammatory Neutrophils in Normal Subjects. Acta haemat. **23**, 276 (1960).

— — The Progressive Segmentation of Neutrophilic Granulocytes. VIII. Kongr. d. Europ. Ges. f. Haematol., Wien 1961.

RIND, H.: Die „drei Bewegungstypen" der Leukocyten und Lymphocyten. Z. ges. inn. Med. **10**, 805 (1955).

— Kinetik der Erythroblastenentkernung. Folia haemat. **74**, 262 (1956).

— Atlas der Phasenkontrasthaematologie. Berlin: Akademie-Verlag 1958.

— Klinische und cytologische Untersuchungen über die Therapieversager bei der Hormonbehandlung der akuten Leukaemie im Kindesalter. 66. Tag. d. Intern. Kongr., Wiesbaden 1960.

—, u. H. STOBBE: Klinik der Erythroblastenentkernung. Folia haemat. **74**, 262 (1956).

— — Über „reife" und „unreife" Retikulocyten. Folia haemat. **75**, 219 (1957).

ROBINEAUX, R.: Mouvements cellulaires et fonction phagocytaire des granulocytes neutrophiles. Etude dynamique de la phagocytose bactérienne, virale, minérale et cellulaire. Rev. hémat. **9**, 364 (1954).

—, et S. BAZIN: Nouvelles recherches sur la mobilité electrophoretique des leucocytes. 3. Étude comparée des granulocytes du sang et de la moelle chez l'homme normal. Sang **25**, 900 (1954).

ROHR, K.: Aktuelle Agranulocytoseprobleme. Münch. med. Wschr. 1935, 460.

— Das menschliche Knochenmark. Stuttgart: Thieme Verlag, 3. Aufl., 1960.

RONDANELLI, E. G.: Sulla formazione di cellule binucleate in vitro ed in vivo nelle cellule emopoietiche embrionarie. Haematologica **39** (1955).

—, E. BORGHESE, e E. STROSSELLI: Osservazioni sul distacco di megaloblasti da sincizi meseblastici in culture in vitro di area opaca di embrione di pollo. Haematologica **39** (1955).

— — — L'activité motrice de la surface cytoplasmique pendant la mitose. Étude microcinématographique en contraste de phase des cellules hémopoiétiques. Rev. belge Path. **25**, 47 (1956).

Rondanelli, E. G., e P. Gorini: La Cronologia della Mitosi „in vitro“ ed „in vivo“. Haematologica 39 (1955).

— —, E. Magliulo, G. P. Fiori, e D. Pecorari: Morfologica, Dinamica e Cronologica della Mitosi nel Megaloblasto dell' Anemia Perniciosa. Haematologica 47 (suppl.), 371 (1962).

— — —, and C. Scottifoglienti: The Problem of Amitosis in Haemopoietic Cells. IX. Intern. Hämatol. Kongr., Mexico 1962.

— —, and D. Pecorari: Influence of Differentiation and Maturation upon the Time Cycle of Mitosis in Normal Hemopoietic Cells Cultivated in vitro. VII. Intern. Haematol. Kongr., Rom 1958.

— — — Method for Testing the Influence of Drugs and Physical Agents upon Mitosis. Nature 183, 190 (1959).

— — —, u. G. P. Fiori: Über die Bildung von doppelkernigen hämopoetischen Zellen. Z. Zellforsch. 49, 668 (1959).

— — —, u. E. Magliulo: Lebendbeobachtungen über die Bildung und Schicksal des Rabl'schen Polarfeldes in erythroblastischen Karyokinesen. Acta hemat. 30, 42 (1963).

— —, e E. Strosselli: Influenza dei processi di differenziazione e di maturazione sulla cronologia della mitosi. Ricerche „in vitro“ per osservazione diretta sulle cellule emopoietiche embrionarie. Quaderni di Anatomia Practica 13, 1 (1957).

— — —, e V. Monesi: Significato funzionale dell'ameboidismo mitotico. Ricerche sulle cellule degli organi emopoietici coltivati in vitro. Boll. Soc. Medico-Chirurgica 71, 3 (1957).

— —, N. Trotta, et R. Colombi: Effets du benzène sur la mitose érythroblastique. Investigations à la microcinématographie en contraste de phase. Acta haemat. 26, 281 (1961).

— — —, and D. Pecorari: "Morphology, Motility and Mitotic Cycle in Living Lymphocyte". VII. Europ. Haematol. Kongr., London 1959.

—, e E. Strosselli: Ricerche sul fenomeno della Binuclearità nelle cellule emopoietiche. Documentazione microcinematographica di una Nuova, particolare modalità nella formazione di una cellula a due nuclei. Haematologica 10, 1601 (1957).

Rose, G. G.: Cinemicrography in Cell Biology. New York-London: Academic Press 1963.

Rosin, A., and G. Goldhaber: A Comperative Analysis of the Mitotic Activity of Normal and Leukemic Myelocytes in Rats with and without Urethane Treatment. Acta haemat. 20, 318 (1958).

—, and G. Zajicek: The Fate of Transfused Thymidine ^{3}H Labelled Leukemic Cells in Normal and Leukemic Rats. VIII. Kongr. d. Europ. Ges. f. Haematol., Wien 1961.

— — Pathogenesis of Rat Chloroleukaemia. Acta haemat. 26, 200 (1961).

Rubini, J. R.: In Vitro Metabolism or Tritiated Thymidine. VIII. Kongr. d. Europ. Ges. f. Haematol., Wien 1961.

—, V. P. Bond, S. Keller, T. M. Fliedner, and E. P. Cronkite: DNA-Synthesis in Circulating Blood Leukocytes Labeled in Vitro with H^{3}-Thymidine. J. Lab. Clin. Med. 58, 751 (1961).

—, E. P. Cronkite, V. P. Bond u. T. M. Fliedner: The Metabolism and Fate of Tritiated Thymidine in Man. J. clin. Invest. 39, 909 (1960).

—, S. Keller, L. Wood, and E. P. Cronkite: Incorporation of Tritiated Thymidine into DNA after Oral Administration. Proc. Soc. exp. Biol. 106, 49 (1961).

RUECKERT, R. R., u. G. C. MUELLER: Studies on Unbalanced Growth in Tissue Culture. I. Induction and Consequences of Thymidine Deficience. Cancer Res. 20, 1584 (1960).

RÜHL, R.: Zur Frage der Malignitätsunterschiede beim Bronchialcarcinom. Dtsch. Krebskongreß, Berlin 1959.

— Morphologisch-klinische Untersuchungen zum Problem der Malignitätsunterschiede beim Bronchialcarcinom. Langenbecks Arch. klin. Chir. **290**, 602 (1959).

RUHENSTROTH-BAUER, G., u. J. G. GOSTOMZYK: Die ^{32}P-Aufnahme im Knochenmark von gesunden Ratten und solchen mit übertragbarer Myelose. Z. f. Krebsforsch. **65**, 108 (1962).

—, E. STRAUB, P. SACHTLEBEN u. G. F. FUHRMANN: Die elektrophoretische Beweglichkeit von Blutzellen beim Gesunden und bei Kranken. Münch. Med. Wschr. **103**, 794 (1961).

—, G. F. FUHRMANN, E. GRANZER, W. KÜBLER und F. RUEFF: Elektrophoretische Untersuchungen an normalen und malignen Zellen. Naturwissenschaften **16**, 363 (1962).

RYTÖMAA, T.: Role of Peroxidase Activity of Neutrophils and Eosinophils in Kinetics of Granulocytes. VIII. Kongr. d. Europ. f. Haematol., Wien 1961.

SACCHETTI, C., u. E. BIANCHINI: Action directe de S.T.H. sur les activités de la moelle osseuse humaine normale. Sang **24**, 344 (1953).

— — Activités biologiques de la moelle osseuse dans les leucémies aigues non traitées. Prolifération des cellules leucémiques. Sang **25**, 499 (1954).

—, F. DIENA, P. BOCCACCIO, and L. MORRA: Dynamic Behaviour of Granuloblasts in the Blood and in the Bone Marrow of Chronic Granulocytic Leukemia. Cancro **15**, 246 (1962).

—, I. PANNACCIULLI, F. DIENA, and A. TIZIANELLO: Behaviour of Bone Marrow Cultured „in Vitro" in Presence of Radioactive Iron (Fe^{59}). Symp. on blood and blood-forming cell cultures. VII. Internat. Haematol. Kongreß, Rom 1958.

—, e F. DA SILVA PARREIRA: L'attività biologiche dei megaloblasti dell'anemia perniciosa e l'influenza della vitamina B_{12} applicata direttamente in vitro. Haematologica 36, 1109 (1952).

SAITO, A.: On the Essential Nature of Hematopoietic Function of Bone Marrow. III. On the Field of the Blood Defense Reaction. Tohoku J. exp. Med. **74**, 339 (1961).

— IV. On the Biological Significance of the Hematopoietic Phases of the Bone Marrow and the Fields of Blood Reaction from Standpoint of Internal Environment. Tohoku J. exp. Med. 4, 349 (1961).

— V. On the Leukocyte Reaction in Infectious Diseases with Special Reference to Schilling's Biological Leukocyte Curve. Tohoku J. exp. Med. **4**, 366 (1961).

— VI. Observations on the Leukocyte Reaction from the Standpoint of the Fields of Blood Defense Reaction with Special Reference of the Three Basal Forms of Leukocyte Reaction. Tohoku J. exp. Med. **4**, 377 (1961).

SALERA, U.: Studies on the Mitotic Growth Hemopoietic Cells by the Stathmokinetic Method. IX. Intern. Haematol. Kongr., Mexico 1962.

— Incorporation of Labelled Metabolytes into Leukemic Cells, Cancro **15**, 149 (1962).

—, P. MAGNANELLI, e. G. TAMBURINO: Valutazione dell'attività proliferativa cellulare mediante impiego di isotopi radioattivi e tecnica citoautoradiografica. Studio analitico. Ricerga Sci. **27**, 2762 (1957).

—, e G. TAMBURINO: Studio dell'attività proliferativa dei granuloblasti. Ricerche sul midollo osseo umano normale. Haematologica **37** (1953).

SALERA, U., e G. TAMBURINO: Studio dell'attività proliferativa delle cellule leucemiche. Linfoadenosi leucemica cronica. Atti VII. Congr. Naz. d. Leg. Zt. p. l. lotte contro i tumori (1953).

— — Studio dell'attività proliferativa delle cellule leucemiche. Mielosi leucemica cronica. Atti VII. Congr. Naz. d. Leg. Zt. p. l. lotte contro i tumori (1953).

— — Studio dell'attività proliferativa delle cellule leucemiche. Mielosi leucemie acute. Atti VII. Congr. Naz. d. Leg. Zt. p. l. lotte contro i tumori (1953).

— — Étude sur l'activité proliférative des cellules leucémiques. Gazz. intern. med. e chir. **58**, 1233 (1954).

— — Il tipo, l'entita e la durata dei processi riproduttivi delle cellule leucemiche. Boll. Soc. ital. Ematol. **2**, 90 (1954).

— — Die Proliferation der leukämischen Zellen. Quantitative Untersuchung der Karyokinese und der Durchschnittsdauer der Mitose. Sci. med. ital., dtsch. Ausg. **4**, 447 (1956).

— —, e P. MAGNANELLI: Citoautoradiografia per annerimento in ematologia. Progr. Med. **12**, 612 (1956).

— — — Ricerche citoautoradiografiche sull'incorporazione del P^{32} nell'ADN delle cellule eritropoietiche embrionarie. Progr. Med. **12**, 644 (1956).

— — — Sintesi dell'ADN e durata dell'intercinesi studiate mediante impiego di P^{32} nelle cellule eritropoietiche embrionarie. Progr. Med. **12**, 677 (1956).

— — — Zusammensetzung der Desoxyribonukleinsäure (DNS) und die proliferative Aktivität der myeloischen Zellen. I. Cytoautoradiographische Untersuchungen über die Erythroblasten des menschlichen Knochenmarkes bei normalen und pathologischen Verhältnissen durch Anwendung von P^{32}. Sci. med. ital., dtsch. Ausg. **6**, 190 (1957).

SANDBERG, A. A., J. F. KOEPF, L. H. CROSSWHITE, and T. S. HAUSCHKA: The Chromosome Constitution of Human Bone Marrow in Various Developmental and Blood Disorders. Amer. J. hum. Genet. **12**, 231 (1960).

SANFORD, K. K., H. B. ANDERVONT, G. L. HOBBS, and W. R. EARLE: Maintenance of the Mammary-Tumor Agent in Long-Term Cultures of Mouse Mammary Carcinoma. J. Nat. Cancer Inst. **26**, 1185 (1961).

SANDOZ AG: Haematologische Tafeln von E. UNDRITZ. Basel.

SATO, H. *et al.*: Time Necessary for the Completion of a Mitosis in the Yoshida Sarcoma Cell (Mathematically Estimated Value and Actually Measured Value). Gann **43**, 303 (1952).

SAUER, M. E., and B. E. WALKER: Radiation Injury Resulting from Nuclear Labelling with Tritiated Thymidine in the Chick Embryo. Radiat. Res. **14**, 633 (1961).

SAULI, S., u. G. ASTALDI: Die Proliferationsaktivität der Leukocyten des normalen menschlichen Blutes in Gegenwart des Phytohämagglutinins. Schweiz. Med. Wschr. **93**, 1475 (1963).

SCHAUMKELL, K. W., H. H. STANGE, u. K. RUMPHORST: Über das Vorkommen von Desoxyribonucleinsäure in den Drumsticks polymorphkerniger Granulocyten. Klin. Wschr. **35**, 1029 (1957).

SCHENCK, E.-G.: Lebensvorgänge in der Zelle. Münch. Med. Wschr. **104**, 4 (1962).

SCHIFFER, L. M.: Fluorescence Microscopy with Acridine Orange: A Study of Hemopoietic Cells in Fixed Preparation. Blood **19**, 200 (1962).

SCHILLING, V.: I. Qualitative Leukocytenbilder, Arnethsche Methode. III. Blutbild und seine klinische Verwertung. Folia haemat. **13** (1912).

— „Neutrophile Zwillinge“ und andere Beiträge zum Kernformungsvorgang der Leukocyten. Zbl. allg. Path. path. Anat. **32**, 281 (1922).

— Leukocyten, Leukocytose und Infektion. Ergebn. ges. Med. **3**, 358 (1922).

SCHILLING, V.: Das Knochenmark als Organ. Dtsch. Med. Wschr. **51**, 261, 344, 467, 516, 598 (1925).

— Vom Knochenmark-Organ und seinen Funktionen. Naturwissenschaften **14**, 829 (1926).

SCHINDLER, R.: Fortschritte und Ergebnisse der Zellkulturmethodik. Experientia **17**, 97 (1961).

SCHINZ, H. R., u. H. FRITZ-NIGGLI: Bedeutung der radioaktiven und stabilen Isotope in der Grundlagenforschung und ihre Anwendung im Rahmen der Medizin. Schweiz. med. Wschr. **90**, 1057 (1960).

SCHLAG, H., u. I. BOLL: Über die Einwirkung von Oestradiol auf Knochenmarkzellen in vitro. Ärztl. Wschr. **6**, 1116 (1951).

SCHNEIDER, J. H.: Inhibition of Incorporation of Thymidine into Deoxyribonucleic Acid by Amino Acid Antagonists in Vivo. J. biol. Chem. **235**, 1437 (1960).

SCHOEN, R., u. W. TISCHENDORF: Klinische Pathologie der Blutkrankheiten. Stuttgart: Thieme Verlag 1950.

SCHRADER, F.: Mitose — Die Bewegung der Chromosomen bei der Zellteilung. Wien: Verlag Franz Deuticke 1954.

SCHRETZENMAYR, A., u. H. BRÖCHELER: Über die Atmung des menschlichen Knochenmarkes. Klin. Wschr. **15**, 998 (1936).

SCHREK, R.: Quantitative Study of the Growth of the Walker Rat Tumor and the Flexner-Jobling Rat Carcinoma. Amer. J. Cancer **24**, 807 (1935).

— Further Quantitative Methods for the Study of Transplantable Tumors. The Growth of R 39 Sarcoma and Brown-Pearce Carcinoma. Amer. J. Cancer **28**, 345 (1936).

— The Effect of the Size of Inoculum on the Growth of Transplantable Rat Tumors. Amer. J. Cancer **28**, 364 (1936).

— A Comparison of the Growth Curves of Malignant and Normal (Embryonic and Postembryonic) Tissues of the Rat. Amer. J. Cancer **12**, 525 (1936).

— Dual Morphologic Reactions of Rabbit Lymphocytes to X-Rays. Arch. Path. **63**, 252 (1957).

SCHULTEN, H.: Lehrbuch der klinischen Haematologie. 5. Aufl. Stuttgart: Thieme Verlag 1953.

— Über Stammzellenleukaemien. Med. Klin. **49**, 661 (1954).

— Beziehungen von Knochenmark und Knochen. Regensb. Jb. ärztl. Fortbild. **5**, 212 (1956).

— Die Sternalpunktion als diagnostische Methode. Leipzig: Thieme Verlag 1937.

SCHULTZ, W.: Über eigenartige Halserkrankungen. a) Monocytenangina, b) Gangränescierende Prozesse und Defekt des Granulocytensystems. Dtsch. med. Wschr. **2**, 1495 (1922).

SCHULZ, R. D.: Mitose-Index und Mitose-Phasenverteilung im Knochenmark bei akuter Leukaemie. Diss. Berlin 1961.

SCHWIEGK, H.: Radioaktive Isotope. Heidelberg - Berlin - Göttingen: Springer Verlag 1953.

SCOTT, J. L.: Human Leukocyte Metabolism in Vitro. I. Incorporation of Adenine-8-C^{14} and Formate-C^{14} into the Nucleic Acids of Leukemic Leukocytes. J. Clin. Invest. **41**, 67 (1962).

SEITZ, W. A.: Einfluß von vegetativen Wirkstoffen auf die Leukocytenbewegung. Z. ges. inn. Med. **12**, 1105 (1957).

SENDA, N.: Mouvement of Leukocyte. Rév. Haemat. **9**, 418 (1954).

SESHACHAR, B. R., and P. K. NAMBIAR: Effects of Carbon Tetrachlorid on Mitosis. Nature **176**, 796 (1955).

SETÄLÄ, K., B. LINDROOS u. O. NYYSSÖNEN: Mitosewirkung ionisierender Strahlen auf die bös- und gutartige Epidermishyperplasie der Maus. III. Allgemeine Bedeutung der pathologischen Mitosen in der Mäuseepidermis. Strahlentherapie **121**, 97 (1963).

SEYFARTH, C.: Die Sternumtrepanation, eine einfache Methode zur diagnostischen Entnahme von Knochenmark bei Lebenden. Dtsch. med. Wschr. **6**, 180 (1923).

SHIBAHASHI, K., Y. MIWA, and Y. FUKUI: Studies on Single Cell Radioautography with P^{32} (I). Nagoya J. Med. Sci. **16**, 135 (1953).

SHIELDS, J. W.: On the Relationship Between Growing Blood Cells and the Blood Vessels. Acta haemat. **24**, 319 (1960).

SHOOTER, K. V,. P. A. BIANCHI, and A. R. CRATHORN: Thymidine Kinases in Mouse Leukemic Cells. VIII. Kongr. d. Europ. Ges. f. Haematol., Wien 1961.

SIEBERT, W. W.: Klinische Haematologie. Berlin - München: Urban-Schwarzenberg 1950.

SIERACKI, J. C.: The Neutrophilic Leukocyte. Ann. N. Y. Acad. Sci. **59**, 690 (1955).

SIMON-REUSS, I.: H^3 Incorporation into Ascites Tumour and Tissue Culture Cells Exposed to Synkavit and its Tritiated Analogue. Acta radiol. **56**, 49 (1961).

SISKEN, E. J.: The Synthesis of Nucleic Acids and Proteins in the Nuclei of Tradescantia Root Tips. Exp. Cell Res. **16**, 602 (1959).

SISKEN, J., A. OKADA, and E. ROBERTS: Autoradiographic Studies of Antimitotic Action of Maleuric Acid. Soc. exp. Biol. Med. **101**, 460 (1959).

SMITH, C. L., and P. P. DENDY: Relation between Mitotic Index, Duration of Mitosis, Generation Time and Fraction of Dividing Cells in a Cell-Population. Nature **193**, 555 (1962).

STANLEY, R. G.: Deoxyribonucleic Acid Synthesis or Turn-Over in Non-dividing Pollen Cells of Pine. Nature **196**, 1228 (1962).

STOBBE, H.: Haematologischer Atlas. Berlin: Akademie-Verlag 1960.

STROSSELLI, E.: Cytological Effects of Bone Marrow Extract on Differentiation in Tissue Culture. VII. Europ. Haematol. Kongr., London 1959, Nr. 51.

STEINBERG, B.: Mechanism of Hematopoiesis. A. M. A. Arch. Path. **67**, 489 (1959).

—, A. A. DIETZ, and M. A. ATAMER: Mechanism of Hematopoiesis. A. M. A. Arch. Path. **67**, 496 (1959).

STICH, H. F., and H. E. EMSON: Aneuploid Deoxyribonucleic Acid Content of Human Carcinomas. Nature **184**, 290 (1959).

—, S. F. FLORIAN, and H. E. EMSON: Deoxyribonucleic Acid (DNA) Content of Human Carcinoma Cells. Lancet **19**, 385 (1959).

STICH, W.: Arzneimittelbedingte Blutkrankheiten. Blut **7**, 321 (1961).

STÖCKER, E., W. MAURER u. H.-W. ALTMANN: Autoradiographische Untersuchungen der Eiweiß- und RNS-Synthese mit H^3-Leucin und H^3-Cytidin zur Deutung der funktionellen Kernschwellung während des Funktionsformwechsels im exokrinen Pankreas. Klin. Wschr. **39**, 926 (1961).

STOHLMAN, F., jr.: Humoral Regulation of Erythropoiesis. VI. Mechanism of Action of Erythropoietine in the Irradiated Animal. Proc. Soc. exp. Biol. **107**, 751 (1961).

STOLK, A.: Special Condition of the Interphase Nucleus in Normal and Tumorous Cells of Fishes, Amphibians and Reptiles. Proceedings, Series C, **61**, 395 (1958).

STRAESSLE, R., u. P. MIESCHER: Experimentelle Studien über den Mechanismus der Leukocytenschädigung durch Antigen-Antikörper-Reaktionen. Schweiz. Med. Wschr. **86**, 1461 (1956).

STULBERG, C. S., L. BERMAN, and R. H. PAGE: Viral Susceptibilities of Eight New Lines of Human Epithelial-Like Cells. Bact. Proc. **56**, 101 (1956).

SUSCHNY, O.: Die Anwendung radioaktiver Indikatoren in der Gewebezucht. Atompraxis **10**, 363 (1958).

SWAN, A.: A Study of Fifty Cases of Acute Leukemia in Adults. IX. Intern. Haematol. Kongr., Mexico 1962.

SWAN, H. T., E. H. REISNER jr., and M. SILVERMAN: The Effect of Various Metabolites on the Growth of Marrow Cells in Vitro. Blood **10**, 735 (1955).

SYKES, J. A., and E. B. MOORE: A Simple Tissue Culture Chamber. Texas Rep. Biol. Med. **18**, 288 (1960).

TAMBURINO, G., P. MAGNANELLI, e U. SALERA: Ricerche Citoautoradiografiche sull'incorporazione del P^{32} nell'arn cellule eritropoietiche embrionarie. Haematologica **11**, 879 (1956).

— — — Sintesi dell'ADN e attività proliferativa delle cellule mieloidi. II. Ricerche citoautoradiografiche mediante impiego di P^{32} sui granuloblasti midollari, normali e leucemici. Boll. Oncol. **31**, 3 (1957).

TAYLOR, J. H., R. D. MCMASTER, and M. F. CALUYA: Autoradiographic Study of Incorporation of P^{32} in RNA at the Intracellular Level. Exp. Cell Res. **9**, 460 (1955).

—, P. S. WOOD, and W. L. HUGHES: The Organization of Chromosomes as Revealed by Autoradiographic Studies Using Tritium Labeled Thymidine. Proc. Nat. Acad. Sci. **43**, 122 (1957).

TEIR, H., and T. RÄSANEN: A Study of Mitotic Rate in Removal Zones of Nondiseased Portions of Astric Mucosa in Cases of Peptic Ulcer and Gastric Cancer, with Observations on Differentiation and So-Called "Intestinalization" of Gastric Mucosa. J. Nat. Cancer Inst. **27**, 949 (1961).

—, u. T. RYTÖMAA: Beobachtungen über die Rolle des Darmtraktes in der Kinetik der Granulocyten. VIII. Kongr. d. Europ. Ges. f. Haematol., Wien 1961.

TERRANOVA, T., u. K. GAWEHN: Stoffwechsel der Zellen des trypsinisierten Knochenmarks. Dtsch. med. Wschr. **87**, 27 (1962).

THEUNER, E.: Untersuchungen über die Wirkung von Vitamin B_{12} auf Megaloblasten und von Perniciosaserum auf Normoblasten in vitro. Diss. Berlin 1957.

THOMAS, E. D., and H. L. LOCHTE: Desoxyribonucleic Acid Synthesis by Bone Marrow Cells in Vitro. J. haemat. **12**, 1086 (1957).

THOMAS, K.: Über haematotrope Effekte von Glukokortikoiden und Testosteronderivaten. VIII. Kongr. d. Europ. Ges. f. Haematol., Wien 1961.

— Über neue Beobachtungen hämatotroper Effekte von Testosteron-Derivaten. Klin. Wschr. **39**, 55 (1961).

—, u. E. SEIDLER: Knochenmark in vitro unter dem Einfluß cytostatischer und hormoneller Substanzen. Folia haemat. **4**, 121 (1960).

TOCANTINS, L. M.: Fortschritte der Haematologie, Bd. 2. Stuttgart: Thieme Verlag 1961.

TÖRÖ, I.: Neue Untersuchungen zur Wirkung des embryonalen Herzextraktes. Arch. exp. Zellforsch. **22**, 304 (1939).

TOLMACH, L. J.: Growth Patterns in X-irradiated HeLa Cells. Ann. N. Y. Acad. Sci. **95**, 743 (1961).

TRAUTMANN, FR.: Besondere Formen von Megakaryocyten (Mikrokaryocyten) im Sternalpunktat der chronischen myeloischen Leukose. Berl. Med. **12**, 484 (1961).

TSCHERMAK-WOESS, E.: Die DNS-Reproduktion in ihrer Beziehung zum endomitotischen Strukturwechsel. Chromosoma **10**, 497 (1959).

TSUYA, A., V. P. BOND, T. M. FLIEDNER, and L. E. FEINENDEGEN: Cellularity and Deoxyribonucleic Acid Synthesis in Bone Marrow after Total- and Partial-Body Irradiation. Radiat. Res. **14**, 618 (1961).

UNDRITZ, E.: Mitose und Polyploidie. Schweiz. med. Wschr. **78**, 840 (1942).

UNDRITZ, E.: Haematologische Beiträge zu Fragen der normalen und anormalen Zellbildung. Jul. Klaus-Stiftung, Zürich **18**, 718 (1943).

— Diskussionsbemerkung. VIII. Kongr. d. Europ. Ges. f. Haematol., Wien 1961.

—, u. H. BRAGATSCH: Die Befunde der Routineuntersuchungen des Blutes gesunder Personen im Alter. Schweiz. med. Wschr. **92**, 388 (1962).

VAITKEVICIUS, V. K., R. W. TALLEY, J. L. TUCKER jr., and M. J. BRENNAN: Cytological and Clinical Observations During Vincaleucoblastine Therapy of Disseminated Cancer. Cancer **15**, 294 (1962).

VALENTINE, W. N.: The Enzymes of Leukocytes. Ann. N. Y. Acad. Sci. **59**, 1003 (1955).

— The Leukocytes and the Leukopathies. Ann. Rev. Med. **6**, 77 (1955).

VANNOTTI, A.: Der Leukocyt in menschlicher Physiopathologie. Helv. med. Acta **27**, 469 (1960).

VASAMA, R., and R. VASAMA: Diurnal Mitotic Activity in the Corneal Epithelium of a Mouse. Ann. Med. exp. Biol. Fenn. **35**, 363 (1957).

— — On the Diurnal Cycle of Mitotic Activity in the Corneal Epithelium of Mice. Acta Anat. **33**, 230 (1958).

VERCAUTEREN, R.: Untersuchungen des Leukocytenstoffwechsels mit der Tetrazoliumreduktionsmethode. Enzymologia **18**, 97 (1957).

VERGA, L.: Ein ungewohnter Zellteilungsbefund in den Knochenmarkerythroblasten bei einigen anaemischen Prozessen. Haematologica **45**, 539 (1960).

VILLA, L., E. POLLI, e L. BUSSI: Alcuni problemi di struttura del nucleo di cellule ematiche. XI. Haematol. Kongr., Rom 1953.

— — Desoxyribonucleic Acids of Leukocytes in Leukaemia. Acta haemat. **21**, 193 (1959).

— —, G. SEMENZA, A. SENSI, and G. P. DI MAYORCA: Further Investigations on the Structure of Nucleic Acids from Normal and Leukaemic Human Leukocytes: Infra-Red-Spectra. Rev. belge Path. **24**, 360 (1955).

VISSCHER, M. B., and F. HALBERG: Daily Rhythms in Numbers of Circulating Eosinophils and Some Related Phenomena. Ann. N. Y. Acad. Sci. **59**, 834 (1955).

VOGEL, A. W.: Comparison of Simultaneously Incurred Damage to Bone Marrow and Tumor Tissue of Animals Treated with Anticancer Agents. Cancer Res. **21**, 636 (1961).

— Tumor and Marrow Damage Occurring from Methotrexate, Monofluoromethotrexate, Difluoromethotrexate, and Dichloromethotrexate. Cancer Res. **21**, 743 (1961).

— Tumor-Marrow Index: A Means of Laboratory Evaluation of Antineoplastic Compounds. Cancer Res. **21**, 1450 (1961).

WACHOLDER, K.: Gibt es eine Verdauungsleukocytose? Medizinische **21**, 1028 (1959).

WACKER, A., D. PFAHL u. I. SCHRÖDER: Beziehungen zwischen Vitamin B_{12} und der Desoxyribonukleinsäure. Z. Naturforsch. **12 b**, 510 (1957).

WAGNER, H., u. R. MORITZ: Beeinflussung des Tumorwachstums durch INH im Tierversuch und Gewebekultur. Arch. Geschw. Forsch. **19**, 123 (1962).

WALKER, R. I., J. C. HERION, and J. G. PALMER: Leukocyte Labeling with Inorganic Radiophosphorus. Amer. J. Physiol. **201**, 1137 (1961).

— — — Leukocyte Kinetics Studied by Nitrogen Mustard Induced Alterations in DNA Phosphorus Labeling. Blood **20**, 72 (1962).

WALTER, W. A., and A. G. GILLIAM: Leukemia Mortality. Geographic Distribution in the United States for 1949—1951. J. Nat. Cancer Inst. **17**, 475 (1956).

WARBURG, O.: Versuche mit Ascites-Tumorzellen. Z. Naturforsch. **7 b**, 193 (1952).

WARBURG, O.: Über die Entstehung der Krebszellen. Naturwissensch. **42**, 401 (1955).
— Die Entstehung der Krebszelle. Triangel (Sandoz) **2**, 201 (1956).
—, K. GAWEHN u. A. W. GEISSLER: Stoffwechsel der weißen Blutzellen. Z. Naturforsch. **13 b**, 515 (1958).
—, W. SCHRÖDER, H. GEWITZ u. W. VÖLKER: Über die selektive Wirkung der Röntgenstrahlen auf Krebszellen. Naturwissenschaften **8**, 192 (1958).
WEICKER, H.: Die Erythroblastenmitosen. Z. klin. Med. **151**, 407 (1954).
— Exakte Kriterien des Knochenmarks: Die Maß- und Mengenrelationen der Erythroblasten als Ausdruck der Reifungs- und Teilungsgesetze der Erythropoese. Schweiz. med. Wschr. **84**, 245 (1954).
— Die Morphogenese der Anaemien als Ergebnis der metrisch-kombinatorischen Analyse der Erythroblasten. Ärztl. Wschr. **9**, 1017 (1954).
— Metrische Analyse und kombinatorische Logik als Methoden zur Aufschlüsselung erythropoetischer Probleme. Schweiz. med. Wschr. **84**, 1124 (1954).
— Markstruktur und Blutbildungsgesetze. V. Kongr. d. Europ. Ges. f. Haematol., Freiburg 1955.
— Die hemi-homoplastische Teilung des Proerythroblasten — die Lösung des Stammzellproblems der Erythropoese. Folia haemat. **74**, 49 (1956).
— Ein quantitatives Modell der Granulopoese. Schweiz. med. Wschr. **86**, 1459 (1956).
— Cytomorphologie des B_{12}-Mangels in vivo. Int. Z. Vitaminforsch. **26**, 407 (1956).
— Die biologischen Gesetze der Erythropoese. VI. Europ. Haematol. Kongr., Kopenhagen 1957.
— Das Maß-, Mengen- und Zeitgefüge der Erythropoese unter physiologischen und pathologischen Bedingungen. Schweiz. med. Wschr. **87**, 1210 (1957).
— Zellteilung und Zellteilungsstörungen. Hdb. d. ges. Haematol., Bd. **1**, 148. München - Berlin - Wien: Urban-Schwarzenberg 1957.
— Hämo-cytomorphologie des B_{12}-Mangels in vivo. Vitamin B_{12} und Intrinsicfaktor, S. 361. Stuttgart: Encke Verlag 1957.
— Maß-Mengen und Zeit-Relationen zwischen Reticulocyten und Erythrocyten. Folia haemat. **76**, 269 (1959).
—, u. H. SCHARFENBERGER: Das Megaloblasten-Erythroblastenproblem unter karyo- und cytometrischen Gesichtspunkten. Arch. klin. Med. **202**, 133 (1955).
—, u. K.-H. TERWEY: Die Chromosomenzahl der Erythroblasten. Klin. Wschr. **36**, 1132 (1958).
WEISBERGER, A. S., and B. LEVINE: Incorporation of Radioactive L-Cystine by Normal and Leukemic Leukocytes in Vivo. Blood **9**, 1082 (1954).
WEISKOTTEN, H. G.: Am. J. Path. **6**, 183 (1930). Cit. n. G. BRECHER, H. V. FOERSTER u. E. P. CRONKITE, S. 188 in H. BRAUNSTEINER: Physiologie und Physiopathologie der weißen Blutzellen. Stuttgart: Thieme Verlag 1959.
WEITZMANN, G., u. E. POSERN: Über das Wachstum menschlichen Knochenmarks in vitro. Virchows Arch. **299**, 458 (1937).
WELLMANN, K. F.: Zellerneuerung als Grundlage der klinischen Zytodiagnostik. Dtsch. med. Wschr. **89**, 2155 (1964).
WENGER, R., u. H. MÖSSLACHER: Zur Frage der sogenannten Verdauungsleukocytose. Wien. Z. inn. Med. **42**, 79 (1961).
— — Statistische Untersuchungen zur Frage der sogenannten Verdauungsleukocytose. VIII. Kongr. d. Europ. Ges. f. Haematol., Wien 1961.
WHITE, L. P.: The Intravascular Life Span of Transfused Leukocytes Tagged with Atabrine. Blood **9**, 73 (1954).
WIDMANN, H.: Die Regulationsmechanismen der peripheren Leukocytenbewegungen unter der Einwirkung exogener Reizstoffe. Folia haemat. **2**, 139 (1958).

WIDNER, W. R., J. B. STORER, and C. C. LUSHBAUGH: The Use of X-Ray and Nitrogen Mustard to Determine the Mitotic and Intermitotic Times in Normal and Malignant Rat Tissues. Cancer Res. **11**, 877 (1951).

WILDE, J., u. E. BAUDISCH: Die Bedeutung der Milz für die Adrenalin-Leukocytose. Acta hepat.-splen. **7**, 364 (1960).

WILLIAMS, A. M.: Nucleic Acid Metabolism in Leukemic Human Leukocytes. Cancer Res. **22**, 314 (1962).

—, and R. F. SCHILLING: The in Vitro Incorporation of Nucleic Acid Precursors into Leukemic Human Leukocytes. J. Lab. clin. Med. **58**, 76 (1961).

WILLMER, E. N.: Studies on the Growth of Tissues in vitro. II. Analysis of Growth of Chick Heart Fibroblasts in Hanging Drop of Fluid Medium. J. Exper. Biol. **10**, 323 (1933).

WILTSHAW, E., and W. C. MOLONEY: Studies on Various Factors Influencing Leukocyte Alkaline Phosphatase Activity. J. Lab. clin. Med. **47**, 691 (1956).

WINKLER, A., V. UJHÁZY, V. CERNÝ u. L. SÁNDOR: Einige Unstimmigkeiten in den heutigen Vorstellungen über den Wirkungsmechanismus von Stickstofflostderivaten. VIII. Kongr. d. Europ. Ges. f. Haematol., Wien 1961.

WINTROBE, M. M.: Clinical Hematology. Philadelphia: Lea & Febiger, 1961.

WITSCH, H. v., u. A. FLÜGEL: Über photoperiodisch induzierte Endomitose bei Kalanchoe Blossfeldiana. Naturwissenschaften **38**, 138 (1951).

WITTEKIND, D.: Über Entstehung, Morphologie und gegenseitige Beziehungen intraplasmatischer Vacuolenbildungen in lebenden Tumorzellen aus Ergüssen seröser Höhlen. Virchows Arch. path. Anat. **333**, 311 (1960).

— Über das Verhalten von lebenden Blut- und Exsudatzellen in hochprozentigen, isotonischen Eiweißlösungen. Z. Zellforsch. **54**, 631 (1961).

— Zur Anwendung und Bedeutung konzentrierter, isotonischer Proteinlösungen bei Untersuchungen lebender Blutzellen. Folia haemat. **6**, 342 (1961).

WOLBERG, W. H., and R. R. BROWN: Autoradiographic Studies of in Vitro Incorporation of Uridine and Thymidine by Human Tumor Tissue. Canc. Res. **22**, 1113 (1962).

WOLFF, A.: Über eine Methode zur Untersuchung des lebenden Knochenmarkes von Tieren und über das Bewegungsvermögen der Myelocyten. Dtsch. med. Wschr. **10**, 165 (1903).

— Das Knochenmark. Zit. n. H. SCHULTEN: Die Sternalpunktion als diagnostische Methode. Leipzig: Thieme Verlag 1937.

WOLFF, J.: Elektronenmikroskopische Beobachtungen über die Entstehung von Fibrocytenfortsätzen durch Vesiculation. Erg. Heft Anat. Anz. **112**, 341 (1963).

WOODLIFF, H. J.: Serum-Agar-Kulturen von Blut- und Knochenmarkszellen. Acta haemat. **25**, 300 (1961).

WRBA, H.: Über wechselweise auf Ratten und Mäusen wachsende Tumorlinien in Ascitesform. Klin. Wschr. **37**, 773 (1959).

— Zur Aufnahme von markierten Zellpartikeln durch Tumorzellen in vitro. Klin. Wschr. **38**, 406 (1960).

— Zur Induktion einer Resistenz gegen Colchicin in heterologen Geschwülsten des Goldhamsters. Klin. Wschr. **38**, 770 (1960).

— Vitalitätsbestimmung durch Aufnahme und Umsatz markierter Verbindungen. Z. Zellforsch. **53**, 90 (1960).

— Die Wirkung von Glucose auf die Aufnahme von hochmolekularen Partikeln durch Tumorzellen in vitro. Z. Krebsforsch. **63**, 415 (1960).

— Zur Colchicinresistenz heterolog wachsender Tumoren des Goldhamsters. Z. Krebsforsch. **64**, 88 (1961).

WRBA, H., u. W. DONTENWILL: Zur Frage eines für die Maus toxischen Agens in der Ascitesform des Walker-Carcinoms der Ratte. Beitr. path. Anat. **124**, 242 (1961).

—, u. A. GEIPEL: Zur Bestimmung der Vitalität von Organ- und Tumorkulturen durch den Einbau von markiertem Adenin. Z. exp. Med. **134**, 300 (1961).

—, u. R. KAGEYAMA: Die Aufnahme von radioaktiv markiertem Phosphat durch explantierte Haut erwachsener Individuen als Maßstab für die Eignung der Nährflüssigkeit. Klin. Wschr. **38**, 1005 (1960).

—, u. M. RIPOLL-GÓMEZ: Zur Biologie des heterolog wachsenden Yoshida-Sarkoms (Stamm MY-RY). Z. Krebsforsch. **63**, 580 (1960).

—, u. E. SEIDLER: Die Abhängigkeit der Geschwindigkeit der Aufnahme des Phosphorisotops P^{32} vom Alter der Geschwulst. Z. Krebsforsch. **59**, 693 (1954).

— — u. K. ALLMANN: Die Aufnahme von markiertem Phosphat in vitro als Maß für die Vitalität von Tumorzellen. Naturwissenschaften **42**, 260 (1955).

WULFF, H. R., and P. RIIS: Relations Between Intravascular and Inflammatory Neutrophils in Various Haematological Disorders. Acta haemat. **26**, 98 (1961).

YAMAMOTO, T.: Die feinere Histologie des Knochenmarks als Ursache der Verschiebung des neutrophilen Blutbildes. Virchows Arch. **258**, 62 (1925).

YOFFEY, J. M.: Cellular Equilibria in Blood and Blood-Forming Tissues. Brookhaven Symposia in Biology, No. 10, 1 (1957).

—, N. B. EVERETT, and W. O. REINHARDT: Cellular Migration Streams in the Hemopoietic System. "The Kinetic of Cellular Proliferation", F. STOHLMAN, S. 69. New York-London: Grune & Stratton 1959.

YOSHIDA, T.: Studies on an Ascites (Reticuloendothelial Cell?) Sarcoma of the Rat. J. Nat. Canc. Inst. **12**, 947 (1952).

— Zelluläre Multizentrizität der Krebsentstehung. Dtsch. med. Wschr. **88**, 2229 (1963).

ZACH, J: Über morphologische Veränderungen der Myelopoese im Mark und im Blut unter Einwirkung von Thio-Tepa. Wien. Z. inn. Med. **44**, 51 (1963).

ZADEK, I.: Knochenmarksbefunde am Lebenden bei kryptogenetischer perniciöser Anaemie. Schweiz. med. Wschr. **1921**, 1087.

— Die Polyzythaemie. Ergebn. Med. **10**, 355 (1927).

ZARKEWSKI, J. M., and W. BALASIEWICZ: Biochemistry of Leukocytes: Survival in Vitro, Phosphorus Metabolism and Phagocytosis. Radioisotopes Sci. Res. **3**, 261 (1958).

ZBINDEN, G., u. A. STUDER: Beurteilung der unspezifisch-toxischen Wirkungen von Arzneimitteln aus dem Knochenmark der Ratte. Arch. exp. Path. Pharm. **226**, 180 (1955).

ZUBROD, G., J. FERREBEE, A. HOLLAENDER, and C. C. Congdon: Blood-Bone Marrow Tissue Culture and Cell Separation. Blood **20**, 100 (1962).

ZUELZER, W. W.: Implications of Long-Term Survival in Acute Stem Cell Leukemia of Childhood Treated with Composite Cyclic Therapy. Blood **24**, 477 (1964).

Sachverzeichnis

Die kursiven Seitenzahlen weisen auf die ausführliche Besprechung der Stichworte im Text hin.